2025 시험대비 실기 복원 기출문제 수록

가스기능장

실기 기출문제 총정리

에너지관리기능장 / 위험물기능장 / 가스기능장

최갑규 저

꼭! 합격 하세요

2025 시험대비 실기 복원 기출문제 수록
최근 기출문제 수록 및 완벽 해설
문제 해설을 이해하기 쉽도록 자세히 설명
2003년 ~ 2024년 필답형 및 작업형 기출문제 수록

머리말

안녕하십니까? 저자 최갑규입니다.

이번에 가스기능장 실기 총정리를 출간하게 되었습니다.

오랜 강의 경험과 노하우를 이용하여 각 문제마다 충분한 해설로 수험생들에게 상세하게 설명함으로써 독학으로 충분히 가스기능장 시험에 합격할 수 있도록 서술하였습니다.

[본서의 특징]

1. 기존의 수험서보다 실기 문제와 해설을 쉽게 접할 수 있습니다.
2. 가스기능장 실기를 한 권의 책으로 끝낼 수 있도록 많은 예상문제를 수록하고 상세히 해설하였습니다.
3. 기출문제를 최근 연도까지 수록하였고 상세한 해설로 수험생 여러분들이 자격증을 손쉽게 취득할 수 있도록 하였습니다.

단기간에 문제 해설을 공부할 수 있도록 하여 가스기능장 시험에 대비할 수 있도록 하였으니 이 교재로 공부하시는 모든 수험생 여러분의 합격을 기원하며 추후 부족한 부분이 있으면 보강할 것을 약속하며 여러분의 건승을 빕니다.

끝으로 물심양변으로 본 교재를 집필하는데 도움을 주신 세진북스 홍세진 대표와 임직원 여러분께 감사의 말씀을 전하며 이 책으로 공부하시는 여러분의 합격에 영광이 함께 하시길 기원합니다.

저자 최갑규

1. 필 기

직무분야	안전관리	중직무분야	안전관리	자격종목	가스기능장	적용기간	2024. 1. 1. ~ 2027. 12. 31.

- **직무내용**: 가스에 관한 최상급 숙련기능을 가지고 산업현장에서 작업관리, 기능자의 지도 및 감독, 훈련, 안전관리 등의 업무를 수행하는 직무이다.

필기검정방법	객관식	문제수	60	시험시간	1시간

필기 과목명	문제수	주요항목	세부항목	세세항목
가스이론, 가스의 제조 및 설비, 가스안전관리 및 공업경영에 관한 사항	60	1. 가스이론	1. 가스의 성질	1. 기체의 법칙 2. 기체 이론 3. 기체의 특성 4. 기체의 유동(흐름)현상
			2. 가스의 연소와 분석	1. 연소·폭발 2. 반응속도 및 평형 3. 가스분석 4. 가스계측
		2. 가스의 제조 및 설비	1. 가스의 제조 및 용도	1. 고압가스 2. 액화석유가스 3. 도시가스
			2. 가스설비	1. 가스설비 재료의 성질 2. 가스설비 재료의 강도 3. 가스설비 용접 및 비파괴검사 4. 가스 제조 설비 5. 가스 저장 및 충전 설비 6. 가스 배관 설비 7. 가스용품 및 기기 8. 정압기 9. 펌프 및 압축기 10. 압력용기 및 기화장치 11. 전기방폭 설비 12. 내진설비 및 기술사항
			3. 가스 발생 설비의 구조 및 원리	1. 공기액화 분리장치 2. 저온장치 및 반응기 3. 고온장치 및 반응기 4. 가스 계측 설비 5. 냉동사이클
		3. 가스 관련 법규	1. 고압가스 관계법규	1. 고압가스안전관리법 및 시행령에 관한 사항 2. 고압가스안전관리법 시행규칙 및 고시에 관한 사항 3. 가스기술기준(KGS Code)에 관한 사항
			2. 도시가스 관계법규	1. 도시가스사업법 및 시행령에 관한 사항 2. 도시가스사업법 및 시행규칙 및 고시에 관한 사항 3. 가스기술기준(KGS Code)에 관한 사항
			3. 액화석유가스 관계 법규	1. 액화석유가스의 안전관리 및 사업법, 시행령에 관한 사항 2. 액화석유가스의 안전관리 및 사업법, 시행규칙 및 고시에 관한 사항 3. 가스기술기준(KGS Code)에 관한 사항
			4. 수소경제 육성 및 수소안전관리에 관한 법률 관계법규	1. 수소경제 육성 및 수소 안전관리에 관한 법률에 관한 사항 2. 수소경제 육성 및 수소 안전관리에 관한 법률 및 시행령, 시행규칙 및 고시에 관한 사항 3. 가스기술기준(KGS Code)에 관한 사항
			5. 가스안전관리	1. 가스제조 설비 2. 가스 충전 및 저장 3. 가스 공급 설비 4. 부식 및 방식 5. 가스운반 및 취급 6. 재해시 응급조치 7. 예방대책 8. 위험성 평가
		4. 공업경영	1. 품질관리	1. 통계적 방법의 기초 2. 샘플링 검사 3. 관리도
			2. 생산관리	1. 생산계획 2. 생산통제
			3. 작업관리	1. 작업방법연구 2. 작업시간연구
			4. 기타 공업경영에 관한 사항	1. 기타 공업경영에 관한 사항

2. 실 기

| 직무분야 | 안전관리 | 중직무분야 | 안전관리 | 자격종목 | 가스기능장 | 적용기간 | 2024. 1. 1. ~ 2027. 12. 31. |

- **직무내용**: 가스에 관한 최상급 숙련기능을 가지고 산업현장에서 작업관리, 기능자의 지도 및 감독, 훈련, 안전관리 등의 업무를 수행하는 직무이다.
- **수행준거**: 1. 가스제조에 대한 고도의 전문적인 지식 및 기능을 가지고 각종 가스를 제조할 수 있다.
  2. 가스설비, 운전, 저장 및 공급에 대한 취급과 가스장치의 고장 진단 및 유지관리를 할 수 있다.
  3. 가스기기 및 설비에 대한 검사업무 및 가스안전관리에 관한 업무를 수행할 수 있다.

| 실기검정방법 | 복합형 | 시험시간 | 필답형 1시간 30분 작업형 1시간 30분 정도 |

실기과목명	주요항목	세부항목	세세항목
가스 실무	1. 가스제조설비의 취급	1. 가스 제조하기	1. 가스의 성질 및 용도를 알 수 있다. 2. 가스의 제조 및 충전을 할 수 있다. 3. 제조 가스의 분석을 할 수 있다.
		2. 가스설비, 운전 저장 및 공급에 따른 취급하기	1. 가스저장과 취급에 따른 운전사항을 점검할 수 있다. 2. 고압가스, 액화석유가스 저장과 취급을 할 수 있다. 3. 도시가스, 기타 가스저장과 취급을 할 수 있다.
	2. 가스제조 설비의 유지관리	1. 가스장치의 고장 진단 및 유지관리하기	1. 제조, 저장, 충전설비의 고장·진단, 수리 및 조작할 수 있다. 2. 가스배관 및 설비의 부식방지 조치를 할 수 있다. 3. 각종밸브, 가스계측기기, 부속부품의 유지관리를 할 수 있다.
		2. 가스용기, 가스부품, 특정설비 기계구조 및 성능검사하기	1. 용기재료에 대하여 알 수 있다. 2. 가스용기의 종류를 알 수 있다. 3. 특정설비구조 및 성능을 알 수 있다. 4. 가스계측기기의 종류 및 특성을 알 수 있다.
	3. 가스안전관리	1. 가스저장운반 취급에 관한 안전사항 관리하기	1. 가스운반 용기 취급에 관한 안전관리를 할 수 있다. 2. 가스저장 취급에 관한 안전관리를 할 수 있다. 3. 각종 가스의 설비장치의 안전관리를 할 수 있다.
		2. 가스 안전검사 수행하기	1. 가스관련 안전인증대상 기계·기구와 자율안전 확인 대상 기계·기구 등을 구분할 수 있다. 2. 가스관련 의무안전인증 대상 기계·기구와 자율안전 확인 대상 기계·기구 등에 따른 위험성의 세부적인 종류, 규격, 형식의 위험성을 적용할 수 있다. 3. 가스관련 안전인증 대상 기계·기구와 자율안전 대상 기계·기구 등에 따른 기계·기구에 대하여 측정장비를 이용하여 정기적인 시험을 실시할 수 있도록 관리계획을 작성할 수 있다. 4. 가스관련 안전인증 대상 기계·기구와 자율안전 대상 기계·기구 등에 따른 기계·기구 설치방법 및 종류에 의한 장단점을 조사할 수 있다. 5. 공정진행에 의한 가스관련 안전인증 대상 기계·기구와 자율안전 확인 대상 기계·기구 등에 따른 기계기구의 설치, 해체, 변경 계획을 작성할 수 있다.
		3. 가스 안전조치 실행하기	1. 가스설비의 설치 중 위험성의 목적을 조사하고 계획을 수립할 수 있다. 2. 가스설비의 가동 전 사전 점검하고 위험성이 없음을 확인하고 가동할 수 있다. 3. 가스설비의 변경 시 주의 사항의 기본 개념을 조사하고 계획을 수립할 수 있다. 4. 가스설비의 정기, 수시, 특별 안전점검의 목적을 확인하고 계획을 수립할 수 있다. 5. 점검 이후 지적사항에 대한 개선방안을 검토하고 권고할 수 있다.

제 1 부   필답형 예상문제 / 9

필답형 예상문제   제01~16회

제 2 부   작업형 예상문제 / 131

제 3 부   실기 기출문제

2003년도	제 33 회 ······ 227	2004년도	제 35 회 ······ 241
	제 34 회 ······ 234		제 36 회 ······ 248
2005년도	제 37 회 ······ 255	2006년도	제 39 회 ······ 269
	제 38 회 ······ 262		제 40 회 ······ 276
2007년도	제 41 회 ······ 283	2008년도	제 43 회 ······ 299
	제 42 회 ······ 290		제 44 회 ······ 306
2009년도	제 45 회 ······ 312	2010년도	제 47 회 ······ 327
	제 46 회 ······ 320		제 48 회 ······ 334
2011년도	제 49 회 필답형 ······ 341	2012년도	제 51 회 필답형 ······ 358
	작업형 ······ 345		작업형 ······ 362
	제 50 회 필답형 ······ 349		제 52 회 필답형 ······ 366
	작업형 ······ 354		작업형 ······ 370

Contents

2013년도	제 53 회	필답형 ······ 374	2014년도	제 55 회	필답형 ······ 390
		작업형 ······ 378			작업형 ······ 393
	제 54 회	필답형 ······ 382		제 56 회	필답형 ······ 397
		작업형 ······ 386			작업형 ······ 402
2015년도	제 57 회	필답형 ······ 407	2016년도	제 59 회	필답형 ······ 423
		작업형 ······ 411			작업형 ······ 428
	제 58 회	필답형 ······ 415		제 60 회	필답형 ······ 433
		작업형 ······ 419			작업형 ······ 438
2017년도	제 61 회	필답형 ······ 443	2018년도	제 63 회	필답형 ······ 463
		작업형 ······ 448			작업형 ······ 468
	제 62 회	필답형 ······ 453		제 64 회	필답형 ······ 472
		작업형 ······ 459			
2019년도	제 65 회	필답형 ······ 477	2020년도	제 67 회	필답형 ······ 487
	제 66 회	필답형 ······ 482		제 68 회	필답형 ······ 492
2021년도	제 69 회	필답형 ······ 498	2022년도	제 71 회	필답형 ······ 521
		작업형 ······ 504			작업형 ······ 526
	제 70 회	필답형 ······ 510		제 72 회	필답형 ······ 531
		작업형 ······ 515			작업형 ······ 537
2023년도	제 73 회	필답형 ······ 542	2024년도	제 75 회	필답형 ······ 568
		작업형 ······ 548			작업형 ······ 572
	제 74 회	필답형 ······ 556		제 76 회	필답형 ······ 577
		작업형 ······ 561			작업형 ······ 582

제1부

필답형 예상문제

필답형 예상문제 제 01 회

Question 01
펌프 사용 시 장·단점을 쓰시오.

Explanation & Answer

① 장점 : ㉠ 재 액화 우려 없다.
         ㉡ 드레인현상이 없다.
② 단점 : ㉠ 충전시간이 길다.
         ㉡ 잔 가스 회수 불가능
         ㉢ 베이퍼록 현상이 있다.

Question 02
압축기 사용 시 장·단점을 쓰시오.

Explanation & Answer

① 장점 : ㉠ 충전시간이 짧다.
         ㉡ 잔 가스 회수 불가능
         ㉢ 베이퍼록의 우려 없다.
② 단점 : ㉠ 재 액화 우려 있다.
         ㉡ 드레인 우려 있다.

Question 03. 염공이 가져야 할 조건을 쓰시오.

① 불꽃이 안정하게 형성 될 수 있을 것
② 가연물에 적절한 배열일 것
③ 모든 염공에 빠르게 화염이 전파 될 것
④ 먼지 등에 막히지 않고 손질이 용이 할 것

Question 04. LP가스 연소기구가 갖추어야 할 조건을 쓰시오.

① LPG를 완전연소 시킬 것
② 열을 유효하게 사용할 수 있을 것
③ 취급이 간단하고 안정성이 있을 것

Question 05. 압축기 단수결정시 고려할 사항을 쓰시오.

① 최종토출압력
② 연속 운전의 여부
③ 동력 및 제작의 경제성
④ 취급가스의 종류

06 펌프의 진동, 소음 발생 원인을 쓰시오.

해설 & 답

① 캐비테이션 발생시
② 서징 발생시
③ 임펠러에 이물질 혼입 시

07 펌프의 공기 흡입 원인을 쓰시오.

해설 & 답

① 흡입관 누설 시
② 흡입관 중에 공기 체류 시
③ 탱크수위가 너무 낮을 때

08 윤활유 선택 시 주의사항을 쓰시오.

해설 & 답

① 사용가스와 반응하지 말 것
② 인화점이 높을 것
③ 점도가 적당할 것
④ 수분 및 산류 등 불순물이 적을 것
⑤ 정제도가 높아 잔류탄소양이 적을 것
⑥ 안정성이 있을 것

Question 09
응력의 원인 5가지를 쓰시오.

해설 & 답

① 열팽창에 의한 응력 ② 내압에 의한 응력
③ 용접에 의한 응력 ④ 냉간가공에 의한 응력
⑤ 배관 부속물인 밸브, 플랜지 등에 의한 응력

Question 10
파열판식 안전밸브의 특징을 쓰시오.

해설 & 답

① 구조가 간단 취급·점검이 용이
② 압력상승이 급격이 변화하는 곳 적당
③ 밸브시트 누설이 없다.
④ 슬러지 함유 부식성 유체에도 사용

Question 11
다음을 설명하시오.
(1) 패킹 누설 (2) 시트 누설

해설 & 답

① **패킹 누설** : 핸들을 열고 충전구를 막은 상태에서 그랜드너트와 스핀들 사이로 누설
② **시트 누설** : 핸들을 잠근 상태에서 시트로부터 충전구로 누설

Question 12. 전기설비의 방폭구조에 대해 설명하시오.

해설 & 답

① **내압 방폭구조(d)** : 용기 내부에서 가연성 가스의 폭발이 발생할 경우에 그 용기가 폭발압력에 견디고 접합면, 개구부 등을 통하여 외부의 가연성 가스에 인화되지 않도록 한 구조
② **유입 방폭구조(o)** : 용기 내부에 기름을 주입하여 불꽃, 아크 또는 고온발생 부분이 기름 속에 잠기게 함으로서 기름 면 위에 존재하는 가연성 가스에 인화되지 않도록 한 구조
③ **압력 방폭구조(p)** : 용기 내부에 보호가스를 압입하여 내부압력을 유지함으로서 가연성 가스가 용기 내부로 유입되지 않도록 한 구조
④ **본질안전 방폭구조(ia 또는 ib)** : 정상 시 및 사고 시에 발생하는 전기불꽃 아크 또는 고온발생 부분 에 의해 가연성 가스가 점화되지 아니하는 것이 점화시험 기타 방법에 의해 확인된 구조
⑤ **안전증 방폭구조(e)** : 정상운전 중에 가연성 가스의 점화원이 될 전기불꽃 아크 또는 고온부분 등의 발생을 방지하기 위해 기계적, 전기적 구조상 또는 온도상승에 대해 특히 안전도를 증가시키는 구조
⑥ **특수 방폭구조(s)** : 가연성 가스에 점화를 방지할 수 있다는 것이 시험, 기타 방법에 의해 확인된 구조

Question 13. 다음 안을 채우시오.

통풍가능면적은 1m²당 (①)cm이고 1개 환기구면적 (②)cm² 이하이며 강제통풍장치 통풍능력은 1m²당 (③)m³/min이다.

해설 & 답

① 300   ② 2400   ③ 0.5

Question 14
레이놀드식 정압기 2차압 이상상승 원인 3가지를 쓰시오.

해설 & 답

① 정압기 동결 시
② 다이어프램 파손 시
③ 메인밸브에 이물질 존재 시

Question 15
도시가스 공급방식 3가지를 쓰시오.

해설 & 답

① 생 가스 공급방식   ② 공기혼합 공급방식   ③ 변성가스 공급방식

Question 16
가스화 촉매의 구비조건 4가지를 쓰시오.

해설 & 답

① 활성이 클 것   ② 화학적으로 안정할 것
③ 내열성이 있을 것   ④ 수명이 길 것

Question 17. 가스홀더 용량 구하는 공식을 쓰고 설명하시오.

① 공식 : $s \times a = \dfrac{t}{24} \times M + \triangle H$

② 설명 : M : 최대제조능력(m^3/day)

　　　　s : 최대공급량(m/3day)

　　　　t : 시간당 공급량이 제조 능력보다 많은 시간

　　　　a : t시간의 공급 율

　　　　$\triangle H$: 가스홀더 가동 용량($\dfrac{\pi}{6}D^3(P_1 - P_2)$)

Question 18. 가스미터 선정 시 고려할 사항 4가지를 쓰시오.

① 사용 최대유량에 적합한 계량 용량일 것
② 내압, 내열성이 있으며 기밀성, 내구성이 좋을 것
③ 사용 중 기차 변화가 없고 정확하게 계측할 수 있을 것
④ 부착이 용이하고 유지, 관리용이

Question 19. 질량효과를 설명하시오.

해설 & 답

담금질할 때 재료의 안과 밖에서 열처리 효과가 차이가 나는 현상

Question 20. PONA란?

해설 & 답

① P : 파라핀계 탄화수소
② O : 올레핀계 탄화수소
③ N : 나프탄계 탄화수소
④ A : 방향족계 탄화수소

Question 01

비열처리 재료란 무엇인지 설명하시오.

해설 & 답

오스테 나이트계 스텐레스강, 내식알루미늄 합금단조품, 내식알루미늄 합금단조판 기타 이와 유사한 열처리가 필요 없는 것

Question 02

경화균열을 설명하시오.

해설 & 답

탄소강 급랭 시 팽창 차에 의해 균열이 생기는 현상

Question 03

다음은 조정기에 대한 내용이다. 뜻을 쓰시오.
(1) P   (2) Q   (3) R

해설 & 답

(1) P : 조정기 입구압력(kg/cm^2)
(2) Q : 조정기 용량(kg/h)
(3) R : 조정기 조정압력

Question 04

메탄 1kg 연소 시 실제 공기량은 얼마인가?(단, 공기비는 1.1이다.)

해설 & 답

$CH_4 + 2O_2 \rightarrow CO_2 + 2H_2O$
16kg $2 \times 22.4 Nm^3$
1kg x

$x = \dfrac{2 \times 22.4 Nm^3}{16 kg} = 2.8 Nm^3/kg \div 0.21 = 13.33 \times 1.1 = 14.67 Nm^3/kg$

Question 05

특정설비 제조의 시설기준으로 특정설비 제조자가 갖추어야 할 검사 설비 4가지를 쓰시오.

해설 & 답

① 내압시험설비   ② 기밀시험설비
③ 표준이 되는 온도계   ④ 표준이 되는 압력계
⑤ 초음파 두께 측정기   ⑥ 버어니어 캘리퍼스

Question 06

가스 누출 차단기의 3요소를 쓰시오.

해설 & 답

① 검지부　② 제어부　③ 차단부

Question 07

고압가스 제조시설에 설치하는 내부 반응 감시 장치 3가지를 쓰시오.

해설 & 답

① 온도감시 장치　② 압력감시 장치　③ 유량감시 장치

Question 08

LP가스 공급 시 공기혼합 공급방식을 사용하는 목적 4가지를 쓰시오.

해설 & 답

① 재 액화 방지　　　　② 발열량 조절
③ 누설 시 손실이나 체류 방지　④ 연소효율 증대

Question 09

LPG저장 탱크 내부 압력이 외부보다 낮아진 경우 파괴되는 것을 방지하기 위해 설치하는 것은?

해설 & 답

① 진공안전밸브　② 균압관　③ 송액설비
④ 압력경보설비　⑤ 냉동제어장치

Question 10

도시가스 월 사용예정량 공식을 쓰고 여기서 A와 B를 설명하시오.

해설 & 답

① 공식 : $\dfrac{4\{(A \times 240) + (B \times 90)\}}{11000}$

② A : 산업용으로 사용하는 연소기의 명판에 기재된 가스소비량 합계(kcal/h)
　B : 산업용이 아닌 연소기의 명판에 기재된 가스소비량 합계(kcal/h)

Question 11

전기방식 시설의 유지관리를 위해 전위측정용 터미널을 설치하는 간격은?

해설 & 답

① **외부 전원법** : 500m 이내
② **선택 배류법** : 300m 이내
③ **희생 양극법** : 300m 이내

Question 12
공기액화 분리장치에서 액화산소 5l중 C_2H_2의 질량, 탄화수소의 탄소 질량은?

해설 & 답

① C_2H_2의 질량 : 5mg
② 탄화수소의 탄소질량 : 500mg

Question 13
LNG저장설비와 사업소 경계안전거리 구하는 공식은?

해설 & 답

$L = C\sqrt[3]{142000w}$ w : 저장능력(Ton)

Question 14
위험성평가방법의 종류 5가지를 쓰시오.

해설 & 답

① 체크리스트법 ② 예비위험성 분석 ③ what-if법
④ 상대적 위험등급기법 ⑤ 안전성 검토

Question 15. 황염이란? 원인은?

해설 & 답

① **황염** : 불꽃의 색이 황색으로 되는 현상
② **원인** : 1차 공기가 부족 시

Question 16. 블로우다운이란?

해설 & 답

퍼지 또는 방산이라고도 하며 불필요해진 일정량의 가스를 대기 중으로 방출한 것

Question 17. 부취제의 종류를 쓰고 구조식을 그리시오.

해설 & 답

① THT(테트라리드로티오펜) :

$$\begin{array}{c} CH_2 - CH_2 \\ | \quad\quad | \\ CH_2 \quad CH_2 \\ \diagdown\;S\;\diagup \end{array}$$

② TBM(터시어리부틸 메르캅탄) :

$$CH_3 - \underset{\underset{CH_3}{|}}{\overset{\overset{CH_3}{|}}{C}} - SH$$

③ DMS(디메칠 썰파이드) : $CH_3 - S - CH_3$

Question 18

특수고압가스 5가지를 쓰시오.

해설 & 답

① 압축모노실란　② 압축디보레인　③ 액화알진
④ 포스핀　　　　⑤ 셀렌화수소　　⑥ 게르만
⑦ 디실란

Question 19

대기 중에 프레온가스 방출 시 대기 중에 미치는 영향에 대해 간단히 쓰시오.

해설 & 답

오존층의 파괴로 인체에 해로운 자외선노출 및 생태계 파괴로 인한 위험이 크다.

Question 20

내용적 190l인 초저온 용기의 단열성능시험을 위하여 용기 내에 86kg의 액체 질소를 채우고 24시간 동안 방치한 결과 67kg이 되었다. 이 용기에 대한 단열성능 결과를 판정하시로.(단, 외기온도 25℃, 시험용 액화질소의 끓는점은 −196℃, 기화잠열은 48kcal/kg이다.)

해설 & 답

$$Q = \frac{w \cdot q}{H \cdot \Delta t \cdot v} = \frac{(86-67) \times 48}{24 \times \{25-(-196)℃ \times 190l\}}$$

$= 0.000619 \text{kcal}/l\text{h}℃$

∴ 내용적이 1000l 미만은 0.0005kcal/lh℃가 압력이므로 부적합

필답형 예상문제 제 03 회

Question 01 LPG 연소 시의 특징을 5가지 쓰시오.

해설 & 답

① 연소 시 다량의 공기가 필요하다.
② 발열량이 크다.
③ 착화온도가 높다.
④ 연소속도가 늦다.
⑤ 연소성이 좋아서 완전 연소한다.

Question 02 베이퍼록 현상에 대해 쓰고, 방지책 3가지를 쓰시오.

해설 & 답

① **베이퍼록이란** : 저 비점 액체를 이송 시 펌프 입구 쪽에서 액체가 끓는 현상
② **방지법** : ㉠ 펌프의 설치 위치를 낮춘다.
　　　　　　㉡ 흡입관경을 크게 한다.
　　　　　　㉢ 흡입관을 단열처리 한다.
　　　　　　㉣ 유속을 줄인다.

Question 03

다음 가스 누설 경보검지기의 경보 설정치는?
(1) H_2 (2) C_2H_2 (3) CO_2
(4) Cl_2 (5) CH_4

해설 & 답

(1) $4 \times \dfrac{1}{4} = 1\%$ 이하

(2) $2.5 \times \dfrac{1}{4} = 0.625\%$ 이하

(3) 5000PPM 이하

(4) 1PPM 이하

(5) $5 \times \dfrac{1}{4} = 1.25\%$ 이하

Question 04

공기보다 가벼운 도시가스의 공급시설로서 공급시설이 지하에 설치된 경우의 통풍구조에 대해 다음 ( ) 안을 채우시오.
(1) 통풍구조는 (   )를 2방향 이상 분산하여 설치할 것
(2) 배기구는 (   )면 가까이에 설치할 것
(3) 흡입구 및 배기구의 관지름은 (   )mm 이상으로 하되 통풍이 양호하도록 할 것
(4) 배기가스 방출구는 지면에서 (   )m 이상의 높이에 설치하되 화기가 없는 안전한 장소에 설치할 것

해설 & 답

(1) 환기구
(2) 천정면
(3) 100
(4) 3

Question 05

금속재료에 다음 물질이 첨가 시 금속재료에 미치는 영향을 쓰시오.
(1) S
(2) P
(3) Mo
(4) Mn

해설 & 답 — Explanation & Answer

(1) S : 적열 취성 원인
(2) P : 상온 취성 원인
(3) Mo : 뜨임 취성 방지
(4) Mn : 황으로 인한 악 영향 방지

Question 06

액화산소 5l중 메탄이 350mg, 에틸렌 200mg 들어 있다. 운전이 가능한 지 여부를 판단하시오.

해설 & 답 — Explanation & Answer

$$\left(350 \times \frac{12}{16} + \frac{28}{24} \times 200\right) = 433.93\text{mg}$$

∴ 500mg을 초과하지 않으므로 운전이 가능하다.

Question 07

다음 아세틸렌의 화학 반응식에 대해 쓰시오.
(1) 카바이트와 물을 반응시켜 아세틸렌 제조 식
(2) 아세틸렌의 분해 반응식
(3) 아세틸렌의 구리와의 반응식

해설 & 답 — Explanation & Answer

(1) $CaC_2 + 2H_2O \rightarrow Ca(OH)_2 + C_2H_2 \uparrow$
(2) $C_2H_2 \rightarrow 2C + H_2 + 54.2\text{kcal}$
(3) $C_2H_2 + 2Cu \rightarrow Cu_2C_2 + H_2$

Question 08

다음을 쓰시오.
(1) 캐비테이션이란?
(2) 영향 3가지
(3) 발생조건 3가지
(4) 방지법

해설 & 답

(1) **캐비테이션이란** : 급격한 압력 강하로 인한 액체로부터 기포가 분리되면서 소음, 진동, 충격을 발생하는 현상
(2) **영향 3가지** : ① 소음과 진동 ② 깃의 침식 ③ 양정과 효율 저하
(3) **발생조건 3가지** : ① 흡입양정이 너무 길 때
　　　　　　　　　② 관지름이 적고 유속이 빠를 때
　　　　　　　　　③ 회전수가 너무 빠를 때
　　　　　　　　　④ 증기압에 비해 수온이 높을 때
(4) **방지법** : ① 펌프의 설치위치를 낮춘다.
　　　　　　② 관경을 크게 한다.
　　　　　　③ 임펠러를 액 중에 완전히 잠기게 한다.
　　　　　　④ 펌프를 두 대 이상 설치한다.
　　　　　　⑤ 양 흡입 펌프를 사용한다.

Question 09

분젠식 버너 사용 시 일어나는 이상 현상 3가지를 쓰고 설명하시오.

해설 & 답

① **리프팅(lifting)** : 가스의 유출속도가 연소속도보다 빠른 경우 불꽃이 염공을 떠나서 연소되는 현상
② **백파이어(back fire)** : 가스의 연소속도가 유출속도보다 빠른 경우 불꽃이 연소기 내부로 침입되는 현상
③ **블로우오프(blow off)** : 불꽃의 기저부에 대한 공기의 움직임이 세어지면 불꽃이 노즐에서 정착하지 않고 꺼져 버리는 현상

Question 10. 산소배관에서 연소사고 발생원인 3가지를 쓰시오.

해설 & 답

① 배관 내에 유지류나 석유류 존재 시
② 밸브의 급격한 폐쇄로 단열압축에 의한 온도상승 시
③ 배관 내 녹 등 불순물의 급격한 이동에 의한 마찰열에 의한 발화

Question 11. LPG 불완전연소의 원인 5가지를 쓰시오.

해설 & 답

① 공기 공급량 부족 시
② 가스 조성이 맞지 않을 때
③ 가스기구가 맞지 않을 때
④ 배기 및 환기 불충분 시
⑤ 후레임의 냉각 시

Question 12. 가스액화 분리장치의 구성요소 3가지를 쓰시오.

해설 & 답

① 한랭발생장치   ② 정류장치   ③ 불순물 제거장치

Question 13

수분과 접촉 시 부식을 일으키는 가스와 반응식을 쓰시오

해설 & 답

① $Cl_2 + H_2O \rightarrow HCl + HClO$
② $CO_2 + H_2O \rightarrow H_2CO_3$(탄산)
③ $SO_2 + H_2O \rightarrow H_2SO_3$(황산)
④ $COCl_2 + H_2O \rightarrow 2HCl + CO_2$

Question 14

액면계의 종류 5가지와 유리관식 액면계의 보호방법을 쓰시오.

해설 & 답

① **종류** : ㉠ 정전용량식 ㉡ 플로우트식 ㉢ 차압식
　　　　㉣ 클리카식 ㉤ 슬립 튜브식 ㉥ 고정 튜브식
　　　　㉦ 회전 튜브식 ㉧ 햄프슨식
② **보호방법** : 금속제로 보호하거나 프로텍터를 설치하고 상하에 수동, 자동 스톱밸브 설치

Question 15

가스 분석법 중 헴펠법에서의 흡수제를 쓰시오.

해설 & 답

① CO_2 : KOH30% 수용액
② C_mH_n : 발연황산 25%
③ O_2 : 알카리성 피롤카롤 용액
④ CO : 암모니아성 염화 제1동 용액

Question 16

강제 통풍장치 설치 기준 3가지를 쓰시오.

해설 & 답

① 흡입구는 바닥면 가까이 설치
② 통풍능력은 $0.5m^3/min$ 이상($1m^2$)
③ 배기가스 농도 중 당해 가스 농도가 0.5% 이상일 경우 누설 장소 정밀검사

Question 17

전기압력계의 장점 3가지를 쓰시오.

해설 & 답

① 정밀측정이 가능   ② 구조가 소형
③ 원격측정이 가능   ④ 지시 및 기록이 가능

Question 18

전기방법 중 (①) 유전 양극법에서 양극으로 사용되는 금속과 (②) 제어가 곤란하고 과방식의 배려가 필요한 방법과 (③) 별도의 전원을 가지고 강제적으로 전류를 흐르게 하며 간섭 및 과방식의 배려가 필요한 방법

해설 & 답

① Mg
② 선택 배류법
③ 강제 배류법

Question 19

부취제 누설 시 냄새 제거법 3가지를 쓰시오.

해설 & 답

① 활성탄에 의한 흡착
② 화학적 산화처리
③ 연소법

Question 20

가스누설경보기는 다음 설비 바닥면 둘레 몇 m 마다 1개 이상 설치하는가?
(1) 건축물 내에 설치된 압축기, 밸브, 반응설비 등 누설이 쉬운 가스
(2) 특수반응설비
(3) 가열로 등 발화원이 있는 제조설비

해설 & 답

(1) 10m
(2) 10m
(3) 20m

필답형 예상문제 제 04 회

Question 01

다음 가스의 고온·고압을 취급하는 경우 적당한 재료를 쓰시오.
(1) 수소   (2) 암모니아   (3) 일산화탄소

해설 & 답

(1) **수소** : 18-8 스텐레스강, Ni-Cr-Mo강
(2) **암모니아** : 18-8스텐레스강, Cr-Ni강, Ni-Cr-Mo강
(3) **일산화탄소** : Ni-Cr계 스텐레스강

Question 02

다음 중 아세틸렌의 안전밸브, 용기재질, 청정제, 폭발의 종류를 쓰시오.

해설 & 답

① **안전밸브** : 가용전식
② **용기재질** : 탄소강
③ **청정제** : 에퓨렌, 리카솔, 카타리솔
④ **폭발의 종류** : 산화폭발, 화합폭발

Question 03
충전구 나사에 V홈을 표시한 것은 무엇을 나타내는가?

해설 & 답

왼나사(가연성 가스임을 나타냄)

Question 04
다음 빈칸을 완성하시오.
CO_2 존재 시 배관 내에서 (①)에서 응고되어 배관이나 밸브를 (②)시킬 우려가 있으므로 (③)를 첨가시켜 Na_2CO_3가 되도록 한다.

해설 & 답

① 저온   ② 폐쇄   ③ NaOH

Question 05
기화기 사용 시 이점 4가지를 쓰시오.

해설 & 답

① 한랭 시에도 충분한 가스를 연속적으로 공급할 수 있다.
② 공급가스의 조성이 일정하다.
③ 기화량 가감이 용이하다.
④ 설치면적이 적게 든다.

Question 06

오토클레이브의 정의와 종류 4가지를 쓰시오.

해설 & 답

① **정의** : 고온, 고압 하에서 화학적인 합성반응을 위한 고압반응가마
② **종류** : 교반형, 가스 교반형, 회전형, 진탕형

Question 07

원심펌프의 크기를 표시하는 방법은 다음과 같다. 여기서 100및 90은 무엇을 의미하는가?

해설 & 답

① 100 : 흡입구경 ② 90 : 토출구경

Question 08

폭굉 유도거리란 무엇이며 폭굉 유도거리가 짧은 경우 4가지를 쓰시오.

해설 & 답

① **폭굉 유도거리** : 최초의 완만한 연소가 격렬한 폭굉으로 발전할 때까지의 거리
② **폭굉 유도거리가 짧은 경우** :
   ㉠ 고압일수록
   ㉡ 정상 연소속도가 큰 혼합가스일수록
   ㉢ 관 속에 방해물이 있거나 관경이 가늘수록
   ㉣ 점화원의 에너지가 클수록

Question 09

안전간격에 따른 폭발 등급을 쓰시오.

해설 & 답

① 폭발 1등급(안전간격 0.6mm 초과) : 아세톤, 가솔린, 벤젠, 일산화탄소, 암모니아, 에탄, 메탄, 프로판 등
② 폭발 2등급(0.4mm 초과~0.6mm 이하) : 에틸렌, 석탄가스
③ 폭발 3등급(안전간격 0.4mm 이하) : 수소, 수성가스, 아세틸렌, 이황화탄소

Question 10

LPG 내 용적이 47ℓ에 프로판이 20kg 충전되어 있다. 이 때 안전공간은 몇 %인가?(단, 프로판의 밀도는 0.5kg/ℓ이다.)

해설 & 답

$$\frac{20\text{kg}}{0.5\text{kg}/l} = 40l \quad \therefore \frac{47l - 40l}{47l} \times 100 = 14.89\%$$

Question 11

수소가 산소, 염소, 불소와 반응하는 폭명기 반응식을 쓰시오.

해설 & 답

① $2H_2 + O_2 \rightarrow 2H_2O + 136.6\text{kcal}$ (수소 폭명기)
② $H_2 + Cl_2 \rightarrow 2HCl + 44\text{kcal}$ (염소 폭명기)
③ $H_2 + F_2 \rightarrow 2HF + 128\text{kcal}$ (불소 폭명기)

Question 12

수소는 고온, 고압 하에서 강중의 탄소와 반응 수소취성을 일으킨다. 다음을 쓰시오.
(1) 반응식   (2) 탈탄 방지 재료   (3) 탈탄 방지 첨가원소

해설 & 답

(1) 반응식 : $Fe_3C + 2H_2 \rightarrow CH_4 + 3Fe$
(2) 탈탄 방지 재료 : 5~6% 크롬강, 18-8 스텐레스강
(3) 탈탄 방지 첨가원소 : V, Mo, Ti, W, Cr

Question 13

수소의 공업적 제법 5가지를 쓰시오.

해설 & 답

① 물의 전기분해법   ② 천연가스 분해법   ③ 석유분해법
④ 일산화탄소 전화법   ⑤ 수성가스법

Question 14

일산화탄소 전화법에서의 1, 2단계 반응을 쓰시오.

해설 & 답

① 제1단계 전화반응(고온전화반응)
　㉠ 촉매 : Fe_2O_3, Cr_2O_3 ㉡ 반응온도 : 350~500℃
② 제2단계 전화반응(저온전화반응)
　㉠ 촉매 : CuO, ZnO   ㉡ 반응온도 : 200~250℃

Question 15

다음은 산소용기에 대한 내용이다. 답하시오.
(1) 용기 재질 (2) 안전밸브 (3) 최고 충전 압력
(4) 용기 도색 (5) 압축기 윤활유

해설 & 답

(1) 용기 재질 : Mn강, Cr강, 18-8 스텐레스강
(2) 안전밸브 : 파열판식
(3) 최고 충전 압력 : 150kg/cm^2
(4) 용기 도색 : 녹색(의료용 백색)
(5) 압축기 윤활유 : 물 또는 10% 이하의 묽은 글리세린

Question 16

정압기 사용 최대차압의 정의와 정압기 이상 감압에 대처하는 방법 3가지를 쓰시오.

해설 & 답

① 정의 : 메인 밸브에서 1차 압력과 2차 압력의 차압이 실용적으로 사용할 수 있는 범위에서 최대로 되었을 때의 압력차
② 방법 : ㉠ 필터를 교환한다.
  ㉡ 적절한 정압기 교체한다.
  ㉢ 분해 정비를 한다.
  ㉣ 다이어프램을 교환한다.

Question 17

염소에 대한 설명이다. 물음에 답하시오.
(1) 염소 압축기 윤활유
(2) 염소 가스의 건조제
(3) 염소 용기의 도색
(4) 수분과 작용 시 철강을 부식하며 표백작용을 한다. 반응식을 쓰시오.

해설 & 답

(1) 농황산(진한황산)
(2) 농황산(진한황산)
(3) 갈색
(4) $Cl_2 + H_2O \rightarrow HCl + HClO$

Question 18

다음에 답하시오.
(1) 운반책임자 동승기준을 설명하시오.
(2) 혼합 적재 운반이 금지되는 가스는?
(3) 운전 중 몇 m마다 휴식을 취해야 하는가?
(4) 용기밸브손상을 방지하기 위해 설치하는 것은?

해설 & 답

(1) 운반책임자 동승기준

성질	압축가스	액화가스
독성	100m³ 이상	1000kg 이상
가연성	300m³ 이상	3000kg 이상
조연성	600m³ 이상	6000kg 이상

(2) ① 염소와 수소 ② 염소와 아세틸렌 ③ 염소와 암모니아
(3) 200km
(4) 프로텍터, 캡

Question 19

일산화탄소에 대한 다음 물음에 답하시오
(1) 염소와의 반응식을 쓰시오.
(2) 용기의 재질로 Ni, CO을 사용할 수 없는 이유를 반응식으로 쓰시오.

해설 & 답

(1) $CO + Cl_2 \rightarrow COCl_2$
(2) $Ni + 4CO \rightarrow Ni(CO)_4$ $Fe + 5CO \rightarrow Fe(CO)_5$
니켈 카보닐이나 철 카보닐이 생성되어 장치 침식의 원인이 된다.

Question 20

발화에 대한 다음 물음에 답하시오.
(1) 발화의 요인 4가지를 쓰시오.
(2) 자연발화를 일으킬 수 있는 열 3가지를 쓰시오.

해설 & 답

(1) 온도, 조성, 압력, 용기의 크기 및 형태
(2) ① 분해열   ② 산화열   ③ 중합열   ④ 흡착열

필답형 예상문제 제 05 회

Question 01. 터보 압축기의 특징 5가지를 쓰시오.

해설 & 답

① 고속회전이므로 형태가 적고 경량이며 대용량에 적합하다.
② 토출압력에 의한 용량변화가 크고 서징현상에 주의할 필요가 있다.
③ 용량조절은 비교적 어렵고 범위도 좁다.
④ 기체는 맥동이 없고 연속적으로 송출된다.
⑤ 기계적 접촉부가 적으므로 마모나 마찰손실이 적다.

Question 02. 다음 가스미터의 장·단점을 2가지씩 쓰시오.
(1) 막식 가스미터　　(2) 습식 가스미터　　(3) 루츠 미터

해설 & 답

(1) 막식 가스미터
　① 장점 : 값이 싸다. 설치 후 유지관리에 시간을 요하지 않는다.
　② 단점 : 대용량의 것은 설치면적이 크다. 대용량에 적합하지 못하다.
(2) 습식 가스미터
　① 장점 : 기차 변동이 거의 없다. 계량이 정확하다.
　② 단점 : 설치면적이 크다. 수위 조정 등의 관리가 필요하다.
(3) 루츠 미터
　① 장점 : 대유량 측정에 적합, 설치면적이 적다.
　② 단점 : 소유량의 것은 부동의 우려 있다. 스트레이너 설치 후 유지관리가 필요하다.

Question 03
자동 교체식 조정기를 설치 시 이점 4가지를 쓰시오.

해설 & 답

① 수동 교체식에 비해 용기 숫자가 적게 든다.
② 잔액이 거의 없을 때까지 소비가 가능하다.
③ 용기교환 주기의 폭을 넓일 수 있다.
④ 분리형일 경우 압력손실을 크게 해도 된다.

Question 04
매설 가스도관의 부식원인으로는 자연부식과 전기부식이 있다. 방지법 3가지를 쓰시오.

해설 & 답

① 자연부식의 방지법 : ㉠ 부식 환경 처리에 의한 법
　　　　　　　　　　㉡ 인히비터에 의한 방법
　　　　　　　　　　㉢ 피복에 의한 방법
② 전기부식의 방지법 : ㉠ 강제 배류법　　㉡ 유전 양극법
　　　　　　　　　　㉢ 선택 배류법　　㉣ 외부 전원법

Question 05
가스미터 부착 시 기준 5가지를 쓰시오.

해설 & 답

① 전선과 15cm, 전기개폐기나 안전기와는 60cm 이상 떨어진 장소일 것
② 진동이 적고 검침이 용이한 장소
③ 설치 높이는 1.6m 이상 2m 이내로 할 것
④ 화기와 2m 이상 떨어지고 습기가 많지 않는 곳에 설치할 것
⑤ 빗물이나 눈 또는 직사광선을 직접 받지 않는 구조일 것

Question 06

가스제조 프로세스에서 가스화방식에 따른 4가지를 쓰시오.

해설 & 답

① 접촉분해 프로세스　② 대체 천연가스 프로세스
③ 부분연소 프로세스　④ 수소화 분해 프로세스　⑤ 열분해 프로세스

Question 07

LPG 공급자가 공급 시 마다 점검해야 할 사항 5가지를 쓰시오.

해설 & 답

① 충전용기의 설치위치　　　　② 충전용기와 화기와의 거리
③ 충전용기 및 배관의 설치상태　④ 가스용품의 관리 및 작동상태
⑤ 충전용기로부터 압력조정기, 가스계량기, 호스 및 연소기에 이르는 각 접속부 및 배관 또는 호스의 누설 여부

Question 08

다이어프램 압력계의 특징 5가지를 쓰시오.

해설 & 답

① 미소압력 측정　　　　② 부식성유체 측정
③ 온도의 영향을 받는다.　④ 측정의 응답속도가 빠르다.
⑤ 이상 압력으로 파손되어도 위험성이 적다.

Question 09

다음의 반응식을 완성하시오.
(1) $CH_4 + (\quad) \rightarrow (\quad) + 3H_2$
(2) $CaC_2 + (\quad) \rightarrow (\quad) + C_2H_2$
(3) $CO + (\quad) \rightarrow (\quad) + H_2$
(4) $2CH_3OH + (\quad) \rightarrow 2HCHO + (\quad)$

해설 & 답

(1) H_2O, CO
(2) $2H_2O$, $Ca(OH)_2$
(3) H_2O, CO_2
(4) O_2, $2H_2O$

Question 10

고압가스 특정제보시설에서 실내에 설치한 저장 탱크의 안전밸브 방출관의 설치기준과 그 이유를 쓰시오.

해설 & 답

① **기준** : 지면에서 5m 높이 또는 저장탱크의 정상부에서 2m의 높이 중 높은 위치
② **이유** : 방출 시 체류하여 폭발성의 위험성이 있으므로

Question 11

가스누설 검지경보장치의 경보농도는 다음 가스의 경우 얼마인가?
(1) 가연성가스
(2) 독성가스
(3) 암모니아를 실내에서 사용 시

해설 & 답

(1) **가연성가스** : 폭발 하한의 $\frac{1}{4}$ 이하
(2) **독성가스** : 허용 농도 이하
(3) **암모니아를 실내에서 사용 시** : 50PPM 이하

Question 12

다음 완전연소 반응식과 발열량을 쓰시오.
(1) 프로판
(2) 부탄

해설 & 답

(1) 프로판 : $C_3H_8 + 5O_2 \rightarrow 3CO_2 + 4H_2O + 24370 kcal/Nm^3$
(2) 부탄 : $2C_4H_{10} + 13O_2 \rightarrow 8CO_2 + 10H_2O + 32010 kcal/Nm^3$

Question 13

오토클레이브의 교반형의 장·단점 2가지를 쓰시오.

해설 & 답

① 장점 : ㉠ 기·액 반응으로 기체를 계속 유통시킬 수 있다.
㉡ 교반효과는 특히 횡형 교반의 경우가 뛰어나고 진탕식에 비해 효과가 크다.
② 단점 : ㉠ 교반층의 패킹에 사용한 이물질이 내부에 들어갈 가능성이 있다.
㉡ 회전속도나 압력을 올리면 누설되기 쉽다.

Question 14

공기 액화분리장치의 폭발원인을 쓰시오.

해설 & 답

① 액체 공기 중의 오존의 혼입
② 공기 중의 질소산화물 혼입
③ 압축기용 윤활유 분해에 따른 탄산수소의 생성
④ 공기 중의 아세틸렌의 혼입

Question 15

고압가스배관설비에 있어서 다음 물음에 답하시오.
(1) 액화가스배관에 부착해야 할 계측기기 두 가지를 쓰시오.
(2) 온도변화에 따른 도관 수축작용으로 인한 사고방지장치는?

해설 & 답

(1) 온도계, 압력계
(2) 신축흡수장치

Question 16

대형 가스온수기 중에 부착되어 있는 안전장치 4가지를 쓰고, 역할을 쓰시오.

해설 & 답

① **과열 방지장치** : 이상 과열 시 가스통로를 차단함
② **과압유출 방지장치** : 순간 온수기 내압상승 시 물을 분출시킴
③ **파일럿 안전장치** : 불꽃이 꺼졌을 때 가스를 차단함
④ **전도 안전장치** : 전도, 전락 시 가스차단

Question 17

다음 물음에 답하시오.
(1) 포스겐과 가성소다와의 반응식
(2) 포스겐의 중화제, 보유량
(3) 독성가스 누설 경보장치의 지시범위

해설 & 답

(1) $COCl_2 + 4NaOH \rightarrow 2NaCl + Na_2O_3 + 2H_2O$
(2) 가성소다(390kg 이상), 소석회(360kg 이상)
(3) 0~허용농도까지

Question 18

염공이 가져야 할 조건 4가지를 쓰시오.

해설 & 답

① 가연물에 적절한 배열일 것
② 모든 염공에 빠르게 화염이 전파될 것
③ 불꽃이 안전하게 형성될 수 있을 것
④ 먼지 등에 막히지 않고 손질이 용이할 것

Question 19

압축기에서 다음 물음에 답하시오.
(1) 용적형 압축기의 종류
(2) 터보 압축기의 회전방향에 따른 분류

해설 & 답

(1) ㉠ 왕복식 ㉡ 회전식 ㉢ 다이어프램식
(2) ㉠ 반류형 ㉡ 혼류형 ㉢ 경류형

Question 20

가스홀더의 기능 4가지를 쓰시오.

해설 & 답

① 일시적 중단 시 공급량 확보
② 제조가 수요를 따르지 못할 때 공급량 확보
③ 공급가스의 성분, 열량, 연소성 등을 균일화시킨다.
④ 피크 시 도관의 수송량을 감소시킨다.

Question 01
유수식 가스홀더의 특징 5가지를 쓰시오.

해설 & 답

① 제조설비가 저압인 경우 사용
② 구형 가스홀더에 비해 유효가 동량이 많다.
③ 기초비가 크다.
④ 동결방지장치가 필요하다.
⑤ 가스가 건조해 있으면 물이 수분을 흡수한다.

Question 02
자동 교체식 일체형 조정기에 대해 답하시오.
(1) 입구압력 (2) 조정압력
(3) 안전밸브 작동기준압력 (4) 폐쇄압력

해설 & 답

(1) **입구압력** : $1 \sim 15.6 \text{kg/cm}^2$
(2) **조정압력** : $255 \sim 330 \text{mmH}_2\text{O}$
(3) **안전밸브 작동기준압력** : $700 \text{mmH}_2\text{O}$
(4) **폐쇄압력** : $350 \text{mmH}_2\text{O}$

Question 03

다음과 같이 세로에 안전간격에 의한 폭발 등급을 넣고 가로에 발화도 등급을 넣고 해당되는 가스를 보기에서 있는 대로 골라 그 번호를 채우시오.

[보기] ① 프로판   ② 부탄   ③ 아세틸렌   ④ 에틸렌
        ⑤ 에틸에텔 ⑥ 암모니아 ⑦ 일산화탄소 ⑧ 수성가스
        ⑨ 아세트알데히드 ⑩ 가솔린 ⑪ 이황화탄소

	G1	G2	G3	G4	G5
1등급					
2등급					
3등급					

해설 & 답 — Explanation & Answer

	G1	G2	G3	G4	G5
1등급	암모니아 일산화탄소 프로판	부탄		아세트알데히드 에틸에텔	
2등급	석탄가스 에틸렌				
3등급	수성가스	아세틸렌			이황화탄소

Question 04

원심펌프는 대용량이 이송이 가능하고 맥동이 없는 이점이 있으나 사용할 수 없는 경우도 있다. 이와 같이 사용할 수 없는 경우 3가지를 쓰시오.

해설 & 답 — Explanation & Answer

① 흡입 양정이 지나치게 긴 경우
② 이상 고압일 경우
③ 송풍거리가 긴 경우

Question 05

도시가스배관 공사가 완료되어 (①) (②) 시험을 하기 전에 필요에 따라서 (③)을 공기압으로 통해서 배관 내의 (④),(⑤), 먼지 등을 제거하여야 한다.

해설 & 답

① 내압　② 기밀　③ 불활성가스
④ 이물질　⑤ 용접찌꺼기

Question 06

정압기를 평가 선정하는데 필요한 특성 4가지를 쓰시오.

해설 & 답

① 정특성　② 동특성
③ 유량특성　④ 사용최대차압 및 작동최소차압

Question 07

실린더 안지름이 200mm, 행정이 150mm, 회전수는 매 분당 350rPM인 횡형1단 단동압축기가 있다. 지시 평균유효압력이 3kg/cm²라 한다면 이 압축기에 필요한 전동기의 마력은 몇 ps인가?

해설 & 답

$$ps = \frac{Pi \times V}{75 \times 60} = \frac{3 \times 10^4 \text{kg/m}^2 \times 1.65}{75 \times 60} = 11ps$$

$$V(\text{m}^3/\text{min}) = \frac{\pi D^2}{4} \times L \times N = 0.785 \times 0.2^2 \times 0.15 \times 350$$
$$= 1.65 \text{m}^3/\text{min}$$

Question 08

배관장치에는 이상사태가 발생한 경우에 그 상황을 경보하는 경보장치를 설치해야 한다. 이 때 경보장치가 울리는 것은 다음과 같다. ( )안에 넣으시오.
(1) 배관 내의 압력이 사용압력의 ( )배 초과 시
(2) 배관 내의 압력이 정상운전 시의 압력보다 ( )% 이상 강하한 경우 이를 검지할 때
(3) 배관 내의 유량이 정상운전 시의 유량보다 ( )% 이상 변동한 경우 이를 검지할 때

해설 & 답

(1) 1.05
(2) 7
(3) 15

Question 09

다음은 일단 감압식 준저압 조정기에 대한 내용이다. 물음에 답하시오.
(1) 조정기의 최대 폐쇄압력
(2) 조정기의 조정압력 범위
(3) 조정기의 입구 측에서의 내압시험압력
(4) 조정기의 출구 측에서의 기밀시험압력

해설 & 답

(1) 조정압력의 1.25배
(2) 500~3000mmH$_2$O
(3) 30kg/cm^2
(4) 350mmH$_2$O

Question 10
왕복식 압축기의 특징 5가지를 쓰시오.

해설 & 답

① 용량조절 범위가 넓다.
② 저속회전에 사용
③ 토출가스에 의한 맥동현상이 있다.
④ 가격이 고가이며 설치면적이 넓다.
⑤ 접촉부가 많아서 진동·소음이 많다.

Question 11
LPG사용시설 시공 시 사용할 수 있는 콕크의 종류를 쓰시오.

해설 & 답

① 노즐콕크 ② 상자콕크 ③ 휴즈콕크

Question 12
부식이 주의 환경과의 사이에 발생되는 전기화학적 반응으로 철관을 부식하게 된다. 이러한 반응을 일으키는 요인 5가지를 쓰시오.

해설 & 답

① 미주전류에 의한 부식   ② 국부전지에 의한 부식
③ 박테리아에 의한 부식   ④ 이종금속간의 접촉에 의한 부식
⑤ 농염전지에 의한 부식

Question 13

아세틸렌 용기에 충전하는 다공질물의 구비조건을 쓰시오.

해설 & 답

① 고다공도일 것 ② 기계적 강도가 있을 것
③ 가스충전이 쉬울 것 ④ 안전성이 있을 것
⑤ 경제적일 것 ⑥ 화학적으로 안정할 것

Question 14

공기액화 분리장치의 C_2H_2 등의 불순물 혼입 시 폭발방지책 4가지를 쓰시오.

해설 & 답

① 윤활유는 양질의 광유 사용 ② 공기 취입구를 맑은 곳에 설치
③ 장치 내 여과기설치 ④ 연 1회 사염화탄소로 세척

Question 15

도시가스배관 중에 전기방식을 유지해야 될 장소 4가지를 쓰시오.

해설 & 답

① 밸브 스테이션 ② 매설배관의 배관 절연부 양단
③ 타 금속구조물의 근접교차부분 ④ 교량하천 횡단배관의 양단부

Question 16

다음 물음에 답하시오.
(1) 아세틸렌의 용기에 구리를 62% 미만으로 사용하는 이유를 반응식으로 설명하시오.
(2) 아세틸렌을 아세톤에 용해시키는 이유를 반응식으로 설명하시오.
(3) 시안화수소를 장기간 저장 할 수 없는 이유를 쓰시오.

해설 & 답 Explanation & Answer

(1) $C_2H_2 + 2Cu \rightarrow Cu_2C_2 + H_2$ (화합폭발을 일으키므로)
(2) $C_2H_2 \rightarrow 2C + H_2 + 54.2\text{kcal}$ (분해폭발을 일으키므로)
(3) 수분 2% 함유 시 중합폭발의 우려가 있으므로

Question 17

다음 물음에 답하시오.
(1) 유량이 2배일 때 압력손실은?
(2) 관 길이가 $\frac{1}{2}$일 때 압력손실은?
(3) 관경이 $\frac{1}{2}$일 때 압력손실은?
(4) 가스비중이 2배 일 때 압력손실은?

해설 & 답 Explanation & Answer

(1) 4배
(2) $\frac{1}{2}$배
(3) 32배
(4) 2배

Question 18
파일롯트 정압기에서 두 종류를 간단히 설명하시오.

해설 & 답

① **로딩형** : 파일롯트가 막혀서 1차측 가스가 2차측으로 직접 통하지 않는 형식
② **언로딩형** : 파일롯트가 막히지 않아서 1차측 가스가 2차측으로 직접 통하는 형식

Question 19
초음파 검사법의 장·단점 2가지를 쓰시오.

해설 & 답

① **장점** : ㉠ 경제적이다.
㉡ 장치가 가볍고 편리하다.
㉢ 균열이 있는 검출이 용이하다.
② **단점** : ㉠ 시험결과의 기록 보존이 곤란하다.
㉡ 개인에 따라 오차가 발생할 수 있다.
㉢ 숙련이 필요하다.

Question 20
가스미터의 성능시험 3가지를 쓰시오.

해설 & 답

① 외관검사　② 기차검사　③ 구조검사

필답형 예상문제 제 07 회

Question 01
액화석유가스 저장설비 설치장소를 제1차 지반조사결과 성토지반개량 또는 옹벽설치 등의 조치를 강구해야 되는 경우 4가지를 쓰시오.

해설 & 답

① 부등침하의 우려가 있는 토지
② 습기가 있는 토지
③ 지반이 연약한 토지
④ 붕괴 위험이 있는 토지

Question 02
가스누설 시 사용하는 시험지명 및 변색상태이다. ( )안을 채우시오.

가스명	시험지	변색상태
암모니아	(①)	(②)
염소	(③)	(④)
시안화수소	(⑤)	(⑥)
일산화탄소	염화파라듐지	흑색
황화수소	(⑦)	(⑧)
포스겐	(⑨)	(⑩)
아세틸렌	염화 제1동착염지	적색
아황산가스	암모니아 적신헝겊	흰연기

해설 & 답

① 적색리트머스 시험지　② 청색
③ KI전분지　④ 청색
⑤ 질산구리 벤젠지　⑥ 청색
⑦ 연당지　⑧ 흑색
⑨ 하리슨시험지　⑩ 심등색

Question 03

액화가스의 이동방법 4가지를 쓰시오.

해설 & 답

① 압축기에 의한 방법
② 차압에 의한 방법
③ 균압관이 있는 펌프방식
④ 균압관이 없는 펌프방식

Question 04

가스기구를 급배기방식에 따라 3가지를 쓰시오.

해설 & 답

① 개방형   ② 밀폐형   ③ 반밀폐형

Question 05

도시가스미터에 다음 표시가 있다. 의미를 쓰시오.
(1) MAx 6(m³/h)   (2) 2(l/rev)

해설 & 답

(1) MAx 6(m³/h) : 시간당 최대사용유량이 $6m^3/h$이다.
(2) 2(l/rev) : 계량실 1주기체적이 $2l$

Question 06

가스 냉방기 흡수제(①)이며, 냉매는 (②), 증발기압력은 (③)이다.

해설 & 답

① 흡수제 : 리튬브로마이드, 물
② 냉매 : 물, 암모니아
③ 5mmHgV

Question 07

2단 감압법의 장점 4가지를 쓰시오.

해설 & 답

① 공급압력이 일정하다.
② 중간배관이 가늘어도 된다.
③ 배관 입상에 의한 압력손실이 보장된다.
④ 각 연소 기구에 알맞은 압력으로 공급가능하다.

Question 08

내부결함을 검출할 수 있는 비파괴검사법을 3가지를 쓰시오.

해설 & 답

① 방사선검사
② 초음파검사
③ 음향검사

Question 09

LPG가스 배관의 압력손실요인 4가지를 쓰시오.

해설 & 답

① 입상배관에 의한 압력손실
② 가스미터, 콕 등에 의한 압력손실
③ 엘보우, 티 등에 의한 압력손실
④ 직선배관에 의한 압력손실

Question 10

저장탱크를 지하에 묻을 때 설치기준 5가지를 쓰시오.

해설 & 답

① 가스방출관은 지면에서 5m 이상
② 저장탱크의 정상부와 지면과의 거리 60cm 이상
③ 천정, 벽, 바닥은 두께 30cm 이상의 철근콘크리트조
④ 주변에 마른 모래로 채운다.
⑤ 탱크상호간 1m 이상유지

Question 11

황화수소를 흡수하기 위해 넣는 알카리성 흡수제를 쓰시오.

해설 & 답

① 탄산소다 수용액   ② 암모니아 수용액

Question 12

배관 도시기호 중 3 – 15A – 10 – 20 – 40 – HINS 일 때 의미는?

(1)   (2)
(3)   (4)
(5)   (6)

해설 & 답

① 관 길이 : 3m
② 관 지름 : 15mm
③ 사용압력 : 10kg/cm^2
④ 스케줄번호 : 20
⑤ 허용인장강도 : 40kg/cm^2
⑥ 관 종류

Question 13

배관 이음 종류 3가지를 쓰시오.

해설 & 답

① 나사이음   ② 용접이음   ③ 플랜지이음

Question 14

압축기에 연결된 배관의 진동 원인을 쓰시오.

해설 & 답

① 압축기, 펌프에 의한 진동
② 파이프 내의 유체의 압력변화에 의한 진동
③ 안전밸브 분출에 의한 진동

Question 15

암모니아 합성공정 중 고압법, 중앙법, 저압법을 설명하시오.

해설 & 답

① **고압법**($600 \sim 1000 kg/cm^2$) : 클로우드법, 카자레법
② **중앙법**($300 kg/cm^2$) : 뉴파우더법, I·G법, J·C·I법, 동공시법
③ **저압법**($150 kg/cm^2$) : 케로그법, 구우데법

Question 16

암모니아 누설검사방법을 쓰시오.

해설 & 답

① **네슬러시약** : 소량 : 황색, 다량 : 자색
② **적색리트머스 시험지** : 청색
③ **염화수소** : 백색연기
④ **페놀프탈렌지** : 홍색
⑤ 취기

Question 17

저온장치에 사용되는 진공 단열법의 종류 3가지를 쓰시오.

해설 & 답

① 고 진공 단열법   ② 분말 진공 단열법   ③ 다층 진공 단열법

Question 18

다음 빈 칸에 알맞은 말을 쓰시오.

"천연가스란 제진, (①), (②), 탈수, (③)등의 전처리를 실시한 뒤 액화 저장한다."

해설 & 답

① 탈유   ② 탈황   ③ 탈습

Question 19

자분(자기) 검사법의 단점 4가지를 쓰시오.

해설 & 답

① 종료 후 탈지처리가 필요하다.
② 내부결함 검출 불가능하다.
③ 비자성체에는 적용 불가능하다.
④ 전원이 필요하다.

Question 20

도시가스 부취제의 종류 3가지를 쓰시오.

해설 & 답

① THT(테트라 히드로 티오펜) : 석탄가스 냄새
② DMS(디메칠 썰파이드) : 마늘 냄새
③ TBM(터시어리부틸 메르캅탄) : 양파 썩는 냄새

필답형 예상문제 제 08 회

Question 01
가스의 연소상태 중 역화와 그 원인을 간단히 설명하시오.

해설 & 답

① **정의** : 가스의 유출속도가 연소속도보다 낮을 경우 화염이 연소기 내부로 침입되는 현상
② **원인** : ㉠ 가스의 분출압력이 낮을 때   ㉡ 염공이 클 때
　　　　㉢ 콕크에 먼지 부착 시　　　　㉣ 버너의 과열 시

Question 02
고압가스 저장탱크의 열 침입 원인 5가지를 쓰시오.

해설 & 답

① 안전밸브, 밸브 등에 의한 열전도
② 지지요크 등에 의한 열전도
③ 연결되는 파이프를 따라오는 열전도
④ 외면으로부터의 열복사
⑤ 단열재를 충전한 공간에 남은 가스분자의 열전도

Question 03

공업적으로 산소의 제조는 공기액화법을 주로 사용한다. 이를 위해 공기를 정제하는 방법 3가지를 쓰시오.

해설 & 답

① 건조제로 수분을 제거한다.
② CO_2 흡수탑에서 가성소다를 이용 CO_2를 제거한다.
③ C_2H_2 흡착기로 C_2H_2를 제거한다.

Question 04

나프타를 도시가스로 사용 시 이점 4가지를 쓰시오.

해설 & 답

① 경제성이 좋다.　　　② 대기오염 문제가 없다.
③ 부산물이 생성되지 않는다.　　　④ 취급이 간단하다.

Question 05

용접부에서 볼 수 있는 결함의 종류와 그 발생원인 4가지를 쓰시오.

해설 & 답

① **용입불량** : 용접속도가 빠를 때
② **내부기공** : 이물질 부착 및 혼입 시
③ **슬래그 혼입** : 이물질 혼입 시
④ **언더컷** : 용접속도가 빠를 때
⑤ **오우버랩** : 용접속도가 느릴 때

Question 06

배관경로 선정 시 고려할 사항 4가지를 쓰시오.

해설 & 답

① 최단거리로 할 것
② 은폐, 매설을 피할 것
③ 구부러지거나 오르내림이 적을 것
④ 가능한 옥외 설치할 것

Question 07

비파괴 검사의 종류 5가지를 쓰시오.

해설 & 답

① 방사선검사   ② 초음파검사   ③ 자분검사
④ 침투검사   ⑤ 음향검사

Question 08

동 함유량 62% 미만 또는 동합금의 밸브 등의 사용을 금하고 있는 가스 종류 3가지를 쓰시오.

해설 & 답

① 아세틸렌   ② 암모니아   ③ 황화수소

Question 09

가스미터 선정 시 유의해야 할 사항 4가지를 쓰시오.

해설 & 답

① 용량에 여유가 있을 것
② 정확하게 계측될 것
③ 액화가스용일 것
④ 내구성이 있을 것

Question 10

유전양극법의 장점 3가지를 쓰시오.

해설 & 답

① 시공이 간단하다.
② 소규모로 경제적이다.
③ 과방식의 우려가 없다.

Question 11

다음을 쓰시오.
(1) 아세틸렌 희석제
(2) 시안화수소 중합 방지제
(3) 다공질 물

해설 & 답

(1) **아세틸렌 희석제** : 메탄, 일산화탄소, 에틸렌, 질소, 수소, 프로판
(2) **시안화수소 중합 방지제** : 오산화인, 염화칼슘, 인산, 아황산가스, 황산, 동
(3) **다공질 물** : 석회, 석면, 규조토, 탄산마그네슘, 산화철, 다공성플라스틱

Question 12

가스에 의하여 부식되는 경우 4가지를 쓰시오.

해설 & 답

① 수소에 의한 수소취성 ② 산소에 의한 산화
③ 황화수소에 의한 황화 ④ CO에 의한 침탄

Question 13

수소화 탈유장치 정제반응에서 중요한 반응조건 4가지를 쓰시오.

해설 & 답

① 온도   ② 압력   ③ 촉매   ④ 반응조건

Question 14

터보회전체가 언밸런스 되는 원인 3가지를 쓰시오.

해설 & 답

① 부식마모에 의한 것
② 제작 시 언밸런스
③ 먼지, 기름부착에 의한 것

Question 15

가스발생장치를 선택하여야 할 때 충분히 검토되어야 할 사항을 명목별로 5가지만 쓰시오.

해설 & 답

① 가스의 공급방식 ② 가스의 품질 ③ 가스의 연소성
④ 경제성 ⑤ 조업의 난이성

Question 16

1차 공기의 혼합비율에 따른 연소방식 4가지와 이 중 연소에 필요한 공기를 모두 2차 공기로 취하는 방식은?

해설 & 답

① 분류 : ㉠ 적화식 ㉡ 분젠식 ㉢ 세미분젠식 ㉣ 전1차공기식
② 모두 2차공기로 취하는 방식 : 적화식

Question 17

부취제가 갖추어야 할 구비조건 5가지를 쓰시오.

해설 & 답

① 독성 및 가연성이 아닐 것
② 도관을 부식시키지 말 것
③ 보통 존재하는 냄새와 명확히 구별될 것
④ 가스관이나 가스미터에 흡착되지 말 것
⑤ 부식성이 없을 것
⑥ 물에 녹지 말 것
⑦ 화학적으로 안정할 것

Question 18

액화석유가스 누설 시 냄새로 알 수 있다. 냄새로 측정하는 방법 4가지를 쓰시오.

해설 & 답

① 오티미터법　　② 주사기법
③ 냄새 주머니법　④ 부취실법

Question 19

누출부분의 수리 시 가스의 제거법을 설명하시오.

해설 & 답

① 흡착제를 사용한 흡착법　② 흡수액을 사용한 흡수법
③ 중화제에 의한 중화법

Question 20

천연가스로부터 LPG를 회수하는 방법 3가지를 쓰시오.

해설 & 답

① 냉각법　② 흡수법　③ 흡착법

Question 01

배관 응력의 원인 5가지를 쓰시오.

해설 & 답

① 열팽창에 의한 응력
② 내압에 의한 응력
③ 용접에 의한 응력
④ 냉간 가공에 의한 응력
⑤ 배관 부속물인 밸브, 플랜지 등에 의한 응력

Question 02

다음은 도시가스의 유해성분, 열량, 압력, 연소성측정 등에 대하여 설명하시오.

해설 & 답

① **압력측정** : 가스홀더 출구, 정압기 출구 및 가스공급시설의 끝부분에서 자기압력계를 사용하여 측정하되 정압기 출구 및 가스공급시설의 끝부분에서 측정한 가스압력은 100mmH$_2$O 이상 250mmH$_2$O 이내
② **열량측정** : 매일 6시 30분부터 9시 사이, 17시부터 20시 30분 사이에 각각 제조소의 배송기 또는 압송기 출구에서 자동 열량측정기로 측정
③ **연소성의 측정** : 매일 6시 30분부터 9시 사이, 17시부터 20시 30분 사이에 각각 1회씩 가스홀더 또는 압송기 출구에서 연소속도 및 웨버지수를 다음의 산식에 의하여 측정하되 웨버지수가 표준 웨버지수의 ±4.5% 이내를 유지할 것
④ **유해성분의 양** : ㉠ 황 0.5g 이하
　　　　　　　　　㉡ 암모니아 0.2g 이하
　　　　　　　　　㉢ 황화수소 0.02g 이하

Question 03

다음 용어를 설명하시오.
(1) 연돌효과 (2) 연소안전장치 (3) 역풍방지장치

해설 & 답

(1) **연돌효과** : 외기와 배기가스 온도차에 의해 통풍이 일어나는 현상
(2) **연소안전장치** : 불꽃이 꺼질 때 가스를 차단하는 장치
(3) **역풍방지장치** : 배기가스가 역류하지 않도록 방지하는 장치

Question 04

메탄가스의 제조법을 쓰시오.

해설 & 답

① 천연가스 분해 ② 석탄의 열분해
③ 유기물의 분해 ④ 석유정제의 부산물로부터

Question 05

LNG 냉열 이용용도 3가지를 쓰시오.

해설 & 답

① 냉동장치에 이용
② 공기액화분리장치에 이용
③ 드라이아이스제조에 이용

Question 06

가스크로마트그래피에 사용되는 검출기 4가지를 쓰시오.

해설 & 답

① TCD(열전도도형 검출기) ② ECD(전자포획 이온화 검출기)
③ FID(수소 이온화 검출기) ④ FPD(염광 광도 검출기)

Question 07

가스크로마토그래피 흡착제와 캐리어가스를 쓰시오.

해설 & 답

① 흡착제 : 활성탄, 실리카겔, 활성 알루미늄이나 소바비드
② 캐리어가스 : 수소, 헬륨, 질소, 아르곤

Question 08

관경에 의한 배관 고정방법을 쓰시오.

해설 & 답

① 관경이 13mm 미만 : 1m 마다
② 관경이 13mm 이상 33mm 미만 : 2m 마다
③ 관경이 33mm 이상 : 3m 마다

Question 09

도시가스의 압력을 3가지로 구분하시오.

① **저압** : 1kg/cm²g 미만
② **중압** : 1kg/cm²g 이상 10kg/cm²g 미만
③ **고압** : 10kg/cm²g 이상

Question 10

부취제의 액체 주입 방식 3가지를 쓰시오.

① 펌프주입방식
② 적하주입방식
③ 미터연결바이패스방식

Question 11

배관공사 시 착공 전 조사할 사항 3가지를 쓰시오.

① 지하매설물 조사
② 현장도로 구조조사
③ 관련공사

Question 12
정압기 입구와 출구의 안전장치를 쓰시오.

해설 & 답 — Explanation & Answer

① 입구 : 불순물 제거장치
② 출구 : 이상 압력 상승 방지장치

Question 13
염소가 수분과 반응 시 부식이 된다. 다음 물음에 답하시오.
(1) 반응식   (2) 이유

해설 & 답 — Explanation & Answer

(1) 반응식 : $Cl_2 + H_2O \rightarrow HCl + HClO$
  $Fe + 2HCl \rightarrow FeCl_2 + H_2$
(2) 이유 : 수분과 반응 시 염산이 되고 이것이 염화철이 형성되어 부식

Question 14
휴즈콕크의 용량범위는?

해설 & 답 — Explanation & Answer

표시차의 ±10% 이내

Question 15. 가스화촉매로서 요구되는 성질 4가지를 쓰시오.

해설 & 답

① 활성이 클 것
② 화학적으로 안정할 것
③ 내열성이 우수할 것
④ 수명이 길 것

Question 16. 구형저장탱크의 특징 5가지를 쓰시오.

해설 & 답

① 강도가 크다.
② 형태가 아름답다.
③ 용량이 크다.
④ 표면적이 적어도 된다.
⑤ 기초구조 단순공사 용이하다.

Question 17. 가스홀더의 설치 기준 5가지를 쓰시오.

해설 & 답

① 응축액 동결방지 설치
② 응축액을 뽑아낼 수 있는 장치설치
③ 맨홀이나 검사구를 반드시 설치
④ 입구와 출구는 신축흡수장치 설치
⑤ 내용적 $300m^3$ 이상일 때 안전거리 유지

Question 18

다단 압축을 하는 목적 4가지를 쓰시오.

해설 & 답

① 소요일 량을 줄일 수 있다.
② 가스의 온도상승을 피할 수 있다.
③ 힘의 평형이 유지 된다.
④ 이용효율 증대된다.

Question 19

가스배관의 누설 검사방법 5가지를 쓰시오.

해설 & 답

① 가압 방치법　　② 진공 방치법　　③ 발포액사용
④ 누설검지기를 사용　⑤ 검사지를 사용하는 방법

Question 20

2중 배관을 해야 하는 가스를 쓰시오.

해설 & 답

① 포스겐　　② 황화수소
③ 시안화수소　④ 아황산가스
⑤ 염소　　⑥ 불소
⑦ 아크릴로니트릴

필답형 예상문제 제 10 회

Question 01. 냉매의 성질 5가지를 쓰시오.

해설 & 답

① 비체적이 적을 것 ② 독성 및 가연성이 없을 것
③ 증발잠열이 클 것 ④ 악취가 없을 것
⑤ 부식성이 없을 것 ⑥ 응축압력은 낮을 것
⑦ 증발압력은 높을 것 ⑧ 응축온도 낮을 것
⑨ 비열비가 적을 것

Question 02. 배관재료의 구비조건 4가지를 쓰시오.

해설 & 답

① 절단가공이 용이할 것
② 토양에 대한 내식성이 있을 것
③ 관내의 가스유통이 원활할 것
④ 내열성이 있을 것

Question 03. 파열판 식 안전밸브의 특징 4가지를 쓰시오.

해설 & 답

① 밸브시트 누설이 없다.(스프링 식 안전밸브와 같은)
② 슬더지 함유 부식성 유체에서도 사용가능하다.
③ 구조가 간단하고 취급이 용이하다.
④ 압력상승이 급격히 변화하는 곳에 적당하다.

Question 04. C_2H_2의 구조 및 성능이 C_3H_8용기와 다른 점 3가지를 쓰시오.

해설 & 답

① 안전장치는 스프링 식 안전밸브 대신 가용전을 사용한다.
② C_2H_2의 가스비중은 0.795 이하의 아세톤이나 DMF 등의 용제에 용해시킨다.
③ 아세틸렌가스는 용기에 20℃에서 다공도가 75% 이상 92% 미만이 되도록 다공물질을 넣는다.

Question 05. 다음 초저온 용기, 저온용기를 설명하시오.

해설 & 답

① **초저온용기** : -50℃ 이하인 액화가스를 저장하기 위한 용기로서 단열재로 피복하거나 냉동설비 등으로 냉각 등의 방법으로 용기 내의 가스온도가 상용의 온도를 초과하지 않도록 조치한 용기
② **저온용기** : 냉동설비로 냉각을 했거나 단열재로 피복하여 용기 내의 가스온도가 상용의 온도를 초과하지 않도록 조치한 용기로서 초저온용기 이외의 용기

Question 06

열처리의 종류 5가지를 쓰시오.

① 담금질 = 퀀칭 = 소입 : 경도 및 강도 증가
② 뜨임 = 템퍼링 = 소려 : 인성증가
③ 풀림 = 어닐링 = 소둔 : 가공응력 및 내부 응력제거
④ 불림 = 노멀라이징 = 소준 : 조직의 아세화 및 편석이나 잔류응력 제거
⑤ 심냉처리

Question 07

특정설비의 종류 5가지를 쓰시오.

① 저장탱크   ② 긴급차단장치   ③ 역류방지밸브
④ 역화방지장치 ⑤ 안전밸브   ⑥ 기화기

Question 08

역화방지장치 설치위치를 쓰시오.

① 가연성가스를 압축하는 압축기와 오토클레이브와의 사이
② 아세틸렌의 고압건조기와 충전용 교체 밸브와의 사이
③ 수소화염 또는 산소아세틸렌화염사용시설
④ 아세틸렌 충전용지관

Question 09

역류방지밸브 설치할 곳 4가지를 쓰시오.

해설 & 답

① 가연성가스를 압축하는 압축기와 충전용 주관과의 사이
② 아세틸렌의 유 분리기와 고압건조기 사이
③ 암모니아메탄올의 합성탑이나 정제탑과 압축기 사이
④ 독성가스 감압설비 뒤의 배관

Question 10

레이놀드식 정압기 2차압 이상 상승 원인

해설 & 답

① 정압기 동결 시
② 다이어프램 파손 시
③ 메인밸브에 이물질 존재 시

Question 11

가스미터 선정 시 고려할 사항을 쓰시오.

해설 & 답

① 사용 최대유량에 적합한 계량용량일 것
② 사용 중 기차 변화가 없고 정확하게 계측할 수 있을 것
③ 부착이 용이하고 유지·관리가 용이
④ 내압, 내열성이 있으며 기밀성, 내구성이 좋을 것

Question 12

도시가스 공급방식을 쓰시오.

해설 & 답

① 생가스 공급방식　② 공기혼합가스 공급방식　③ 변성가스 공급방식

Question 13

가스화촉매의 구비조건을 쓰시오.

해설 & 답

① 활성이 클 것　② 화학적으로 안정할 것
③ 내열성이 있을 것　④ 수명이 길 것

Question 14

질량효과를 설명하시오.

해설 & 답

담금질할 때 재료의 안과 밖에서 열처리효과 차이가 나는 현상

Question 15. PONA란?

해설 & 답

① P : 파라핀계 탄화수소 ② O : 올레핀계 탄화수소
③ N : 나프탄계 탄화수소 ④ A : 방향족계 탄화수소

Question 16. 비열처리 재료를 설명하시오.

해설 & 답

오스테나이트계 스텐레스강, 내식알루미늄 합금단조품, 내식알루미늄, 합금단조판, 기타 이와 유사한 열처리가 필요 없는 것

Question 17. 경화균열을 설명하시오.

해설 & 답

탄소강 급랭 시 팽창 차에 의해 균열이 생기는 현상

Question 18

조정기에서 P, Q, R은 무엇을 뜻하는가?

해설 & 답

① P : 조정기 입구압력(kg/cm^2)
② Q : 조정기 용량(kg/h)
③ R : 조정기 조정압력(kg/cm^2)

Question 19

CO_2 회수법을 쓰시오.

해설 & 답

① 고압 세정법　　② 열탄산칼슘법
③ NH_3 흡수법　　④ 알킬아민법

필답형 예상문제 제 11 회

Question 01

다음 가스의 고온·고압을 취급하는 경우 적당한 재료를 쓰시오.
(1) 수소   (2) 암모니아   (3) 일산화탄소

해설 & 답

① **수소** : Ni – Cr – Mo강, 18 – 8 스텐레스강
② **암모니아** : 18 – 8 스텐레스강, Cr – Ni강, Ni – Cr – Mo강
③ **일산화탄소** : Ni – Cr계 스테인레스강

Question 02

온도 15℃에서 용기 10kg의 프로판을 충전하였다. 온도가 60℃가 되면 용기 내의 프로판은 몇 l인가?(단, 15℃일 때 액의 밀도는 0.5kg/l, 60℃에서의 부피는 15의 1.2배이다.)

해설 & 답

$$\frac{0.5}{10} \times 1.2 = 24 l$$

Question 03

아세틸렌의 안전밸브, 용기재질, 청정제를 쓰시오.

해설 & 답

① 안전밸브 : 가용전식
② 용기재질 : 탄소강
③ 청정제 3가지 : 에퓨렌, 리카솔, 카타리솔

Question 04

다음 빈칸을 완성하시오.

CO_2 존재 시 배관 내에서 (①)에서 응고되어 배관이나 밸브를 (②)시킬 우려가 있으므로 (③)를 첨가시켜 Na_2CO_3가 되도록 한다.

해설 & 답

① 저온   ② 폐쇄   ③ NaOH

Question 05

오토클레이브의 정의와 종류 4가지를 쓰시오.

해설 & 답

① 정의 : 고온, 고압 하에서 화학적인 합성반응을 위한 반응가마(솥)
② 종류 : ㉠ 교반형   ㉡ 가스 교반형   ㉢ 회전형   ㉣ 진탕형

Question 06

정압기 사용 최대차압의 정의와 정압기 이상 감압에 대처하는 방법 3가지를 쓰시오.

① **정의** : 메인 밸브에서 1차 압력과 2차 압력의 차압이 실용적으로 사용할 수 있는 범위에서 최대로 되었을 때의 압력차
② **방법** : ㉠ 적절한 정압기 교체한다.   ㉡ 필터를 교환한다.
         ㉢ 분해 정비를 한다.   ㉣ 다이어프램을 교환한다.

Question 07

가스배관 경로 선정 시 주의사항 4가지를 쓰시오.

① 최단거리로 할 것
② 은폐매설을 피할 것
③ 구부리거나 오르내림이 적을 것
④ 가능한 옥외 설치할 것

Question 08

C_2H_2 용기의 구조 및 성능이 C_3H_8 용기와 다른 점 2가지를 쓰시오.

① 아세틸렌가스는 용기에 20℃에서 다공도가 75% 이상 92% 미만이 되도록 다공물질을 넣는다.
② 아세틸렌 가스는 비중이 0.795 이하의 아세톤이나 DMF 등의 용제에 용해시킨다.
③ 안전장치는 스프링 식 안전밸브 대신 가용전을 사용한다.

Question 09
냉동장치에서 사용하는 냉매의 성질 5가지를 쓰시오.

해설 & 답

① 비체적이 적을 것 　② 독성 및 가연성이 없을 것
③ 증발잠열이 클 것 　④ 증발압력은 높고 응축압력은 낮을 것
⑤ 비열비가 적을 것 　⑥ 부식성이 없을 것
⑦ 악취가 없을 것

Question 10
배관공사시 배관 재료의 구비조건 4가지를 쓰시오.

해설 & 답

① 절단 가공이 용이할 것 　　② 토양에 대한 투과성이 클 것
③ 관내의 가스 유통이 원활할 것 ④ 내식성, 내열성이 우수할 것

Question 11
고압저장탱크의 열 침입 원인을 쓰시오.

해설 & 답

① 안전밸브에 의한 열전도
② 지지·요크에 의한 열전도
③ 연결되는 파이프를 따라오는 열전도
④ 외면으로 부터의 열복사
⑤ 단열재를 충전한 공간에 남은 가스분자의 열전도

Question 12

메칼니컬 시일 방식 중 더블시일형의 특징 5가지를 쓰시오.

해설 & 답

① 인화성 또는 유독액이 강한 액일 때
② 기체를 시일 할 때
③ 보온 보냉이 필요한 때
④ 내부가 고진공일 때
⑤ 누설되면 응고되는 액일 때

Question 13

메카니컬 시일방식 중 아웃사이드형의 특징 4가지를 쓰시오.

해설 & 답

① 저 응고점이 액일 때
② 구조재, 스프링재가 액의 내식성에 문제가 없을 때
③ 점성계수가 100CP를 초과하는 액일 때
④ 스타핑 박스 내가 고진공일 때

Question 14

메카니컬 시일방식 중 밸런스 시일의 특징 3가지를 쓰시오.

해설 & 답

① LPG, 액화가스와 같이 낮은 비점의 액체일 때
② 내압이 $4 \sim 5 kg/cm^2$ 이상 시
③ 하이드로카본일 때

Question 15

펌프가 액을 토출하지 않는 원인을 쓰시오.

해설 & 답

① 탱크 내의 액면이 낮아졌다.
② 흡입관로가 막혀 있다.
③ 흡입 측에 누설개소가 있다.

Question 16

전동기의 과부하 원인 4가지를 쓰시오.

해설 & 답

① 펌프가 정상적인 양정 또는 수량으로 운전되지 않을 때
② 액 점도가 증가되었을 때
③ 액의 비중이 증가되었을 때
④ 베인이나 임펠러에 이물질 혼입 시

Question 17

펌프의 토출량이 감소할 때 원인 5가지를 쓰시오.

해설 & 답

① 캐비테이션 발생
② 이물질 혼입 시
③ 공기 혼입 시
④ 관로저항의 증대 시
⑤ 임펠러 자체의 마모부식 소음, 진동을 수반할 수 있음

Question 18

서징현상이란 무엇이며 발생원인 3가지를 쓰시오.

해설 & 답

① **서징현상** : 송출유량과 송출압력의 주기적인 변동으로 인해 펌프입구 및 출구에 설치된 진공계 및 압력계 지침이 흔들리는 현상
② **발생원인** : ㉠ 배관 중에 공기탱크나 물탱크가 있을 때
　　　　　　㉡ 수량조절 밸브가 저장탱크 뒤쪽에 있을 때
　　　　　　㉢ 펌프를 운전 시 주기적으로 운동, 양정, 토출량이 변할 때

Question 19

열처리의 종류를 쓰고 간단히 설명하시오.
(1) 담금질　　　　　　　　(2) 뜨임
(3) 풀림　　　　　　　　　(4) 불림

해설 & 답

(1) **담금질** : 경도 및 강도증가
(2) **뜨임** : 인성증가
(3) **풀림** : 가공응력 및 내부응력 제거
(4) **불림** : 조직의 미세화 및 편석이나 잔류응력 제거

Question 20

비파괴 검사법 4가지를 쓰시오.

해설 & 답

① 방사선 투과 검사　　　② 초음파 탐상법
③ 침투 탐상법　　　　　④ 자분 검사법

필답형 예상문제 제 12 회

Question 01

탄소수 증가 시 다음에 답하시오.
(1) 증기압   (2) 발열량   (3) 폭발범위 하한
(4) 착화온도   (5) 비점

해설 & 답

(1) **증기압** : 낮아진다.
(2) **발열량** : 증가한다.
(3) **폭발범위 하한** : 낮아진다.
(4) **착화온도** : 낮아진다.
(5) **비점** : 높아진다.

Question 02

플레어스텍의 복사열은?

해설 & 답

$4000 kcal m^2/h$ 이하

Question 03. 고압가스 장치 중 안전밸브 설치장소를 쓰시오.

Explanation & Answer

① 반응관, 반응탑
② 저장탱크 상부
③ 왕복압축기 각단
④ 압축기 흡입 및 토출 축
⑤ 감압밸브 뒤의 배관

Question 04. 정압기의 특징을 쓰시오.

Explanation & Answer

① **정특성** : 유량과 2차 압력과의 관계
② **동특성** : 부하변동에 대한 응답의 신속성
③ **유량특성** : 메인 밸브의 열림과 유량과의 관계
④ 사용최대 차압 및 작동최소 차압

Question 05. 천연가스의 전처리 공정을 쓰시오.

Explanation & Answer

제진 → 탈유 → 탈탄산 → 탈수 → 탈습

Question 06. 레이놀드식 정압기 2차압 이상 상승 원인을 쓰시오.

해설 & 답

① 정압기 동결 시
② 다이어프램 파손 시
③ 보조 정압기 작동 불량 시
④ 보조 정압기 주 밸브에 이물질 존재
⑤ 2차 압력 조절 장치 불량

Question 07. 정압기 설치기준 6가지를 쓰시오.

해설 & 답

① 전기설비는 방폭 구조로 할 것
② 침수방지 조치를 할 것
③ 고장 시 분해 점검을 대비하기 위하여 예비 정압기를 설치할 것
④ 가스누설 경보장치 설치
⑤ 출구 측에 이상 압력 상승 방지 장치 설치
⑥ 입구 측에 불순물 제거장치 설치

Question 08. 가스미터 선정 시 고려할 사항 5가지를 쓰시오.

해설 & 답

① 사용 최대 유량에 적합한 계량용량 일 것
② 반드시 LPG용 일 것
③ 사용 중 기차변화가 없고 정확하게 계측할 수 있을 것
④ 내구성, 내열성, 내압성, 기밀성이 좋을 것
⑤ 부착이 간단하고 유지·관리가 용이할 것

Question 09. 천연가스로부터 LPG 회수법을 쓰시오.

해설 & 답

① 냉각법　② 흡수법　③ 흡착법

Question 10. 배관의 압력손실 원인을 쓰시오.

해설 & 답

① 입상배관에 의한 압력손실
② 가스미터, 콕 등에 의한 압력손실
③ 엘보우 밸브 등 부속품에 의한 압력손실
④ 직선 배관에서의 압력손실

Question 11. 본관, 공급관, 내관을 설명하시오.

해설 & 답

① **본관** : 사업소에서 정압기까지의 배관
② **공급관** : 정압기에서 사용자의 토지경계까지 배관
③ **내관** : 토지경계에서 연소기까지의 배관

Question 12

LPG 냉열이용 용도 3가지를 쓰시오.

① 액화CO_2나 드라이아이스 제조한다.
② 냉동식품제조 및 냉동 창고에 사용된다.
③ 공기 액화분리장치에 이용된다.

Question 13

도시가스의 불순물 3가지를 쓰시오.

① 황화수소   ② 나프탈렌   ③ 산화질소

Question 14

질량효과, 경화균열에 대해 쓰시오.

① **질량효과** : 담금질 할 때 재료의 안과 밖에서 열처리 효과 차이가 나는 현상
② **경화균열** : 탄소강 급랭 시 팽창 차에 의해 균열이 생기는 현상

Question 15. 초저온 용기를 설명하시오.

해설 & 답

임계온도가 -50℃ 이하인 액화가스를 충전하기 위한 용기로서 단열재로 회복하여 용기 내의 가스온도가 상용의 온도를 초과하지 않도록 한 용기

Question 16. 단열재의 구비조건 5가지를 쓰시오.

해설 & 답

① 열전도율이 적을 것 ② 사용정이 좋을 것
③ 방습성이 크며 경제적일 것 ④ 밀도가 적을 것
⑤ 난연성 또는 불연성일 것

Question 17. 메탄가스 제조법 4가지를 쓰시오.

해설 & 답

① 천연가스로부터 ② 석탄의 열분해
③ 석유정제의 부산물로부터 ④ 유기물의 분해로부터

Question 18
드라이아이스의 제법을 쓰시오.

해설 & 답

CO_2 기체를 100atm으로 가압 후 $-25°C$까지 냉각시킨 것을 교축팽창(단열팽창)시켜 설상으로 된 것을 압축 성형한다.

Question 19
흡수식 냉동기의 냉매, 흡수제를 쓰시오.

해설 & 답

냉매	흡수제
NH_3	H_2O
H_2O	LiBr

Question 20
가스배관의 누설검사 방법 4가지를 쓰시오.

해설 & 답

① 진공 방치법   ② 누설검지기 사용
③ 검사지를 사용하는 방법   ④ 가압 방치법

Question 21. Back up Gas 가스란?

해설 & 답

부압이 되기 쉬운 탱크나 설비에 불활성가스가 별도로 충전된 용기를 설비하고 부압이 된 경우 설비내로 유입시켜 압력을 회복시켜 주는 가스

필답형 예상문제 제 13 회

Question 01. 다층진공단열법의 특징 3가지를 쓰시오.

해설 & 답

① 단열층이 어느 정도 압력에 견디므로 내 층의 지지력이 있다.
② 최고의 단열성능을 얻으려면 10^{-5} Torr 정도의 높은 진공도를 필요로 한다.
③ 고진공 단열법과 큰 차이 없는 50mm의 두께로 고진공 단열법보다 좋은 효과를 얻을 수 있다.

Question 02. 암모니아 합성법 3가지를 쓰고 설명하시오.

해설 & 답

① **저압 합성법**($150kg/cm^2$ 전·후) : 케로그법, 구우데법
② **중압 합성법**($300kg/cm^2$ 전·후) : 뉴파우더법, 뉴데법, IG법, 신파우더법
③ **고압 합성법**($600\sim1000kg/cm^2$) : 동공시법, JCI법, 클로우드법, 카자레법

Question 03. 공기 액화분리장치의 종류를 쓰시오.

해설 & 답

① 전 저압식 공기분리장치
② 중앙식 공기분리장치
③ 저압식 액산플랜트

Question 04. 다공질물의 구비조건 5가지를 쓰시오.

해설 & 답

① 고다공도일 것   ② 기계적 강도가 클 것   ③ 가스충전이 쉬울 것
④ 안정성이 있을 것   ⑤ 화학적으로 안정할 것

Question 05. 2단 감압방식의 장·단점 4가지를 쓰시오.

해설 & 답

① **장점** : ㉠ 공급압력이 일정하다.
  ㉡ 중간배관이 가늘어도 된다.
  ㉢ 배관 입상에 의한 압력 강하를 보정할 수 있다.
  ㉣ 각 연소 기구에 알맞은 압력으로 공급이 가능하다.
② **단점** : ㉠ 재 액화 우려가 있다.
  ㉡ 조정기가 많이 든다.
  ㉢ 검사방법이 복잡하다.
  ㉣ 설비가 복잡하다.

Question 06. 자동 교체식 조정기 사용 시 이점 4가지를 쓰시오.

해설 & 답

① 전체용기 수량이 수동 교체식의 경우보다 작아도 된다.
② 잔액에 거의 없어질 때까지 소비된다.
③ 용기교환주기의 폭을 넓힐 수 있다.
④ 분리형일 경우 배관의 압력손실을 크게 해도 된다.

Question 07. 도시가스 공급설비 5기지를 쓰시오.

해설 & 답

① 정압기　② 압송기　③ 공급관
④ 가스홀더　⑤ 가스발생설비

Question 08. 샬의 법칙을 수식을 포함하여 설명하시오.

해설 & 답

① **수식** : $\dfrac{V_1}{T_1} = \dfrac{V_2}{T_2}$

② **샬의 법칙** : 압력이 일정할 때 기체의 체적은 절대온도에 비례한다.

Question 09

액화가스 저장탱크에 일반적으로 사용되는 온도계 종류 3가지를 쓰시오.

해설 & 답

① 압력식 온도계 ② 저항 온도계 ③ 열전대 온도계

Question 10

공기 액화분리장치에서 불순물의 종류와 제거방법을 쓰시오.

해설 & 답

① 불순물 : ㉠ 탄화수소류 ㉡ 질소화합물 ㉢ 먼지 ㉣ 아황산가스
② 제거법 : ㉠ 필터를 사용한다. ㉡ 불순물 제거장치 사용한다.

Question 11

인터록 기구의 목적에 대해 쓰시오.

해설 & 답

오조작이나 이상 발생 시 원재료의 공급을 차단하여 사고발생으로 인한 피해를 줄이기 위해 설치하는 안전장치

Question 12

압축기에서 가동 중 중간압력이 상승 원인 5가지를 쓰시오.

해설 & 답

① 다음 단의 흡입밸브 불량 ② 다음 단의 토출밸브 불량
③ 중간 냉각기 냉각수 부족 ④ 중간 단의 바이패스 열림
⑤ 중간 냉각기 냉각면적 감소

Question 13

방식이란 부식을 방비하는 것이다. 전기적인 방식 외에 피복에 의한 방식법을 쓰시오.

해설 & 답

① **금속 피복법** : ㉠ 귀금속에 의한 피복 ㉡ 부동태에 의한 피복
② **비금속 피복법** : ㉠ 도장 ㉡ 라이닝

Question 14

NH_3 냉동기에 동이나 동합금을 사용하지 못하는 이유는?

해설 & 답

착이온생성

15. 가스검지기의 종류 3가지를 쓰시오.

해설 & 답

① 검지관식 ② 간섭계형 ③ 열선식

16. 용기보관 장소의 충전용기 보관 기준 5가지를 쓰시오.

해설 & 답

① 충전용기와 빈 용기 각각 구분
② 가연성, 독성, 산소용기는 각각 구분
③ 작업에 필요한 물건(계량기) 이외에는 두지 않을 것
④ 주위 2m 이내에는 화기 또는 인화성, 발화성 물질 금지
⑤ 직사광선을 피하고 항상 40℃ 이하 유지

17. 냉동기의 응축기 압력이 높아지는 원인 5가지를 쓰시오.

해설 & 답

① 냉각수량의 부족 ② 냉각면적의 부족 ③ 냉각관의 오염
④ 공기의 혼입 ⑤ 수로카바의 칸막이 누설

Question 18

C_2H_2 가스를 가압 충전 시 용기 내에 다공성 물질을 충전하고 아세톤에 침윤시키는 이유를 설명하시오.

해설 & 답

흡열화합물로 압축하면 분해폭발을 일으킬 염려가 있으므로 아세톤을 다공질물에 스며들게 하여 용해시켜 운반한다.

Question 19

냉동기에 사용하는 냉매의 구비조건 5가지를 쓰시오.

해설 & 답

① 비체적이 적을 것 ② 증발잠열이 클 것 ③ 응고점이 낮을 것
④ 비열비가 적을 것 ⑤ 악취가 없을 것 ⑥ 부식성이 없을 것

Question 20

단열재의 구비조건 5가지를 쓰시오.

해설 & 답

① 열전도율이 적을 것   ② 사용성이 좋을 것
③ 방습성이 크며 경제적일 것 ④ 밀도가 적을 것
⑤ 난연성 또는 불연성일 것

필답형 예상문제 제 14 회

Question 01

압축기에서 rpm을 2500에서 4000으로 높였을 때 양정은 몇 배가 되겠는가?

해설 & 답

$$H' = H\left(\frac{N_2}{N_1}\right)^2 = H \times \left(\frac{4000}{2500}\right)^2 = 2.56 \text{배}$$

Question 02

발열량이 24230kcal/Nm³ 비중이 1.55, 공업표준압력이 280mmH₂O인 LPG로부터 도시가스가 발열량 5000kcal/Nm³, 비중이 0.55 공업표준압력이 100mmH₂O인 가스로 변경될 경우 노즐구경의 변경률은?

해설 & 답

$$WI_1 = \frac{Hg}{\sqrt{d}} = \frac{24230}{\sqrt{1.55}} = 19462$$

$$WI_2 = \frac{Hg}{\sqrt{d}} = \frac{5000}{\sqrt{0.65}} = 6201.74$$

$$\frac{D_2}{D_1} = \frac{\sqrt{WI_1\sqrt{P_1}}}{\sqrt{WI_2\sqrt{P_2}}} = \frac{\sqrt{19462\sqrt{280}}}{\sqrt{6201.74\sqrt{100}}} = 2.29$$

Question 03

용기의 내용적 35l, 내압시험압력 30kg/cm^{2}의 압력을 걸었더니 내용적이 35.24로 증가하였고 용적은 35.02가 되었다. 이 용기의 항구증가율은 얼마이며 합격여부를 말하시오.

해설 & 답

항구증가율 = $\dfrac{\text{항구증가율}}{\text{전증가량}} \times 100 = \dfrac{0.02}{0.24} \times 100 = 8.3\%$

∴ 항구증가율이 10% 이하이므로 합격임

Question 04

내용적이 24m^{3}인 저장탱크의 기밀시험을 16.5kg/cm^{2}인 압축기를 사용하면 몇 시간이 걸리는가?(단, 온도변화, 압축기의 체적효율은 무시하며 압축기의 용량은 600l/min 이다.)

해설 & 답

$\dfrac{24 \times 16.5}{0.6 \times 60} = 11$시간

Question 05

내용적 5l의 용기에 에탄을 1650g을 충전하였다. 용기의 온도가 100℃일 때 압력은 210atm을 표시하였다. 에탄의 압축계수는?

해설 & 답

$PV = \dfrac{ZWRT}{M}$

$Z = \dfrac{PVM}{WRT} = \dfrac{210 \times 5 \times 30}{1650 \times 0.082 \times (273 + 100)} = 0.624$

Question 06

프레온 12가스 500kg이 있다. 내용적 50ℓ 용기에 충전하고자 할 때 필요한 용기의 개수는? (충전정수 C : 0.86)

해설 & 답

$G = \dfrac{V}{C} = \dfrac{50}{0.86} = 58.13\text{kg}$

∴ $\dfrac{500\text{kg}}{53.13\text{kg/개}} = 8.6$개 ∴ 9개

Question 07

원심펌프에서 회전수가 N=400rpm, 전양정 H=90m, 유량 4m³/sec로 물을 송출하고 있다. 축동력이 10000Ps, 체적효율이 80%, 기계효율 95%이라고 하면 수격효율은 얼마인가?

해설 & 답

$Ps = \dfrac{r \times Q \times H}{75 \times 체적 \times 기계 \times 수격}$

수격효율 $= \dfrac{r \times Q \times H}{Ps \times 75 \times 체적 \times 기계} = \dfrac{1000 \times 4 \times 90}{10000 \times 75 \times 0.8 \times 0.95} \times 100$
$= 62.32\%$

Question 08

1kmol 이상기체(C_p=5, C_v=3)가 온도 0℃, 압력 2atm, 용적 11.2m³ 상태에서 압력 20atm, 용적이 1.12m³으로 등온 압축하는 경우 압축에 필요한 일은(kcal)?

해설 & 답

$W = GRT \cdot \ln\dfrac{V_1}{V_2} = 1\text{kmol} \times 427 \times (5-3) \times 273 \times \ln\dfrac{11.2}{1.12}$
$= 1257.21\text{kcal}$

Question 09

배관연장 300m인 본관에 150m³/h의 가스를 공급할 때 아래 표를 이용하여 배관구경을 설계하여라.(단, 최초압력과 말단압력 간의 압력차를 20mmH₂O 가스비중은 0.6이다.)

⟨D^5 수표⟩

관크기 (A)	바깥지름 (cm)	두께 (cm)	안지름 (cm)	D^5
10	11.43	0.45	10.53	129,463
12.5	13.98	0.45	13.08	382,056
15	16.52	0.50	15.52	900,475
7.5	19.07	0.53	18.01	1,894,842

해설 & 답

$$Q = K\sqrt{\frac{D^5 H}{SL}}, \quad \therefore D^5 = \frac{S \cdot L \cdot Q^2}{H \cdot K^2}$$

여기서, $Q = 150\text{m}^3/\text{h}$, $L = 300\text{m}$
$H = 20\text{mmH}_2\text{O}$, $S = 0.6$, $K = 0.707$을 대입하면

$$D^5 = \frac{0.6 \times 300 \times (150)^2}{20 \times (0.707)^2} = 405,122.35$$

그러므로 D^5수표로부터 구경은 15A로 한다.

Question 10

450kg의 LNG(액 비중0.46, 메탄90%, 에탄10%)를 10℃의 대기압 하에서 기화시켰을 때 부피는 몇 m³인가?

해설 & 답

$$PV = \frac{WRT}{M}$$

$$V = \frac{WRT}{PM} = \frac{460 \times 0.082 \times (273 + 10)}{1\text{atm} \times (16 \times 0.9 + 30 \times 0.1)} = 613.49\text{m}^3$$

Question 11

10l의 용기의 압력은 7기압, 15l의 용기의 압력이 5기압인 두 탱크를 연결하여 양쪽기체가 평형이 되었을 때 기체의 압력은 몇 기압인가?

해설 & 답

$$PV = P_1V_1 + P_2V_2$$

$$P = \frac{P_1V_1 + P_2V_2}{V} = \frac{10 \times 7 + 15 \times 5}{25} = 5.8 \text{기압}$$

Question 12

배관의 길이 20m, 압력강하 수주 20mm 이내로 할 경우 가스유량은 최대 몇 m³/h까지 가능한가?(단, 파이프의 안지름은 4.16cm이고, 가스비중은 1.52이며 정수는 0.7로 한다.)

해설 & 답

$$Q = K\sqrt{\frac{P^5 \times h}{S \times L}} = 0.7\sqrt{\frac{4.15^5 \times 20}{1.52 \times 20}} = 20.04 \text{m}^3/\text{h}$$

Question 13

부탄의 폭발하한농도가 1.8mol(%)이다. 크기가 10m×20m×3m실내의 공기에 부탄을 섞어 폭발할 때 부탄의 질량(kg)은?(단, 실내온도는 25℃)

해설 & 답

$$10\text{m} \times 20\text{m} \times 3\text{m} \times 0.018 = 10.8\text{m}^3$$

$$58\text{kg} = 22.4\text{m}^3$$

$$x = 10.8\text{m}^3 \qquad x = \frac{58\text{kg} \times 10.8\text{m}^3}{22.4\text{m}^3} = 27.96\text{kg}$$

$$\therefore 27.96\text{kg} \times \frac{273}{(273+25)} = 25.61\text{kg}$$

Question 14

C₃H₈ 10m³ 연소 시 과잉공기가 20%일 때 실제 공기량은?

해설 & 답

$C_3H_8 + 5O_2 \rightarrow 3CO_2 + 4H_2O$
22.4Nm³   5×22.4Nm³
10Nm³ x $x = \dfrac{10Nm^3 \times 5 \times 22.4Nm^3}{22.4Nm^3} = 50Nm^3$

$\therefore A_o = \dfrac{O_o}{0.12} = \dfrac{50}{0.21} = 238.09 Nm^3$

$\therefore A = m \times A_o = 1.2 \times 238.09 Nm^3 = 285.71 Nm^3$

Question 15

물 27kg을 전부 전기분해하여 수소, 산소를 제조하여 이들을 각각 내용적 40ℓ의 용기에 0℃ 15kg/cm²로 충전하려고 한다면 용기는 최소한 몇 개가 필요한가?

해설 & 답

$2H_2O \rightarrow 2H_2 + O_2$
18kg   2×22.4m³   22.4m³
27kg x y

$H_2 : x = \dfrac{27kg \times 2 \times 22.4m^3}{18kg} = 33.6m^3$

$O_2 : y = \dfrac{27kg \times 22.4m^3}{18kg} = 16.8m^3$

용기에 충전될 수 있는 가스의 체적
$Q = (P+1)V_1 = (150+1) \times 0.04 = 5.85m^3$

$\therefore$ 수소 = $\dfrac{33.6m^3}{5.85m^3/개} = 5.74$ $\therefore$ 6개

산소 = $\dfrac{16.8m^3}{5.85m^3/개} = 2.87$ $\therefore$ 3개

Question 16

최고 충전압력이 300kg/cm² 인 산소용기의 내압시험압력은?

해설 & 답

$$TP = FP \times \frac{5}{3} = 300 \times \frac{5}{3} = 500\text{kg/cm}^2$$

Question 17

외경 216.3mm, 두께가 5.9mm, 압력이 9.5kg/cm² 일 때 원주방향응력, 축 방향응력을 구하시오.

해설 & 답

원주방향응력 $= \dfrac{PD}{2t} = \dfrac{9.5 \times (21.63 - 2 \times 0.59)}{2 \times 0.59} = 164.64\text{kg/cm}^2$

축 방향응력 $= \dfrac{PD}{4t} = \dfrac{9.5 \times (21.63 - 2 \times 0.59)}{4 \times 0.59} = 82.32\text{kg/cm}^2$

Question 18

호스의 직경이 0.5cm 구멍에서 120분 누설 시 가스분출량(l)을 구하시오.(단, 분출압력은 280mmH₂O, 비중 1.52)

해설 & 답

$$Q = 0.009 D^2 \sqrt{\frac{h}{d}}$$
$$= 0.009 \times 5^2 \times \sqrt{\frac{280}{1.52}} \times 2 \times 1000 = 6107.59 l$$

Question 19

100ℓ 속에 mol% 로 다음과 같이 존재할 때 전체 게이지 압력은?

[보기] C_2H_6 10% – 37atm C_3H_8 50% – 8.2atm
         C_4H_{10} 40% – 3atm

해설 & 답   **Explanation & Answer**

$(37 \times 0.1 + 8.2 \times 0.5 + 3 \times 0.4) = 9 \text{atm} - 1 = 8 \text{atm}$

Question 20

지름이 40m의 구형홀더에 6kg/cm²g로 가스가 늘어있다. 지금 이 가스를 홀더내압이 2.5kg/cm²로 될 때까지 공급했다. 몇 Nm³의 가스를 공급했는가?

해설 & 답   **Explanation & Answer**

$$V = \frac{\pi D^3}{6} \times (P_1 - P_2) \times \frac{T_2}{T_1}$$

$$= \frac{3.14 \times 40^3}{6} \times \left(\frac{6 + 1.0332}{1.0332} - \frac{2.5 + 1.0332}{1.0332} \right) \times \frac{273}{273 + 25}$$

$$= 103941.36 \text{m}^3$$

필답형 예상문제 제 15 회

Question 01

배관연장 300m의 본관에 150m³/h의 가스를 공급할 때 배관 구경을 (mm) 설계하여라. (단, 최초의 압력과 말단압력과의 압력차 20mmH₂O, 가스비중은 0.6이며 K=0.707이다.)

해설 & 답

$$D = 5\sqrt{\frac{Q^2 \times S \times L}{K^2 \times H}} = \sqrt{\frac{150^2 \times 0.6 \times 300}{0.707^2 \times 20}} \times 10\text{mm}/1\text{cm} = 132.29\text{mm}$$

Question 02

용기에서 최고 충전압력이 30kg/cm²일 때 내압시험압력과 설비에서 상용압력이 20kg/cm²일 때 안전밸브 작동압력은?

해설 & 답

안전밸브 작동압력 = $TP \times 0.8$배 이하 = $FP \times \dfrac{5}{3} \times 0.8$

$= 30 \times \dfrac{5}{3} \times 0.8 = 24\text{kg/cm}^2$

Question 03

행정량이 0.00248m³, 163rPM, 토출 가스량이 92kg/h일 때 배출효율은?(비체적 : 0.189m³/kg)

해설 & 답

배출효율 $= \dfrac{Q \times V}{L \times N} = \dfrac{92 \times 0.189}{0.00248 \times 163} \times 100 = 71.69\%$

Question 04

소비호수가 1호인 경우 사용량이 다음과 같을 때 조정기의 능력을 산정하시오.(가스스토브 0.3kg/h, 가스레인지 0.55kg/h, 탕비기 0.75kg/h, 순간온수기 0.55kg/h)

해설 & 답

$(0.3 + 0.55 + 0.75 + 0.55) \times 1.5 = 3.23 \text{kg/h}$

보충 조정기의 능력은 총 가스소비량의 150%

Question 05

프로판 연소 식을 쓰고, 프로판 10kg이 탈 때 이론공기량은 몇 m³인가?

해설 & 답

연소식 : $C_3H_8 + 5O_2 \rightarrow 3CO_2 + 4H_2O$
44kg $5 \times 22.4 \text{Nm}^3$
10kg x

$x = \dfrac{10\text{kg} \times 5 \times 22.4\text{Nm}^3}{44\text{kg}} = 25.45 \text{Nm}^3/\text{kg}$

$A_o = \dfrac{O_o}{0.21} = \dfrac{25.45}{0.21} = 121.21 \text{Nm}^3/\text{kg}$

Question 06

용기에 프로판을 750mmHg로 충전하여 등온조건하에서 진공 펌프를 통해 15mmHg로 배기가 나와 이 때 남은 프로판의 질량이 처음의 몇 %인가?

해설 & 답

$$\frac{750-15}{750} \times 100 = 98\%$$

Question 07

어떤 가스식당에 가스설비 한 대에 사용량이 0.4kg/h인데 5시간 동안 계속 사용하고 테이블수가 8대였다면 필요 최저용 기본수는 얼마인가? (단, 잔액이 20%일 때 교환하고 최저용기 1본의 가스발생능력 850g/h로 한다.)

해설 & 답

$$\frac{0.4 \times 8}{0.85} = 3.76 \qquad \therefore 4개$$

Question 08

프로판의 발열량이 24000kcal/m^3의 천연가스를 발열량이 7200kcal/m^3의 도시가스로 공급하고자 한다. 다음 물음에 답하시오.
(1) 프로판/공기의 혼합비
(2) 압력 7kg/cm^2을 가했을 때 응축되는 온도는?

해설 & 답

(1) 혼합비 = $\frac{2400}{1+x} = 7200 \qquad x = 2.33$

$$\frac{1}{1+2.33} \times 100 = 30.03\%$$

(2) 응축온도 : $-20°C$

Question 09

교량의 연장길이 100m의 강관을 부설할 때 온도변화 폭을 60°C로 하면 온도변화에 의한 신축량이 30mm 흡수할 수 있는 신축관을 몇 개 설치하면 좋은가? (단, 강의 선팽창계수 1.2×10^{-5}으로 한다.)

해설 & 답

$\Delta l = \alpha \times l \times \Delta t = 1.2 \times 10^{-5} \times 100 \times 1000 \times 60 = 72\text{mm}$

$\therefore \dfrac{72\text{mm}}{30\text{mm/개}} = 2.4\text{개} \quad \therefore 3\text{개}$

Question 10

고압 측압력이 31kg/cm²인 수액기의 안쪽 지름이 60cm 재료의 인장강도가 60kg/mm² 용접효율이 0.75, 용기의 동판 두께는 얼마인가? (단, 부식여유 수치는 1mm이다.)

해설 & 답

$t = \dfrac{PD}{200SE - 1.2P} + C$

$= \dfrac{31 \times 600}{200 \times \left(\dfrac{60}{4}\right) \times 0.75 - 1.2 \times 31} + 1 = 9.41\text{mm}$

Question 11

강판이 200mm이고, 최고충전압력이 120kg/cm²인 강관의 두께는 얼마인가? (단, 허용인장 강도는 800kg/cm²이다.)

해설 & 답

$t = \dfrac{120 \times 20}{2 \times 800} \times 10 = 15$

Question 12

내용적이 1000m³, 비중이 1.14일 때 충전량(ton)은?

해설 & 답

$W = 0.9 d V_2 = 0.9 \times 1.14 \times 1000 \text{m}^3 = 1026 \text{ton}$

Question 13

20℃, 1atm 1000m³인 LP가스를 액화시킬 경우 액화량은 몇 l인가?

해설 & 답

$PV = \dfrac{WRT}{M}$

$W = \dfrac{PVM}{RT} = \dfrac{1 \times 1000 \times 44}{0.082 \times (273+20)} = 1831.34 / 0.487 = 3760.47$

Question 14

12500kcal/h의 반 밀폐 연소식 목욕실을 자연배기 방식으로 설치하게 되었다. 배기통의 유도 연통길이 2.5m 곡면의 수는 3개로 할 때 기구의 높이는?(내경은 10cm로 한다.)

해설 & 답

$H = 1.4L + 12D = 1.4 \times 2.5 + 12 \times 0.1 = 4.7 \text{m}$

Question 15

C_3H_8 10m³/h로 흐를 때 압력손실아 18cmH2O이다. 이 배관에 C_4H_{10} 14m³/h를 흐를 때 압력손실을 구하라.(비중은 각각 1.5, 2.0)

해설 & 답

$$r_1 Q_1^2 = H_1 \qquad r_2 Q_2^2 = H_2$$

$$H_2 = \frac{r_2 \times Q_2^2 \times H_1}{r_1 \times Q_1^2} = \frac{2.0 \times 14^2 \times 180}{1.5 \times 10^2} = 470 \text{mmH}_2\text{O}$$

Question 16

길이 600m이고 공급압력은 2kg/cm², 도착압력은 1.5kg/cm²이다. 유량이 200m³/h일 때 프로판 공급 시 안지름은?

해설 & 답

$$D = 5\sqrt{\frac{Q^2 \times S \times L}{K^2 \times (P_1^2 - P_2^2)}} = 5\sqrt{\frac{200^2 \times 1.52 \times 600}{52.31^2 \times (3.033^2 - 2.533^2)}} = 5.45 \text{cm}$$

Question 17

도관 안전밸브를 설치하고자 한다. 도관의 외경이 90mm 내경이 50mm 이면 안전밸브 분출구경을 몇 mm로 해야 하는가?

해설 & 답

$$A = \text{도관 최대 지름부 단면적} \times \frac{1}{10}$$

$$= \frac{3.14 \times 50^2}{4} \times \frac{1}{10} = 196.25 \text{mm}$$

$$D = \sqrt{\frac{4A}{\pi}} = \sqrt{\frac{4 \times 196.25}{3.14}} = 15.81 \text{mm}$$

Question 18

내압시험압력이 350kg/cm²인 오토클레이브에 20℃에서 수소가스가 80kg/cm²a로 충전되었다. 안전밸브가 작동했다면 이때의 온도는 몇 ℃인가?

해설 & 답

$$\frac{P_1}{T_1} = \frac{P_2}{T_2}$$

$$T_2 = \frac{T_1 \times P_2}{P_1} = \frac{(273+20) \times 350 \times 0.8}{80 \text{kg/cm}^2 \text{a}} = 1025.5 - 273 = 752.5℃$$

Question 19

프로판 16m³가 연소 시 필요한 공기량 및 생성되는 CO_2는 얼마인가?

해설 & 답

$$\begin{array}{cccccc} C_3H_8 & + & 5O_2 & \rightarrow & 3CO_2 & + & 4H_2O \\ 22.4Nm^3 & & 5 \times 22.4Nm^3 & & 3 \times 22.4Nm^3 & & \\ 16N & & x & & y & & \end{array}$$

① $x = \dfrac{16Nm^3 \times 5 \times 22.4}{22.4Nm^3} = 80Nm^3$

∴ $A_o = \dfrac{80}{0.21} = 380.95 Nm^3$

② $CO_2 = 22.4 = 3 \times 22.4$

$16 = y$

$y = \dfrac{16 \times 3 \times 22.4}{22.4} = 48 Nm^3$

필답형 예상문제 제 16 회

Question 01

산소가 내용적 1000ℓ에 압력 10kg/cm² 나타낼 때의 중량은?(단, 온도는 25℃이다.)

해설 & 답

$PV = GRT$

$G = \dfrac{PV}{RT}$

$\therefore G = \dfrac{10 \times 10^4 \times 1\mathrm{m}^3}{\dfrac{848}{32} \times (273 + 25)} = 13.97\mathrm{kg}$

Question 02

연소기 0.4kg/h가 3대, 연소기 0.85kg/h가 1대, 연소기 0.49kg/h가 2대일 때 3시간 사용 시 필요 용기 수는?(단, 용기의 기화능력은 20kg을 1.05kg/h이다.)

해설 & 답

$\dfrac{0.4 \times 3 + 0.85 \times 1 + 0.49 \times 2}{1.05} = 2.87$ $\therefore$ 3개

Question 03

가스의 비중이 0.6이라고 하면 지상 20m 지점과 지표면과의 압력 차이는 몇 mm 수주인가?

해설 & 답 — Explanation & Answer

$H = 1.293(1-S)h = 1.293(1-0.6) \times 20 = 10.34$

Question 04

유체가 흐르는 관의 유입 측 지름이 500mm이고, 유출 측 지름이 250mm인 유입속도가 10m/sec라 할 때 유출 유량과 속도는?

해설 & 답 — Explanation & Answer

① $Q = A \times V = 0.785 \times 0.5^2 \times 10 \text{m/s} = 1.96 \text{m/sec}$

② $A_1 V_1 = A_2 V_2$

$V_2 = \dfrac{A_1 \times V_1}{A_2} = \dfrac{0.785 \times 0.5^2 \times 10 \text{m/sec}}{0.785 \times 0.25^2} = 40 \text{m/sec}$

Question 05

지름 10cm 압력 50kg/cm² 일 때 볼트 1개에 걸리는 힘을 400kg으로 하면 최소한 필요한 볼트 수는?

해설 & 답 — Explanation & Answer

$P = \dfrac{WZ}{A}$

$Z = \dfrac{P \times A}{W} = \dfrac{50 \times 0.785 \times 10^2}{400} = 9.81$

∴ 10개

Question 06

배관연장 300m의 본관에 150m³/h의 가스를 공급할 때 아래 표를 이용하여 배관구경을 설계하시오.(단, 최소압력과 최종압력의 압력차는 20mmH₂O이고, 가스비중은 0.6이다.)

관크기(A)	외경(cm)	두께(cm)	내경(cm)	D^5
10	11.4	0.45	10.53	129,463
12.5	13.98	0.56	13.08	382,056
15	16.52	0.50	15.02	900,475
17.5	19.07	0.53	18.01	1,894,842

해설 & 답

$$D^5 = \frac{150^2 \times 0.6 \times 300}{0.707 \times 20} = 405,122.35 \qquad \therefore \ 15A$$

Question 07

LPG배관(관경 1B, 길이 30m)를 완성하고 공기압 1000mm(수주)에서 기밀시험을 했다. 1000mm로 승압 후 7분이 경과한 후 650mm로 압력이 강하하였다. 이때의 표준상태에서의 누출량(cm³)은 얼마인가?(단, 공기의 온도변화는 없으며 1B의 내경은 2.76cm², 대기압은 1.033kg/cm²으로 한다.)

해설 & 답

$$\frac{3.14 \times 2.76^2}{4} \times 300 \times \left(\frac{1.133}{1.033} - \frac{1.0980}{1.033} \right) = 607.82 \text{cm}^3$$

Question 08

송수량이 2000ℓ/min, 전양정이 60m인 펌프의 소요동력(KW)은?(단, 효율은 65%)

해설 & 답

$$KW = \frac{1000 \times 2 \times 60}{102 \times 60 \times 0.65} = 30.16 KW$$

Question 09

구형 저장탱크의 저장량이 10t일 때 액 비중을 0.55라 하면 저장탱크의 직경은?

해설 & 답

$$\frac{10}{0.9 \times 0.55} = \frac{\pi D^3}{6}$$

$$D = 3\sqrt{\frac{10 \times 6}{\pi \times 0.9 \times 0.55}} = 3.38 m$$

Question 10

가스미터에 공기가 통과 시 유량이 100m³/h라면 프로판가스가 통과하면 유량은(kg/h)?

해설 & 답

$$100 \times \frac{1}{\sqrt{1.52}} \times 1.86 = 150.86 kg/h$$

Question 11

산소용기의 최고 충전압력이 150kg/cm², 바깥지름이 230mm 재질의 인장강도는 70kg/mm² 안전율이 0.40일 때 산소용기 두께는?

해설 & 답

$$t = \frac{PD}{200SE} = \frac{150 \times 230}{200 \times 70 \times 0.4} = 6.16\text{mm}$$

Question 12

NH₃ 100g 생성 시 필요한 공기의 양은(l)?(단, 공기 중의 질소는 80%로 한다.)

해설 & 답

$$공기의\ 양 = \frac{22.4 \times 100}{2 \times 17 \times 0.8} = 82.35 l$$

Question 13

폭발 하한계를 구하시오.

가스명	부피	폭발범위하한
헥산	0.5	1.1
메탄	2.0	5

해설 & 답

$$\frac{100}{L} = \frac{V_1}{L_1} + \frac{V_2}{L_2} + \frac{V_3}{L_3} \cdots \frac{V_n}{L_n}$$

$$\frac{100}{L} = \frac{0.5}{1.1} + \frac{2}{5} \qquad \therefore\ L = 76.4\%$$

Question 14

10kg의 공기가 압력 10atm 25℃로 들어 있다가 가스가 누설되어 5atm 15℃로 되었다면 누출된 가스량은?

해설 & 답

$P_1 V_1 = G_1 R_1 T_1 \qquad P_2 V_2 = G_2 R_2 T_2$

$G_2 = \dfrac{P_2 G_1 T_1}{P_1 \times T_2} = \dfrac{5 \times 10 \times (273+25)}{10 \times (273+15)} = 5.17 \text{kg}$

∴ $10 - 5.17 = 4.83 \text{kg}$

Question 15

동점도가 $26.67 \times 10^{-6} \text{m}^2/\text{s}$ 레이놀드수가 2100이며 직경이 10cm일 때 유량은(m^3/sec)?

해설 & 답

$Re = \dfrac{DV}{\mu} \qquad V = 2100 \times \dfrac{26.67 \times 10^{-6}}{0.1} = 0.558 \text{m/s}$

$Q = \dfrac{\pi \times 0.1^2}{4} \times 0.558 = 0.00438 \text{m}^3/\text{s}$

Question 16

배기후드에 의한 급배기설비에서 시간당 0.85kg의 LPG를 개방연소형기구로 연소 시 배기통 유효단면은 약 몇 cm^2인가?(단, 급기구 중심에서 배기통 정상부의 외기에 개방된 중심까지의 높이 3m 이론 폐가스량은 12.9m^3/kg이다.)

해설 & 답

$A = \dfrac{20 KQ}{1400 \sqrt{H}} = \dfrac{20 \times 12.9 \times 0.85}{1400 \sqrt{3}} = 0.0904.38 \text{m}^2 \times 10^4 \text{cm}^2/\text{m}^2$

$= 904.38 \text{cm}^2$

Question 17

곡면 개수가 4개이고 가로길이 4m, 관경이 200mm일 때 세로의 길이는?

해설 & 답

$1.4L + 24D = 1.4 \times 4 + 24 \times 0.2 = 10.4m$

보충
곡면개수 3개 : $1.4L + 12D$
곡면개수 4개 : $1.4L + 24D$
곡면개수 5개 : $1.4L + 36D$

Question 18

20ℓ의 LPG배관 공사를 끝내고나서 수주 880mmH₂O의 압력으로 공기를 넣어 기밀시험을 실시한다. 기밀시험 압력 소요시간은 12분간이었다. 이때 배관에 부착된 자기압력계를 보니 수주 620mm의 압력을 나타내었다. 이 경우 기밀시험 개시 시 약 몇 %의 공기가 누설되었는가?

해설 & 답

$$\frac{20 \times \left(\frac{0.088 - 0.062}{1.033}\right)}{20} \times 100 = 2.52\%$$

Question 19

상용압력이 3kg/cm², 내경이 35cm, 허용응력이 30kg/mm², 용접효율이 0.85, 부식여유수치가 1mm일 때 동판 두께는?

해설 & 답

$$t = \frac{PD}{200SE - 1.2P} + C$$
$$= \frac{3 \times 350}{200 \times 30 \times 0.85 - 1.2 \times 3} + 1 = 1.21mm$$

Question 20

다음과 같은 조건을 갖는 구형 가스홀더의 용적과 가스홀더의 직경을 구하시오.

[조건] ① 가스홀더의 활동량 : 100000m³
② 최고사용압력 : 10kg/cm² · g
③ 최고사용압력 : 5kg/cm² · g

해설 & 답

구형 가스홀더의 용적 $= \dfrac{100,000}{10-5} = 20000 \text{m}^3$

$D = 3\sqrt{\dfrac{6V}{\pi}} = \sqrt{\dfrac{6 \times 20000}{3.14}} = 33.68 \text{m}$

제 2 부

작업형 예상문제

001 Question 가스기능장 실기

다음 동영상은 LP가스 이송방법 중 압축기에 의한 방법이다. 다음 물음에 답하시오.

(1) 압축기 사용시 장점 3가지와 단점 2가지를 쓰시오.
(2) LP가스 이송방법 3가지를 쓰시오.
(3) 다단압축의 목적을 4가지 쓰시오.

Answer

(1) 장점 : ① 충전시간이 짧다.　　② 잔가스 회수가 용이하다.
　　　　　③ 베이퍼록의 우려가 없다.
　　단점 : ① 드레인 우려가 있다.　② 재액화 우려가 있다.

(2) ① 압축기에 의한 방법　② 펌프에 의한 방법　③ 차압에 의한 방법

(3) ① 소요일량을 줄일 수 있다.　　② 가스의 온도상승을 피할 수 있다.
　　③ 힘의 평형이 유지된다.　　　 ④ 이용효율이 증가한다.

002 가스기능장 실기

다음 동영상은 가스미터의 표시이다. 물음에 답하시오.

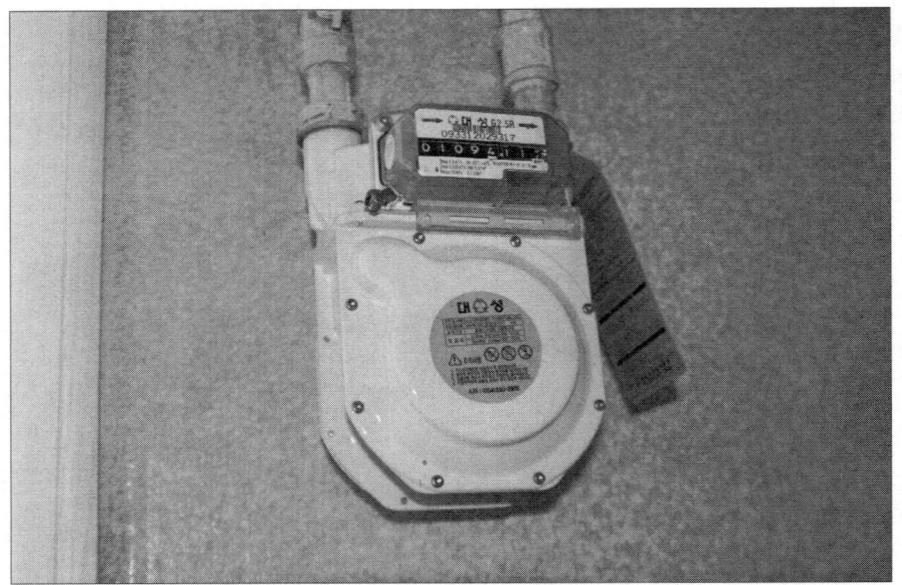

(1) MAX 1.5m³/h
(2) 0.5/rev
(3) 가스미터의 기밀시험압력
(4) LP가스용 미터의 최대유량압력차(mmH₂O)

Answer

(1) 사용 최대유량이 1.5m³/h이다.
(2) 계량실의 1주기 체적이 0.5이다.
(3) 1,000mmH₂O
(4) 30mmH₂O

003 Question 가스기능장 실기

다음 동영상은 용기검사 기준에서 건조설비 모습니다. 이음매 없는 설비종류 5가지를 쓰시오.

Answer

① 자동밸브탈착기
② 세척설비
③ 아래부분 접합설비
④ 단조설비 또는 성형설비
⑤ 쇼트브라스팅 및 도장설비

004

다음 동영상은 용기검사 기준에서 건조설비 모습니다. 이음매 없는 설비종류 5가지를 쓰시오.

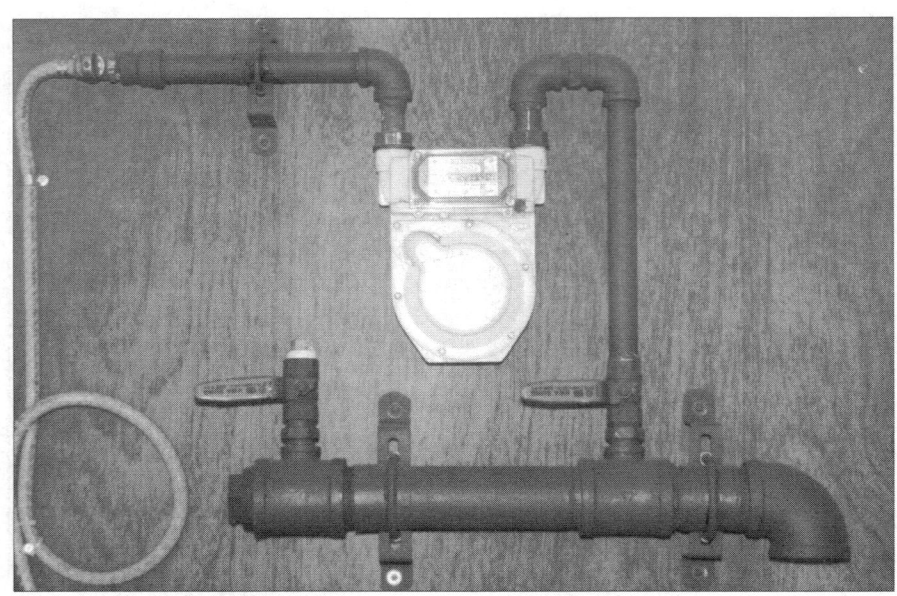

(1) 이 가스미터의 특징 3가지를 쓰시오.
(2) 루트미터의 특징 4가지를 쓰시오.
(3) 막식가스미터의 특징 4가지를 쓰시오.

Answer

(1) ① 저가이다.
    ② 부착후 유지관리에 시간을 요하지 않는다.
    ③ 대용량의 것은 설치 면적이 크다.
(2) ① 대유량가스 측정 적합하다.   ② 중압가스계량 용이하다.
    ③ 설치면적이 적다.   ④ 소유량에서는 부동의 우려가 있다.
    ⑤ 스트레이너 설치 후 유지관리가 필요하다.
(3) ① 장점 : ㉠ 기차변동이 거의 없다. ㉡ 계량이 정확하다.
    ② 단점 : ㉠ 수위조정 등의 관리 필요하다. ㉡ 설치면적이 크다.

005 Question 가스기능장 실기

다음 동영상에 대해 답하시오.

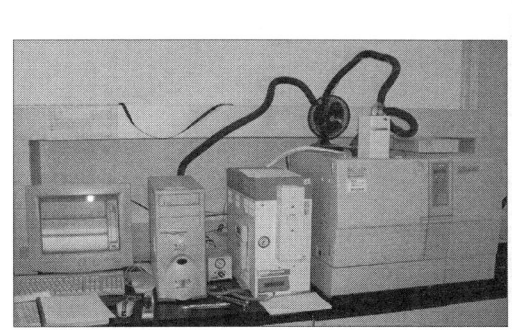
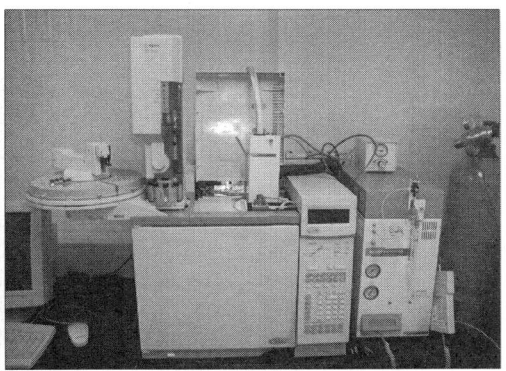

(1) 명칭을 쓰시오.
(2) 캐리어가스 종류 4가지를 쓰시오.
(3) G/C의 3대요소를 쓰시오.
(4) 수소이온화검출기, 열전도도형검출기, 전자포획이온화검출기에 대해 쓰시오.

Answer

(1) 가스크로마토그래프
(2) ① 수소 ② 헬륨 ③ 질소 ④ 아르곤
(3) ① 기록계 ② 검출기 ③ 분리관(컬럼)
(4) ① **수소이온화검출기**(FID) : 시료성분이 이온화됨으로써 불꽃간에 놓여진 전극간의 전기전도도가 증대하는 것을 이용하며 탄화수소에서 감도가 최고이다. 그러나 산소, 수소, 일산화탄소, 이산화탄소, 아황산가스 등은 감도가 적다.
② **열전도도형검출기**(TCD) : 캐리어가스, 시료성분가스의 열전도차에 의한 금속 필라멘트의 저항 변화를 이용하는 것으로 일반적으로 가장 널리 사용
③ **전자포획이온화검출기**(ECD) : 방사선으로 캐리어가스가 이온화되고 생긴 자유전자를 시료성분에 포획하면 이온전류가 감소하는 것을 이용하는 것으로 할로겐 및 산소산화물에서는 감도가 최고에 달한다.

006 Question 가스기능장 실기

다음 동영상의 명칭과 기능을 쓰시오.

Answer

- **명칭** : 맨홀
- **기능** : 탱크의 정기검사 및 청소, 수리, 점검 시 사용

007 Question 가스기능장 실기

동영상(로딩암)에서 A부분(가는관)과 B부분(굵은관)에서 흐르는 유체는 각각 무엇인가?

Answer

A : 기체
B : 액체

008 Question 가스기능장 실기

다음 물음에 답하시오.

(1) 반밀폐식 보일러의 응배기 설치기준에 있어 강제배기식인 경우 배기통 전방, 측면, 상하 주의 가연물과의 이격거리는?
(2) 액화천연가스 저장탱크는 처리 능력이 250,000m^3인 압축기와 ( ) 이상 이격하여야 한다.
(3) 가스공급시설은 제조소경계와 ( ) 이상 거리를 유지하여야 한다.
(4) 액화석유가스의 저장설비 및 처리설비는 외면으로부터 1종, 2종 보호시설과 ( ) 이상 거리 유지해야 한다.
(5) 액화천연가스저장, 처리설비는 그 외면으로부터 사업소경계와 ( ) 이상 유지해야 한다.

Answer

(1) ① 전방 : 60cm ② 측면 : 60cm ③ 상하 : 60cm
(2) 30m
(3) 20m
(4) 30m
(5) 50m

009 Question 가스기능장 실기

다음 동영상 (1), (2)가 보여주는 용기에 부착되는 안전밸브형식은?

(1)

(2)

Answer

(1) 스프링식 안전밸브
(2) 파열판식 안전밸브

010 Question 가스기능장 실기

다음 물음에 답하시오.

(1) 액체산소, 액체질소, 액체수소의 비등점과 임계압력은?
(2) 도시가스배관의 라인 아크는 몇 m 마다 설치하는가?
(3) 용접용기와 이음매 없는 용기에 넣어야 하는 가스를 분류하시오.
(4) 도시가스 매설배관 깊이
(5) 강제배기식 반밀폐식 연소기구(FE)   (6) 강제급배기식 밀폐식 연소기구(FF)

Answer

(1)

	비등점	임계압력
① 액체산소	㉠ −183℃	㉡ 50.1atm
② 액체질소	㉠ −195℃	㉡ 33.5atm
③ 액체수소	㉠ −252.5℃	㉡ 12.8atm

(2) 50m

(3) ① 용접용기 : 프로판, 부탄 등
　　② 이음매없는 용기 : 산소, 수소, 질소, CO_2 등

(4) ① 철도부지와 수평거리, 도로경계와 수평거리, 산이나 들 도로폭이 8m 미만 : 1m 이상
　　② 시가지외 도로노면 밑, 인도, 보도 등 방호구조물내 도로폭이 8m 이상 : 1.2m 이상

(5) **강제배기식 반밀폐식 연소기구**(FE) : 연소용 공기를 실내에서 취하여 폐가스를 배기통에 의하여 옥외로 방출하는 연소기구

(6) **강제급배기식 밀폐식 연소기구**(FF) : 연소용 공기를 옥외에서 취하여 폐가스도 옥외로 배출하는 연소 기구

011

Question 가스기능장 실기

다음 동영상은 LPG에 사용하는 압력조정기이다. 물음에 답하시오.

(1) ②의 감압방식의 종류와 감압방식의 장점을 쓰시오.
(2) ① 입구압력과 ② 조정압력을 각각 쓰시오.

Answer

(1) ① **종류** : 2단 감압방식
    ② **장점** : ㉠ 최종압력이 정확하다.
              ㉡ 중간배관이 가늘어도 된다.
              ㉢ 관의 입상에 의한 압력손실이 보정된다.
              ㉣ 각 연소기구에 알맞은 압력으로 공급이 가능하다.
(2) ① **입구압력** : 0.025~0.1MPa
    ② **조정압력** : 2.3~3.3kPa

012

다음 동영상은 고압가스 용기보관장소이다. 용기 취급시 주의할 사항 5가지를 쓰시오.

Answer

① 충전용기는 40℃ 이하를 유지할 것
② 용기보관장소는 통풍이 양호하게 할 것
③ 용기는 소중히 다룰 것
④ 충전용기와 잔가스용기는 구분하여 보관할 것
⑤ 가연성, 독성 및 산소용기는 각각 구분할 것

013 Question 가스기능장 실기

다음 동영상에서 보여주는 용기의 재료와 제조방법은?

Answer

① **용기재료** : 탄소강(용접용기)
② **제조방법** : 심교축용기, 동체부에 종방향의 용접 포인트가 있는 것

014 Question 가스기능장 실기

다음 동영상은 가정용 도시가스미터이다. 가스미터 선정시 주의사항 3가지, 가스미터 설치장소 선정시 고려할 사항 4가지를 쓰시오.

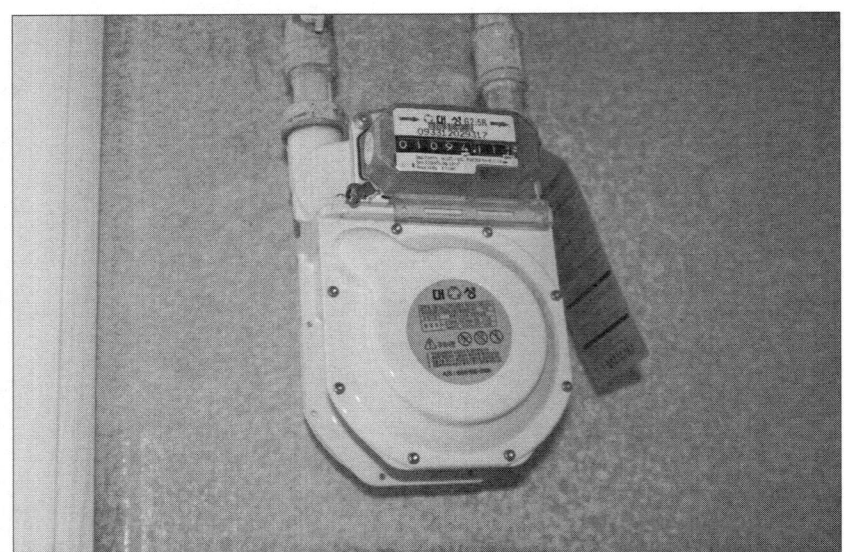

Answer

(1) **가스미터 선정시 고려할 사항**
① 감도가 예민할 것
② 용량에 여유가 있을 것
③ 사용가스와 적합할 것
④ 오차 조정이 용이할 것
⑤ 내구성이 있을 것

(2) **가스미터 설치장소 선정시 고려할 사항**
① 전선과 15cm 이상 유지
② 전기계량기, 개폐기, 콘센트 60cm 이상
③ 화기와는 2m 이상의 우회거리를 유지할 것
④ 설치 높이는 지면에서 1.6m 이상 2m 이내일 것

015 Question 가스기능장 실기

다음 동영상은 LPG 용접용기이다. 용접용기의 장점 3가지와 LPG의 특성 5가지를 쓰시오.

nswer

(1) **용접용기의 장점**
 ① 강도가 크다.
 ② 용기의 모양, 치수가 자유롭다.
 ③ 두께공차가 적다.
 ④ 경제적이다.

(2) **LPG의 특성**
 ① 공기보다 무겁다.
 ② 연소시 다량의 공기가 필요하다.
 ③ 연소범위가 좁다.
 ④ 발화온도가 높다.
 ⑤ 기화장열이 크다.

016

다음 동영상은 프로판용기의 신규검사공정을 보여주고 있다. 강으로 제조한 이음없는 용기의 신규검사 항목 5가지, 초저온용기 검사 항목 5가지를 쓰시오.

Answer

(1) **신규 검사 항목**
① 인장시험　② 기밀시험　③ 내압시험　④ 외관검사
⑤ 파열시험　⑥ 충격시험　⑦ 압궤시험

(2) **초저온 용기 검사 항목**
① 인장시험　② 기밀시험　③ 내압시험　④ 외관검사
⑤ 용접부에 관한 시험　⑥ 단열성능시험　⑦ 압궤시험

017 Question 가스기능장 실기

다음 동영상은 왕복동압축기이다. 압축기 운전 중 점검사항 5가지와 용량제어방법 3가지, 윤활유의 구비조건 5가지를 쓰시오.

Answer

(1) **압축기 운전 중 점검사항**
① 온도이상 유무 점검 ② 압력이상 유무 점검
③ 누설여부 점검 ④ 진동, 소음이상 유무 점검
⑤ 냉각수 상태 점검 ⑥ 윤활유 상태 점검

(2) **용량제어방법**
① 흡입 주밸브를 폐쇄시키는 방법 ② 회전수를 가감하는 방법
③ 타임드밸브에 의한 방법
④ 바이패스밸브에 의해 압축가스를 흡입측으로 되돌리는 방법

(3) **윤활유의 구비조건**
① 사용가스와 화학적으로 안정할 것 ② 인화점이 높을 것
③ 점도가 적당할 것 ④ 수분 및 산류 등 불순물이 적을 것
⑤ 경제적일 것 ⑥ 안정성이 있을 것

018 Question 가스기능장 실기

다음 동영상은 펌프의 베이퍼록 현상시 펌프의 운전정지를 위한 과정이다. 베이퍼 록 현상이란 무엇이며, 방지책 3가지, 왕복펌프의 종류 3가지, 터보펌프의 종류 3 가지를 쓰시오.

Answer

(1) **베이퍼록 현상** : 저비점 액체를 이송시 펌프입구쪽에서 액체가 끓는 현상
(2) **방지책** : ① 관경을 크게 한다. ② 배관외부를 단열시킨다. ③ 유속을 줄인다.
(3) **왕복펌프**
   ① 다이어프램펌프 : 진흙이나 모래가 많은 물 또는 특수용액 등을 이송하는데 주로 사용
   ② 피스톤펌프 : 비교적 용량이 크고 압력이 낮은 경우에 사용하고 실린더 내의 피스톤으로 용적을 바꿔 유체를 흡입 송출하는 펌프
   ③ 플런저펌프 : 용량이 적고 압력이 높은 경우 사용하고 실린더속의 환봉형상의 플랜지를 왕복 운동시켜 실린더 내의 용적을 바꿈으로써 유체를 흡입·송출하는 펌프
(4) **터보식펌프** : ① 원심펌프 ② 사류펌프 ③ 축류펌프

019 Question 가스기능장 실기

다음 동영상은 LPG 충전사업소에 설치되어있는 12ton 저장탱크이다. 다음 물음에 답하시오.

(1) 프로판 5kg 연소시 이론공기량은 몇 Nm^3인가?
(2) 12ton 저장탱크와 사업소 경계까지의 거리는 몇 m인가?

Answer

(1) $C_3H_8 + 5O_2 \rightarrow 3CO_2 + 4H_2O$
　　44kg　$5 \times 22.4Nm^3$
　　5kg　　x

$$x = \frac{5kg \times 5 \times 22.4Nm^3}{44kg} = 12.727 Nm^3/kg$$

$$\therefore A_o = \frac{O_o}{0.21} = \frac{12.727}{0.21} = 60.60 Nm^3/kg$$

(2) 21m

[보충] LPG 충전시설사업소 경계와의 거리

저장능력	사업소경계와의 거리	저장능력	사업소경계와의 거리
10ton 이하	17m	30ton 초과 40ton 이하	27m
10ton 초과 20ton 이하	21m	40ton 초과	30m
20ton 초과 30ton 이하	24m		

020 Question 가스기능장 실기

다음 동영상은 LP가스 탱크로리이다. LP가스 탱크로리에서 저장탱크로 이송하는 방법 4가지를 쓰시오.

Answer

① 압축기에 의한 방법
② 차압에 의한 방법
③ 균압관이 있는 펌프에 의한 방법
④ 균압관이 없는 펌프에 의한 방법

021 Question 가스기능장 실기

다음은 LPG 충전화면이다. LPG 충전시 안전수칙 3가지를 쓰시오.

Answer

① 용기에 과충전하지 말 것
② 화기와의 이격거리를 유지할 것
③ 충전설비의 정상작동 여부를 항상 확인할 것

022 Question 가스기능장 실기

다음 동영상은 정압기에 설치된 계기이다. 다음 물음에 답하시오.

(1) 이 계기의 명칭을 쓰시오.
(2) 이 계기의 용도 2가지를 쓰시오.
(3) 배관내 용적에 따른 기밀시험 유지시간을 쓰시오.
(4) 정압기 분해 점검주기를 쓰시오.
(5) 정압기 조도를 쓰시오.

Answer

(1) 자기압력기록계
(2) ① 가스누출시험
  ② 가스이상 압력상태 확인
(3) 내용적 10L 이하 : 5분 이상
  내용적 10L 초과 50l 이하 : 10분 이상
  내용적 50L 초과 : 24분 이상
(4) 2년에 1회 이상
(5) 150lux 이상

023 Question 가스기능장 실기

다음 동영상의 명칭을 쓰시오.

Answer

명칭 : 릴리프 밸브

024

사진과 같이 액체질소 용기를 취급시 발생할 수 있는 위해의 종류 2가지를 쓰시오.

Answer
① 동상
② 질식

025 Question: 가스기능장 실기

동영상은 천연가스를 연료로 사용하는 도시가스 정압기실이다. 다음 물음에 답하시오.

(1) 가스검지기 설치위치는?
(2) 1개당의 설치거리는 버너중심부분에서 몇 m인가?

Answer

(1) 천정에서 30cm 이내
(2) 8m 마다

026 Question 가스기능장 실기

동영상은 고압가스용기 보관실이다. 용기 보관실 내에서 갖추어야 할 조건 5가지를 쓰시오.

Answer

① 공기보다 무거운 가연성가스 보관실은 바닥면적의 3% 이상의 자연통풍구를 설치할 것
② 용기보관실의 벽은 방호벽으로 할 것(액화가스 300kg 이상, 압축가스 60m³ 이상)
④ 넘어짐에 의한 방지조치를 할 것
④ 자연통풍구는 양방향으로 분산 설치할 것
⑤ 공기보다 무거운 가연성, 독성가스의 용기보관실은 가스누출 검지 경보장치를 설치할 것

027 Question 가스기능장 실기

다음 동영상은 강제배기식(FF) 가스보일러이다. 가스보일러의 안전장치 5가지는?

nswer

① 동결 방지장치 ② 저가스압 차단장치
③ 정전재통전시 안전장치 ④ 과열 방지장치
⑤ 소화 안전장치

028 가스기능장 실기

다음 동영상은 LP가스 자동차용 충전소에서 LPG를 충전하는 과정을 보여주고 있다. 자동차용기 충전시설의 충전기 및 주위설비(배관, 닫집)의 설치기준 4가지를 쓰시오.

Answer

① 충전호스에 부착하는 가스주입기는 원터치형이다.
② 배관이 닫집모양의 차양을 통과시 1개 이상의 점검구 설치한다.
③ 충전기 호스 길이는 5m 이내이다.
④ 충전기 상부에는 닫집모양의 차양을 설치하고 그 면적은 공기면적의 1/2 이하일 것

029 Question 가스기능장 실기

다음 동영상은 도시가스 정압기실 내부의 방폭구조이다. 방폭구조의 종류 5가지를 설명하고 도시기호도 쓰시오.

Answer

① **내압방폭구조**(d) : 전폐구조로서 용기내에서 폭발성가스가 폭발하여도 압력에 견디고 내부의 폭발화염이 외부에 전해지지 않도록 한 구조
② **유입방폭구조**(O) : 전기기기의 불꽃 또는 아크가 발생하는 부분을 기름속에 잠기게 함으로써 기름면 위에 존재하는 가연성가스에 인화되지 않도록 한 구조
③ **압력방폭구조**(P) : 용기내부에 공기, 질소 등의 보호기체를 압입하여 내부압력을 유지함으로써 폭발성가스가 외부에서 침입하지 못하도록 한 구조
④ **특수방폭구조**(S) : 가연성가스에 점화를 방지할 수 있다는 것이 시험 또는 기타의 방법에 의해 확인된 구조
⑤ **안전증방폭구조**(e) : 정상운전 중에 가연성가스의 점화원이 될 전기불꽃, 아크 또는 고온부분 등의 발생을 방지하기 위하여 기계적, 전기적 구조상 또는 온도상승에 대하여 특히 안전도를 증가시킨 구조

030 가스기능장 실기

다음 동영상은 캐비넷 히터이다. 캐비넷 히터 점검사항 5가지를 쓰시오.

Answer

① 안전장치시험
② 기밀시험외관검사
③ 점화장치성능검사
④ 구조검사
⑤ 절연저항검사

031 Question 가스기능장 실기

다음 동영상은 LPG 저장탱크에 사용되는 살수장치이다. 내화구조일 때와 준내화구조일 때, 1m²당 분무량은 몇 L/min 인가?

Answer

① **내화구조** : 5L/min
② **준내화구조** : 2.5L/min

032 Question 가스기능장 실기

다음 동영상은 초저온용기이다. 초저온용기 제작을 위한 용접부에 대한 충격시험 시험편 개수와, 초저온용기의 정의, 액체산소, 액체질소, 액체아르곤의 비점을 쓰시오.

Answer

(1) **개수** : 3개
(2) **정의** : 임계온도가 −50℃ 이하인 액화가스를 충전하기 위한 용기로서 단열재로 피복하거나 냉동설비로 냉각하는 등의 방법으로 용기내의 가스온도가 상용의 온도를 초과하지 못하도록 한 용기
(3) **비점** : 액체산소 : −183℃, 액체질소 : −196℃, 액체아르곤 : −186℃

033 Question 가스기능장 실기

다음 동영상은 도시가스의 정압기실이다. 물음에 답하시오.

(1) 정압기 조도는 얼마인가?
(2) 정압기 분해 점검주기는?
(3) 정압기 작동상황 점검주기는?
(4) 정압기의 필터는 공급개시 후 몇 개월 만에 분해 점검하며, 이후에는 몇 년 주기로 분해 점검하는가?
(5) 정압기 특성 4가지를 쓰시오.

Answer

(1) 150룩스 이상
(2) 3년에 1회 이상
(3) 1주일에 1회 이상
(4) 1개월 이내 및 그 이후에는 1년에 1회
(5) ① 정특성 ② 동특성
    ③ 유량특성 ④ 사용최대차압 및 최소차압

034 Question 가스기능장 실기

다음 동영상은 LPG 탱크에 사용되는 냉각용 살수장치이다. 다음 물음에 답하시오.

(1) 조작 거리를 쓰시오.
(2) 탱크 표면적이 20m²일 때 분무량은?
(3) 방수능력은 얼마인가?

Answer

(1) 5m 이상
(2) $20m^2 \times 5L/m^2 \cdot min \times 30min = 3,000L$
(3) 350L/min

035 Question 가스기능장 실기

다음 동영상은 방폭구조이다. 이 기구의 d, T₄, Ⅱ의 기호를 쓰시오.

Answer

(1) d : 내압방폭구조
    P : 압력방폭구조
    ia 또는 ib : 본질안전증방폭구조
    O : 유입방폭구조
    e : 안전증방폭구조
    S : 특수방폭구조
(2) T₄ : 방폭전기기기의 온도등급
(3) Ⅱ : 방폭전기기기의 폭발등급

036 Question 가스기능장 실기

다음 동영상은 정압기실의 전열 온수식 기화기이다. 다음 물음에 답하시오.

(1) 이 저장실의 바닥면 둘레가 65m일 때 가스누출경보기의 검지부 설치 개수는?
(2) 이 기화기 내부에 액화가스가 넘쳐흐르는 것을 방지하기 위한 장치는?
(3) 가스방출관의 설치 높이는?
(4) 압력계 눈금범위는?
(5) 방류둑 용량은?

Answer

(1) 바닥면 둘레 20m 마다 1개이므로 : 65÷20=3.25 ∴ 4개
(2) 일류방지장치
(3) 지면에서 5m 이상
(4) 상용압력의 1.5배 이상 3배 이하
(5) ① 가연성 산소 : 1,000ton 이상
　　② 독성 : 5ton 이상

037 Question 가스기능장 실기

다음 동영상은 가스미터이다. 기능과 설치기준 5가지를 쓰시오.

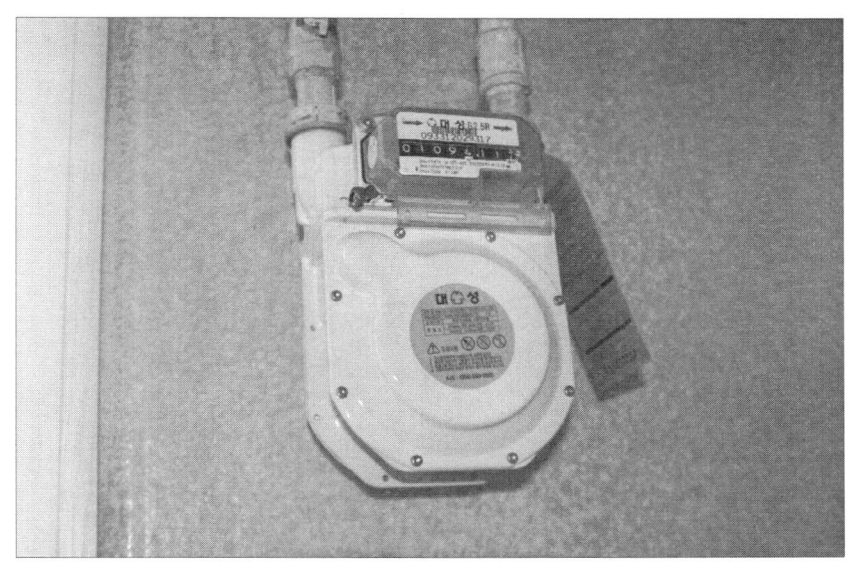

Answer

(1) **기능** : 소비자에게 공급하는 가스의 체적을 측정하기 위해
(2) **설치기준**
　① 화기로부터 2m 이상 이격시키고 화기에 대해 차열판 설치
　② 전선으로부터 15cm 이상, 접속기, 점멸기, 굴뚝으로부터 30cm 이상, 안전기, 개폐기는 60cm 이상 유지
　③ 설치 높이는 바닥으로부터 1.6m 이상 2m 이내
　④ 직사광선이나 빗물을 받을 우려가 있을 시는 격납상자 내에 설치
　⑤ 부착 및 교환 작업이 용이할 것

038

다음 동영상의 용기 형태는 무엇이며, 이 용기의 장점 2가지와 제조방법 3가지를 쓰시오.

Answer

(1) **용기형태** : 이음매없는 용기
(2) **장점** : ① 고압에 견딜 수 있다.
② 응력분포가 균일하다.
(3) **제조방법** : ① 딥드로잉식   ② 에르하르트식   ③ 만네스만식

039 Question 가스기능장 실기

다음 동영상은 기화장치의 구조도이다. 다음 물음에 답하시오.

(1) 기화기 사용시 이점 4가지를 쓰시오.
(2) 기화장치를 작동원리에 따라 분류하고 설명하시오.
(3) LNG 용기화기일 경우 매체는 어떤 형식이며 기화기 내부에 사용하는 열교환 매체는?
(4) 온수가열방식, 증기가열방식의 온도는 몇 ℃ 이하여야 하는가?

Answer

(1) ① 한랭시에도 연속적으로 충분한 가스를 공급할 수 있다.
   ② 공급가스의 조성이 일정하다.
   ③ 기화량 가감이 용이하다.
   ④ 설비비 및 인건비가 절감된다.
(2) ① 가온감압방식 : 액상의 LP가스를 흘려보내 온도를 가한 후 기화된 가스를 조정기에 의해 감압시켜 공급하는 방식
   ② 감압가온방식 : 액상의 LP가스를 감압시킨 후 열교환기로 보내어 가열 기화하는 방식
   ③ 중간매체식 : 해수와 LNG사이를 중간매개체을 개입시켜 기화 하는 방식
(3) ① 형식 : 중간매개체 ② 열교환 매체 : 해수
(4) ① 온수가열방식 : 80℃ 이하   ② 증기가열방식 : 120℃ 이하

040 Question 가스기능장 실기

다음 동영상은 부취제 주입설비이다. 다음 물음에 답하시오.

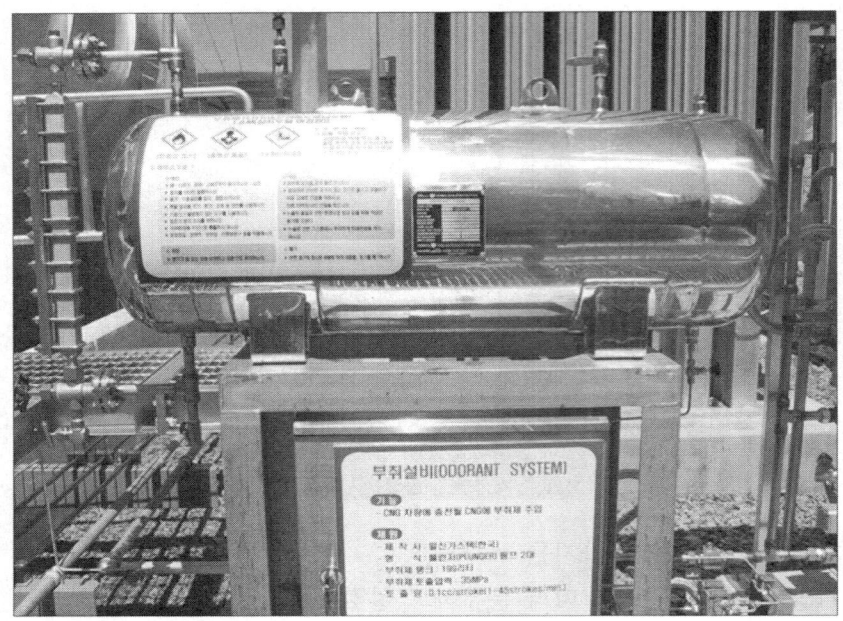

(1) 부취제 주입방식 3가지
(2) 부취제 구비조건 5가지
(3) 부취제 누설시 제거법 3가지
(4) 부취제 종류 3가지

Answer

(1) **주입방식** : ① 중력주입방식　② 적하주입방식　③ 미터연결식바이패스방식
(2) **구비조건**
　① 독성 및 가연성이 아닐 것　② 도관을 부식시키지 말 것
　③ 토양에 대한 투과성이 클 것　④ 보통 존재하는 냄새와 명확히 구별될 것
　⑤ 가스관이나 가스미터에 부착되지 말 것
　⑥ 극히 낮은 농도에서도 냄새를 확인할 수 있을 것
(3) **부취제누설시 제거법**
　① 활성탄에 의한 흡착　② 화학적산화처리　③ 연소법
(4) **종류** : ① THT(테트라히드로티오펜) : 석탄가스 냄새
　　　　② TBM(터시어리부틸메르캅탄) : 양파 썩는 냄새
　　　　③ DMS(디메틸썰파이드) : 마늘 냄새

041 Question: 가스기능장 실기

다음 동영상의 산소용기 내용적이 500L 이상시 재검사 주기는 얼마인가?

Answer

재검사기간 : 5년

[보충] 용기재검사기간

용기의 종류		재검사주기		
		15년 미만	15년 이상 20년 미만	20년 이상
용접용기	500 미만	3년마다	2년마다	1년마다
	500 이상	5년마다	2년마다	1년마다
이음매없는 용기	500 미만	신규 검사 후 경과 연수가 10년 이하인 것은 5년마다 10년을 초과한 것은 3년마다		
	500 이상	5년마다		

042 Question 가스기능장 실기

다음 동영상은 탱크로리에서 액을 이송하는 장면이다. 이 경우 캐비테이션 발생원인 4가지와 방지책 4가지를 쓰시오.

Answer

(1) **발생원인**
 ① 흡입관 입구 등에서 마찰저항 증가시
 ② 관로내의 온도 상승시
 ③ 흡입 양정이 지나치게 길 때
 ④ 유량증대시

(2) **방지법**
 ① 임펠러를 액중에 완전히 잠기게 한다.
 ② 관경을 크게 한다.
 ③ 흡입측 손실수두를 줄인다.
 ④ 양흡입펌프 사용
 ⑤ 펌프를 두 대 이상 설치

043 Question 가스기능장 실기

다음 동영상은 LP가스 이송방법 중 압축기에 의한 방법이다. 다음 물음에 답하시오.

(1) 사방밸브의 역할을 쓰시오.
(2) 왕복동식 압축기의 유압상승 원인 4가지를 쓰시오.
(3) 압축기 윤활유를 쓰시오.

Answer

(1) 탱크로리에서 저장탱크로 가스를 충전 후 잔가스를 저장탱크로 회수
(2) ① 유온이 낮다.   ② 유여과기의 소손
    ③ 관로의 오손   ④ 릴리프밸브작동 불량
(3) ① LP가스 압축기 : 양질의 광유
    ② 산소 : 물 또는 10% 이하의 묽은 글리세린수
    ③ 공기, 수소, 아세틸렌 : 양질의 광유
    ④ 염소 : 농황산

044

다음 동영상은 LP가스 자동차용 충전시설이다. 설치기준 5가지를 쓰시오.

Answer

① 충전 호스길이는 5m 이내일 것
② 충전기 상부는 닫집모양의 차양을 설치할 것
③ 차양설치 면적은 공지면적의 1/2 이하일 것
④ 배관이 차양을 통과시 1개 이상의 점검구를 설치할 것
⑤ 충전호스에 부착하는 가스주입기는 원터치형일 것

045 Question 가스기능장 실기

다음 동영상은 배관의 기밀시험에 사용되는 자기압력기록계이다. ( ) 알맞은 말을 쓰시오.

LPG용 저압배관의 완성검사에 기밀시험용 가스는 (①) 또는 (②) 등의 (③)가스이며 시험압력은 수주 (④) 이상 (⑤) 이하로 한다. 또한 기밀시험시간은 가스미터로 (⑥)분, 자기압력계로는 (⑦)분 이상하여야 한다.

Answer

① 공기
② 질소
③ 불활성
④ 840mmH$_2$O
⑤ 1,000mmH$_2$O
⑥ 5
⑦ 24

046

Question | 가스기능장 실기

다음 동영상은 가스용기 운반차량 화면이다. 고압가스 운반기준 3가지를 쓰시오.

Answer

① 가연성가스와 조연성가스를 혼합 적재하지 말 것
② 밸브 돌출용기는 프로텍트나 캡을 부착해서 밸브 손상을 방지할 것
③ 운반작업 중 충격을 최소화하고 주위온도를 40℃ 이상 초과하지 않도록 할 것

047 Question | 가스기능장 실기

다음은 휴대용 가스누출검지기이다. 가스누출검지기의 종류 5가지를 쓰시오.

Answer

① 질량분석 검출기 ② 자기공명 검출기
③ 열전도도 검출기 ④ 흡광광도 검출기
⑤ 접촉연소식 검출기

048 가스기능장 실기

다음 동영상은 LPG 연소기구이다. 다음 물음에 답하시오.

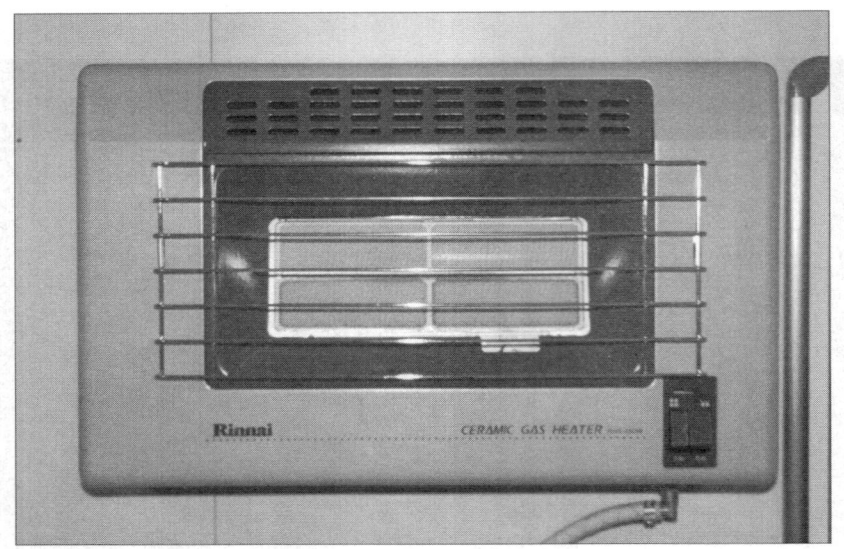

(1) 프로판 $10m^3$ 연소시 이론공기량을 구하시오.
(2) 불완전연소의 원인 4가지 쓰시오.
(3) 적화식 연소방법에 대해 쓰시오.

Answer

(1) $C_3H_8 + 5O_2 \rightarrow 3CO_2 + 4H_2O$
$22.4m^3 \quad 5 \times 22.4m^3$
$10m^3 \quad\quad x$

$x = \dfrac{10m^3 \times 5 \times 22.4m^3}{22.4m^3} = 50m^3$

$\therefore A_o = \dfrac{O_o}{0.21} = \dfrac{50}{0.21} = 238.09 m^3/m^3$

(2) ① 공기 공급량 부족시 ② 가스조성이 맞지 않을 때
③ 배기 및 환기불충분시 ④ 후레임의 냉각시
⑤ 가스기구 및 연소기구가 맞지 않을 때

(3) 가스를 그대로 대기중에 분출시켜 연소에 필요한 공기를 전부 2차 공기로 취하는 방식

049 | Question : 가스기능장 실기

다음 동영상의 명칭, 역할, 조작거리, 동력원 4가지를 쓰시오.

Answer

(1) **명칭** : 긴급차단밸브
(2) **역할** : 화재, 배관의 파손 또는 설비의 오조작 등에 의하여 LP가스가 액체상태로 누출되는 것을 방지하거나 가스의 공급을 차단하기 위한 장치
(3) **조작거리** : 일반제조 5m 이상(특정제조 10m 이상)
(4) **동력원** : 액압, 기압, 전기, 스프링

050 Question 가스기능장 실기

다음 동영상은 초저온용기이다. 다음에 답하시오.

(1) 초저온용기의 정의를 쓰시오.　　　(2) 초저온용기의 재질 3가지를 쓰시오.
(3) 이 용기에 설치된 안전밸브의 형식을 쓰시오.
(4) 산소의 임계압력과 비등점을 쓰시오.
(5) 내용적이 600l인 초저온용기이고 300kg의 액화산소를 채우고 25시간 방치한 결과 250kg이 되었다면 이 용기의 합격여부를 판정하시오.(단, 외기온도 21℃, 시험용액화산소의 비점 −183℃, 기화잠열 50kcal/kg이다.)

Answer

(1) 임계온도가 −50℃ 이하인 액화가스를 충전하기 위한 용기로서 단열재로 피복하거나 냉동설비로 냉각하여 용기내의 가스온도가 상용의 온도를 초과하지 않도록 한 용기
(2) ① 18−8 스텐레스강　② 9% 니켈강　③ 동 및 동합금강
(3) ① 내조안전밸브 : 스프링식　② 외조안전밸브 : 파열판식
(4) ① 임계압력 : 50.1atm　② 비등점 : −183℃
(5) $Q = \dfrac{W \cdot q}{H \cdot \Delta t \cdot V} = \dfrac{(300-250) \times 50}{25 \times (21+183) \times 600} = 0.000809 \text{kcal}/l h℃$
∴ 1,000l 이하는 0.0005kcal/lh℃ 이하여야 합격이므로 불합격이다.

051 Question: 가스기능장 실기

다음 동영상에서 지시하는 빈 공간 부분은 무엇이며 내부에 충전된 가스 명칭을 분자식으로 쓰시고 안전공간을 설정하는 이유를 쓰시오.

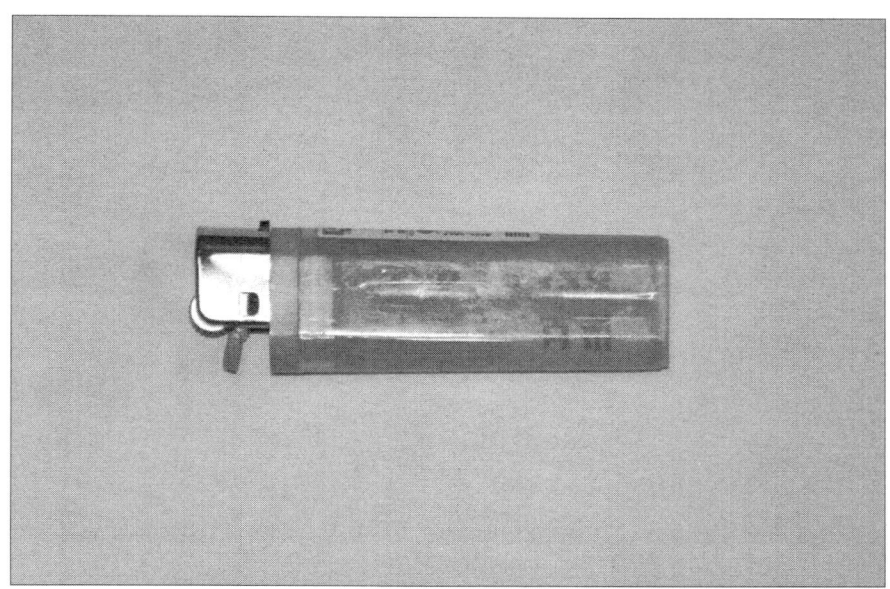

Answer

① **빈 공간** : 안전공간
② **가스명칭** : C_4H_{10}(부탄)
③ **이유** : 온도 상승으로 인한 액의 팽창으로 용기의 파열을 방지하기 위해서

052

다음 동영상의 명칭을 쓰고 기능 2가지를 쓰시오.

Answer

(1) **명칭** : 사절밸브
(2) **기능** : ① 기체의 용적을 압축, 축소시켜 저장 및 운반한다.
② 압력을 높여 액화가스를 용이하게 가압 액화 저장 또는 운반한다.

053 Question 가스기능장 실기

다음 동영상의 명칭을 쓰고 기능을 쓰시오.

Answer

① **명칭** : 플렉시블 이음
② **기능** : 펌프기동으로 인한 진동을 흡수하여 관 및 기기손상 방지

054 Question 가스기능장 실기

다음 동영상은 압력계이다. 충전용 주관의 압력계와 기타 압력계의 검사주기를 쓰고, 압력계 눈금범위를 쓰시오.

Answer

① 충전용 주관의 압력계 : 매월 1회 이상
② 기타 압력계 : 3개월에 1회 이상
③ 압력계 눈금범위 : 상용압력의 1.5배 이상 2배 이하

055 Question 가스기능장 실기

다음 동영상을 보고 물음에 답하시오.

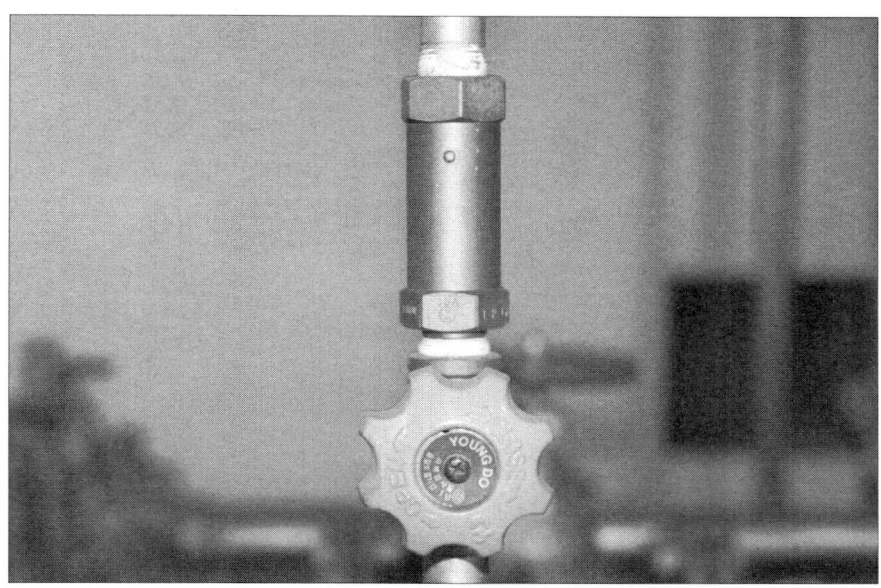

(1) LPG 저장탱크 및 배관에 사용되는 밸브이다. 이 밸브의 형식은?
(2) 이 설비의 내압시험압력이 3MPa일 경우 안전밸브 작동압력은?
(3) 이 안전밸브의 검사주기는?

Answer

(1) 형식 : 스프링식 안전밸브
(2) 안전밸브 작동압력 = TP × 0.8 = 3 × 0.8 = 2.4MPa
(3) 1년에 1회 이상

056 Question 가스기능장 실기

다음 동영상의 ①, ②, ③의 명칭을 쓰시오.

Answer

① 티이
② 유니온
③ 플러그

057 Question 가스기능장 실기

다음 동영상은 LP가스 연소기구이다. 이 연소기구의 구비조건 3가지를 쓰시오.

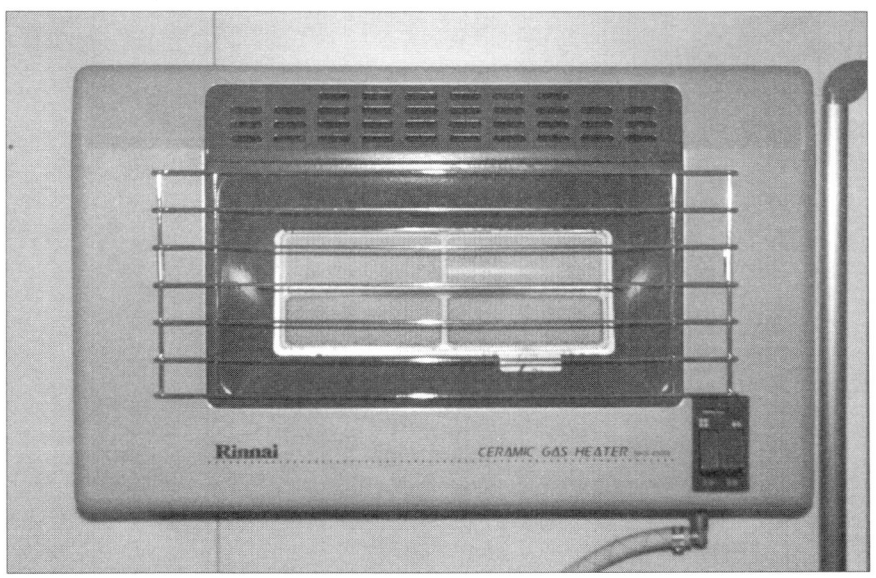

Answer

① LP 가스를 완전히 연소시킬 수 있을 것
② 열을 가장 유효하게 이용할 수 있을 것
③ 취급이 간편하고 사용상 안전성이 높을 것

058

용기저장소의 용기관리기준 5가지를 쓰시오.

Answer

① 용기보관장소 주위 2m 이내에는 인화성 및 발화성 물질을 두지 않아야 한다.
② 용기보관장소에는 휴대용 손전등 외의 등화를 휴대하지 않아야 한다.
③ 넘어짐 방지 조치를 하여야 한다.
④ 충전용기는 40℃ 이하로 유지한다.
⑤ 충전용기와 잔가스용기를 구분하여 저장하여야 한다.

059 Question 가스기능장 실기

다음 동영상은 펌을 구동하는 전동기이다. 이 전동기의 과부하 원인에 대하여 4가지 쓰시오.

Answer

① 액의 비중이 증가하는 경우
② 양정이나 수량이 증가하는 경우
③ 액의 점도가 증가하는 경우
④ 가이드 베인이나 임펠러에 이물질이 혼입된 경우

060 Question 가스기능장 실기

다음 동영상의 조정압력과 최대 폐쇄압력을 쓰시오.

Answer

① **조정압력** : 230mmH$_2$O~330mmH$_2$O(2.3kPa~3.3kPa)
② **최대 폐쇄압력** : 350mmH$_2$O(3.5kPa)

061 [Question] 가스기능장 실기

다음 동영상의 명칭과 종류를 쓰시오.

Answer

① 체크밸브 : 유체의 역류 방식
② 종류 : ㉠ 스윙식 : 수평, 수직배관
　　　　 ㉡ 리프트식 : 수평배관

062 Question 가스기능장 실기

다음 동영상은 조정기이다. 조정압력이 330mmH₂O 이하인 조정기의 안전장치 작동 압력 범위를 쓰고 원심압축기의 종류 3가지를 쓰시오.

Answer

(1) **조정압력이 330mmH₂O 이하인 조정기의 안전장치 작동 압력 범위**
  ① 작동정지압력 : 504~840mmH₂O (5.04~8.4kPa)
  ② 작동정지압력 : 560~840mmH₂O (5.6~8.4kPa)
  ③ 작동표준압력 : 700mmH₂O (7.0kPa)

(2) **원심압축기 종류 3가지**
  ① 원심   ② 사류   ③ 축류

063 Question 가스기능장 실기

동영상은 LNG를 연료로 하여 사용되는 도시가스의 지하정압기실 상부모습이다. 화살표가 표시하는 배기관에 대하여 물음에 답하여라.

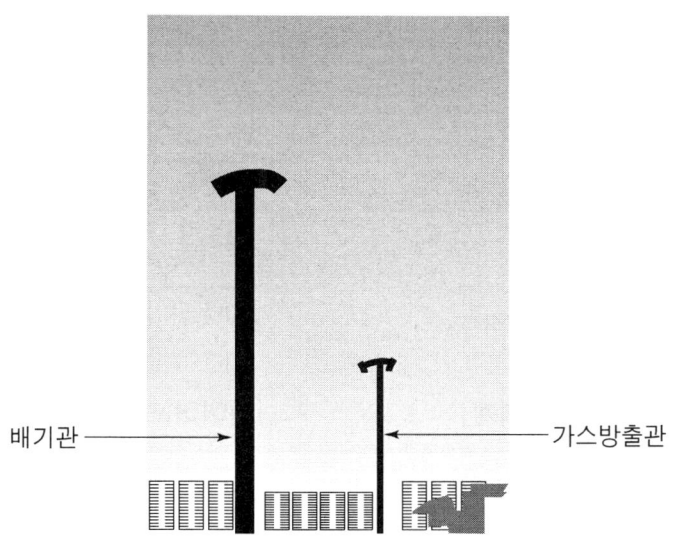

(1) 배기구의 설치위치
(2) 배기구의 관경
(3) 배기가스 방출구는 지면에서 몇 m 인가?

Answer

(1) 천정에서 30cm 이내
(2) 100mm
(3) 3m 이상

064 Question 가스기능장 실기

다음 동영상은 벨로우로식 압력계와 다이어프램식 압력계이다. 특징 3가지씩 쓰시오.

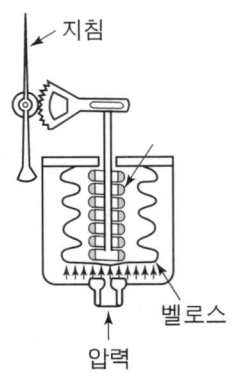

[벨로우즈 압력계]

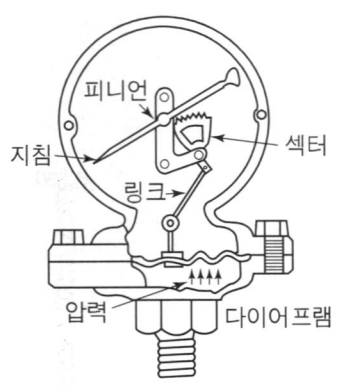

[다이어프램압력계]

Answer

(1) **벨로우즈압력계 특징**
  ① 신축에 의한 압력을 이용한다.
  ② 유체내의 먼지 등의 영향이 적고 압력변동에 적응하기 어렵다.
  ③ 측정압력은 0.01~10kg/cm^2, 정밀도는 ±1~2%

(2) **다이어프램압력계 특징**
  ① 미소압력 측정
  ② 부식성유체 측정가능
  ③ 온도의 영향을 받기 쉽다.
  ④ 측정의 응답속도가 빠르다.
  ⑤ 이상 압력으로 파손되어도 위험성이 적다.

065 Question 가스기능장 실기

다음 동영상을 보고 A, B, C, D, E, F를 쓰시오.

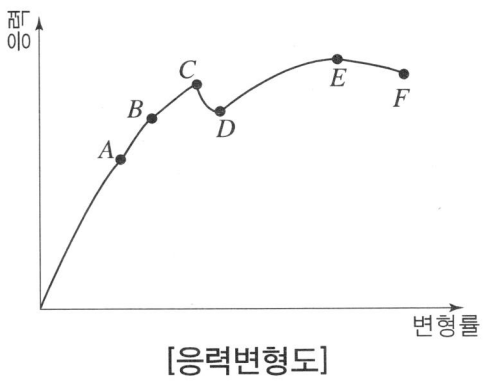

[응력변형도]

Answer

- A : 비례한계점
- B : 탄성한계점
- C : 상항복점
- D : 하항복점
- E : 인장강도(극한강도)점
- F : 파괴점

066 가스기능장 실기

다음 동영상의 명칭을 쓰고 특징 3가지를 쓰시오.

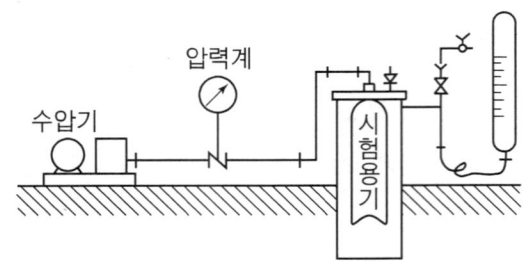

Answer

(1) **명칭** : 수조식내압시험장치
(2) **특징**
  ① 보통 소형용기에서 행한다.
  ② 내압시험압력까지의 각 압력에서 팽창이 정확하게 측정된다.
  ③ 비수조식에 비해 측정 결과에 대한 신뢰성이 크다.

067 Question 가스기능장 실기

다음 동영상은 가스흡수분석장치이다. 다음 물음에 답하시오.

(1) 명칭
(2) 품질검사방법 3가지를 쓰시오.
(3) 흡수분석순서를 쓰시오.
　① 오르자트법
　② 헴펠법
　③ 게겔법

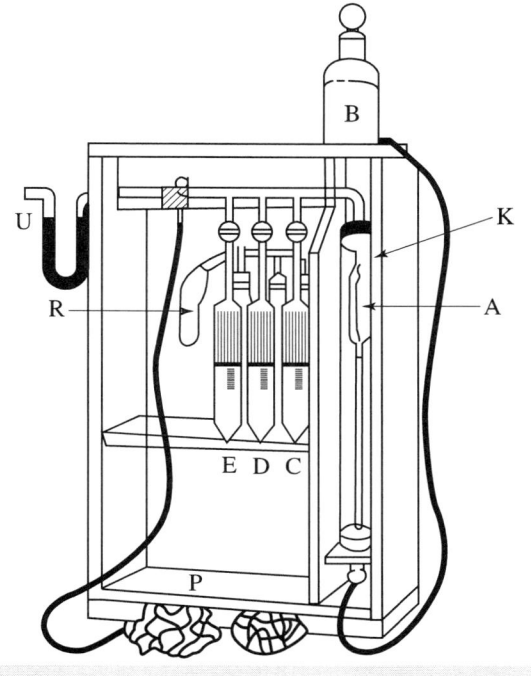

Answer

(1) 오르자트가스분석기
(2) ① 산소 : ㉠ 동암모니아시약의 오르자트법
　　　　　　 ㉡ 순도 : 99.5% 이상
　　② 수소 : ㉠ 피롤카롤 또는 하이드로썰파이드시약의 오르자트법
　　　　　　 ㉡ 순도 : 98.5% 이상
　　③ 아세틸렌 : ㉠ 발연황산시약의 오르자트법, 브롬시약의 뷰렛법, 질산은 시약
　　　　　　　　　의 정성시험에 합격할 것
　　　　　　　　 ㉡ 순도 : 98% 이상
(3) ① 오르자트법 : ㉠ CO_2 : KOH 30% 수용액　㉡ O_2 : 알카리성 피롤카롤용액
　　　　　　　　　 ㉢ CO : 암모니아성 염화제1동용액
　　② 헴펠법 : ㉠ CO_2 : KOH 30% 수용액　㉡ C_mH_n : 발연황산 25%
　　　　　　　 ㉢ O_2 : 알카리성 피롤카롤용액　㉣ CO : 암모니아성 염화제1동용액
　　③ 게겔법 : ㉠ CO_2 : KOH 30% 수용액　㉡ C_2H_2 : 옥소수은칼륨용액
　　　　　　　 ㉢ C_3H_6 : 87% 황산　㉣ C_2H_4 : 취소수용액
　　　　　　　 ㉤ O_2 : 알카리성 피롤카롤용액　㉥ CO : 암모니아성 염화제1동용액

068

다음은 원심펌프이다. 원심펌프의 종류 2가지를 쓰고, 특징 3가지를 쓰시오.

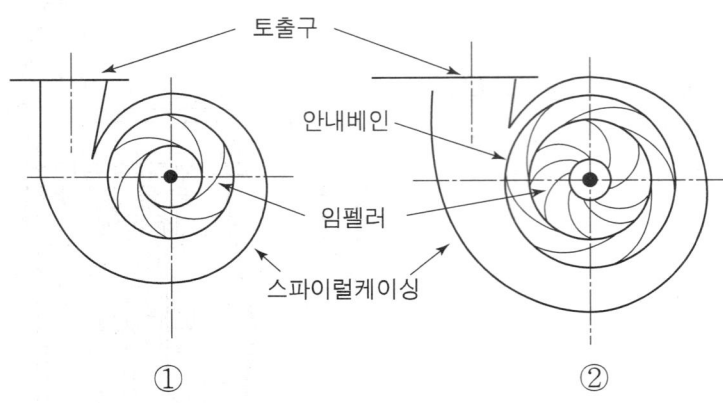

Answer

(1) 종류
   ① 터빈펌프(가이드베인이 있다)
   ② 볼류펌프(가이드베인이 없다)

(2) 특징
   ① 터빈펌프 : ㉠ 고양정에 적합하다.
              ㉡ 대용량에 적합하다.
              ㉢ 저점도의 액체에 적합하다.
              ㉣ 프라이밍이 필요하다.
   ② 볼류트펌프 : ㉠ 토출량이 크다.
                ㉡ 저점도의 액체에 적당하다.

069 Question 가스기능장 실기

다음 동영상의 명칭과 기기분석법의 종류 3가지를 쓰시오.

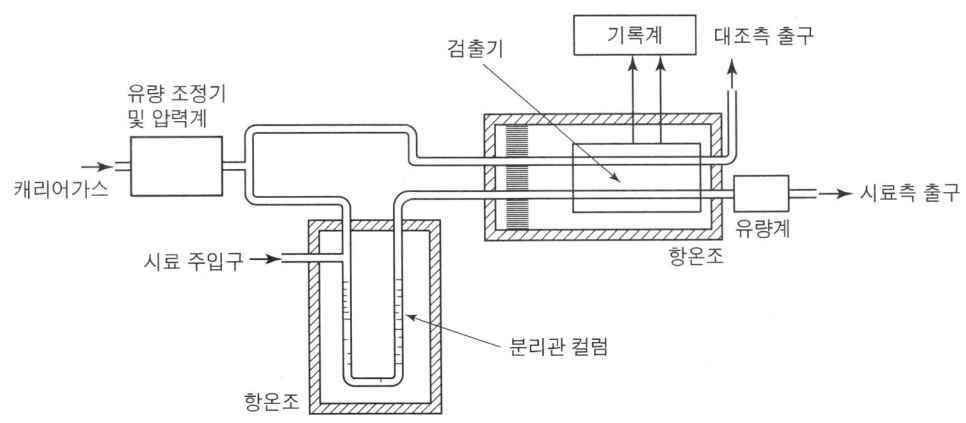

Answer

(1) **명칭** : 가스크로마토그래프
(2) **기기분석의 종류**
  ① 질량분석법
  ② 적외선분광분석법
  ③ 저온정밀증류법
  ④ 가스크로마토그래프

070 가스기능장 실기

다음 동영상은 가스지하매설배관의 전기방식법이다. 어떠한 방법인지 쓰고 전기방식법의 종류 3가지를 쓰시오.

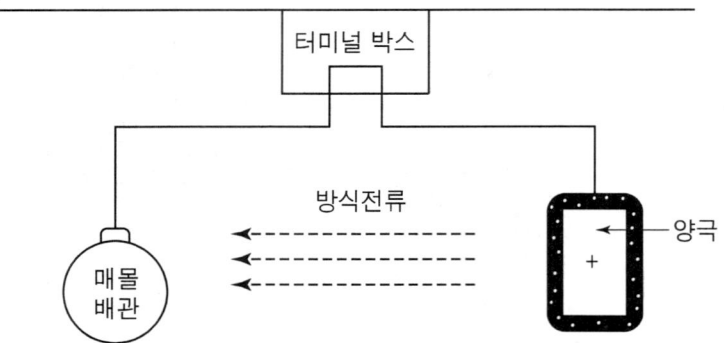

Answer

(1) **방법** : 유전양극법
(2) **전기방식법의 종류** : ① 강제배류법 ② 선택배류법 ③ 외부전원법

071 Question 가스기능장 실기

다음 용접결합의 종류를 쓰시오.

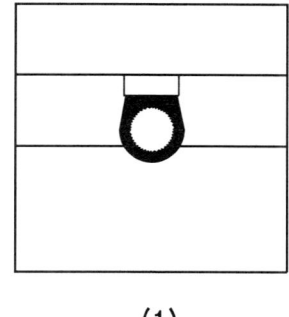
(1)

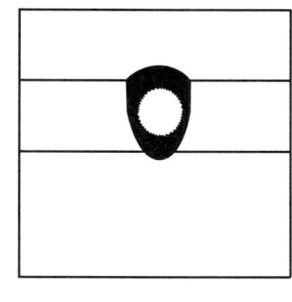
(2)

Answer

(1) 용입불량
(2) 언더컷

072

다음 동영상은 방호벽이다. 방호벽 설치기준 4가지를 쓰시오.

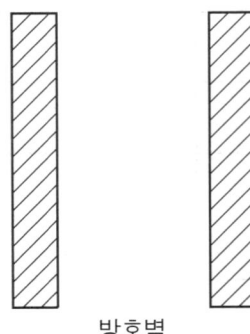

방호벽

Answer

① **철근콘크리트** : 두께 12cm 이상, 높이 2m 이상으로 9mm 이상의 철근을 40cm×40cm 이하의 간격으로 배근결속한다.
② **콘크리트 블록** : 두께 15cm 이상, 높이 2m 이상으로 9mm 이상의 철근을 40cm×40cm 이하의 간격으로 배근결속하고, 블록 공동부에는 콘크리트, 모르타르로 채운다.
③ **박강판** : 두께 3.2mm 이상, 높이 2m 이상으로 30mm×30mm 이상의 앵글강을 40cm×40cm 이하의 간격으로 용접보강하고 1.8m 이하 간격으로 지주를 세운다.
④ **후강판** : 두께 6mm 이상, 높이 2m 이상으로 1.8m 이하 간격으로 지주를 세운다.

073 Question 가스기능장 실기

다음 동영상의 펌프의 명칭을 쓰시오.

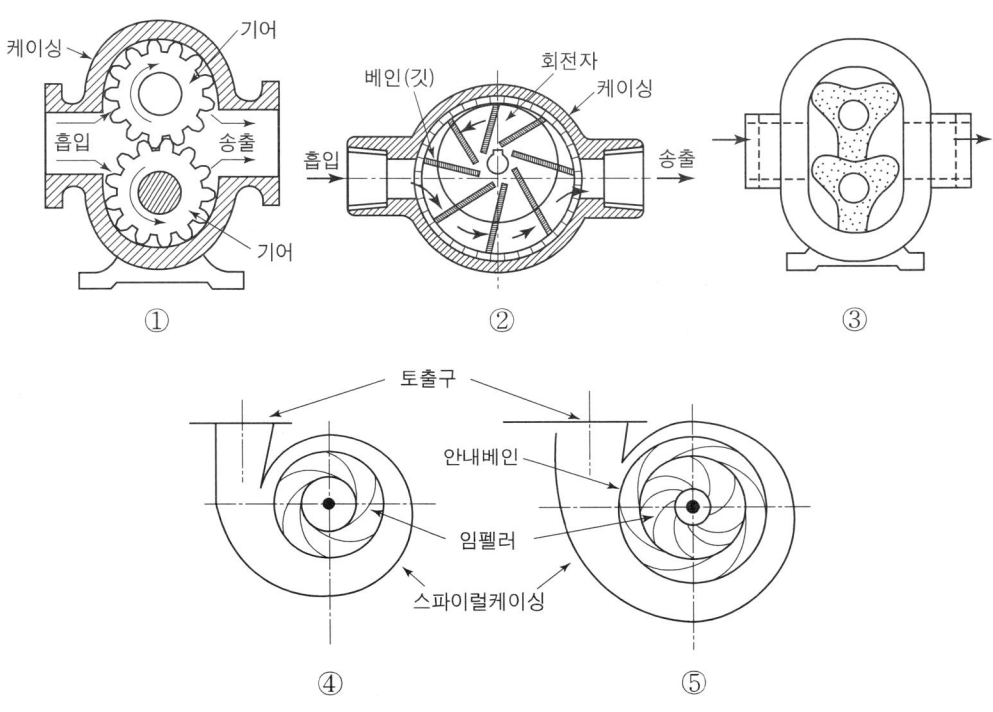

Answer

① 기어펌프
② 베인펌프
③ 로터리펌프
④ 볼류트펌프
⑤ 터빈펌프

074

다음 동영상 중 연소되고 있는 연소방식과 연소기구의 종류 3가지를 쓰시오.

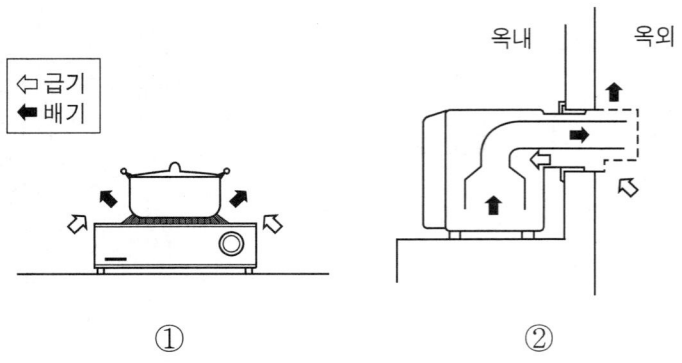

① ②

Answer

(1) **연소방식** : ① 개방형 연소기구 ② 반밀폐형 연소기구
(2) **연소기구의 종류**
  ① 개방형 연소기구 : 가스난로, 석유난로, 가스렌지
  ② 반밀폐형 연소기구 : 가스온수기, 소형가스보일러
  ③ 밀폐형 연소기구 : 대형온수기, 대형가스보일러

075 Question 가스기능장 실기

다음 동영상의 명칭과 화살표가 지시하는 부분을 쓰시오.

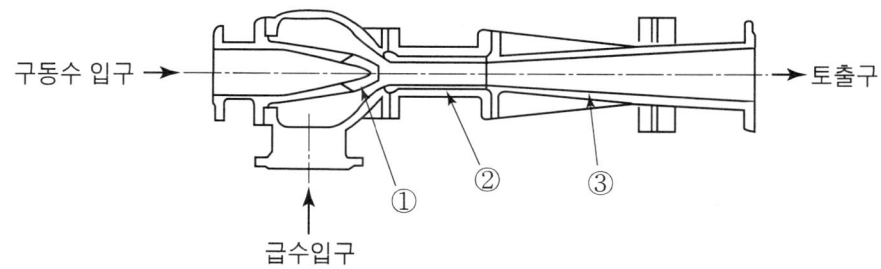

Answer

(1) **명칭** : 제트펌프

(2) ① 노즐   ② 슬로우트   ③ 디퓨져

076

다음 동영상의 (1), (2)의 명칭과 특징을 3가지씩 쓰시오.

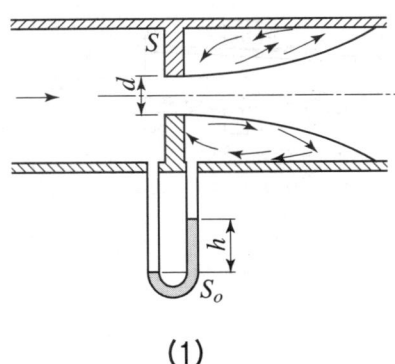
(1)

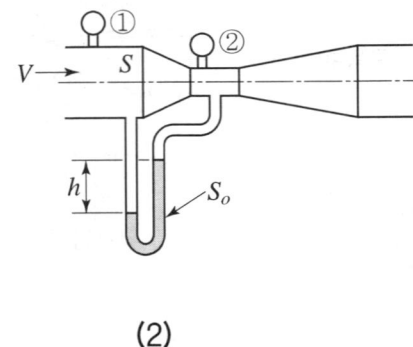
(2)

Answer

(1) **명칭** : 오리피스미터
   특징 : ① 구조가 간단하여 제작이나 장착이 용이
   ② 좁은 장소 설치 가능
   ③ 유체의 압력손실이 크다.
   ④ 침전물의 생성 우려가 있다.
(2) **명칭** : 벤튜리미터
   특징 : ① 구조가 대형이고 복잡하여 가격이 비싸다.
   ② 압력손실이 적고 침전물이 오리피스보다 생기지 않는다.
   ③ 교환이 곤란하며 장소를 많이 차지한다.

077 Question 가스기능장 실기

다음 동영상은 고압가스배관 시설공사현장으로서 용접부의 방사선 투과시험을 보여주고 있다. 다음 물음에 답하시오.

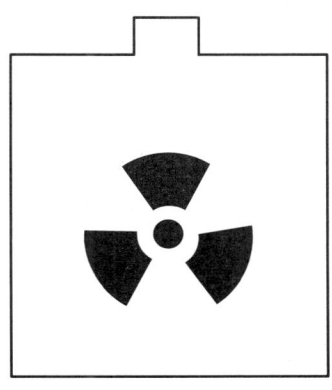

(1) 용접부결함 5가지를 쓰시오.
(2) 비파괴시험 종류 5가지를 쓰시오.

Answer

(1) **용접부결함**
   ① 오우버랩   ② 용입불량   ③ 내부기공
   ④ 슬래그혼입   ⑤ 언더컷   ⑥ 균열
   ⑦ 선상조직

(2) **비파괴시험 종류**
   ① 방사선 투과시험   ② 초음파 탐상시험   ③ 침투시험
   ④ 자분검사법(자기) ⑤ 음향검사법

078

다음 동영상은 공기액화분리장치 공정도면이다. 공기액화분리장치의 폭발원인 4가지, 폭발물질 4가지를 쓰시오.

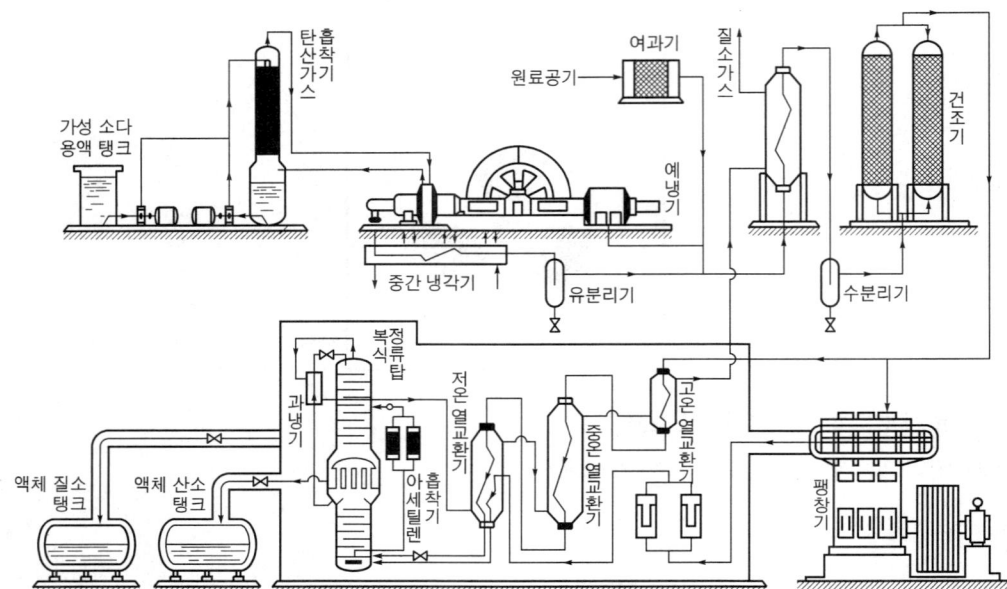

Answer

(1) **폭발원인**
  ① 액체공기중의 오존의 혼입
  ② 공기중의 질소산화물 혼입
  ③ 압축기용 윤활유 분해에 따른 탄화수소의 생성
  ④ 공기 중의 아세틸렌의 혼입

(2) **폭발물질**
  ① 오존 ② 질소산화물 ③ 탄화수소 ④ 아세틸렌

079

다음 화면의 동영상에 대하여 답하시오.

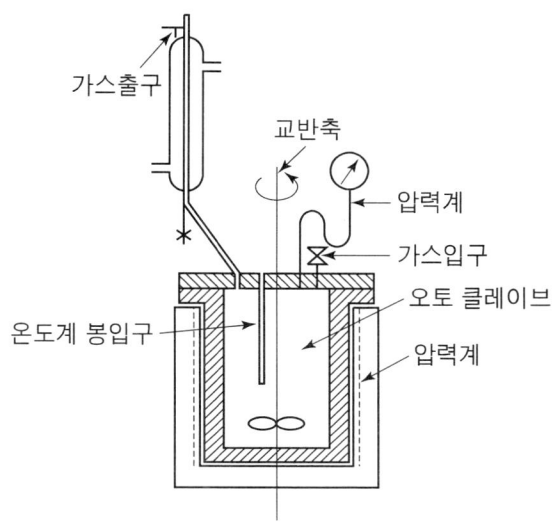

(1) 명칭
(2) 역할
(3) 종류 4가지를 쓰시오.
(4) 진탕형 오토클레이브 특징 4가지

Answer

(1) 오토클레이브
(2) 고온, 고압하에서 화학적인 합성반응을 위한 고압반응 가마
(3) ① 교반형 ② 가스교반형 ③ 회전형 ④ 진탕형
(4) ① 가스누설의 가능성이 없다.
　　② 고압력에 사용할 수 있고 반응물의 오손이 없다.
　　③ 장치전체가 진동하므로 압력계는 본체로부터 떨어져 설치한다.
　　④ 뚜껑판 뚫어진 구멍으로 촉매가 끼어 들어갈 염려가 있다.

080

다음 물음에 답하시오.

(1) 자동차 용기내 안전장치 6가지를 쓰시오.
(2) 고압가스용기를 차량에 적재하여 운반시 주의사항 4가지를 쓰시오.
(3) 자동차용 충전시설에서 충전기의 충전호스
(4) 용기의 밸브보호용 캡은 얼마 이상의 충격(kg·m)에 견디어야 하는가?

Answer

(1) ① 여과장치 ② 과류방지밸브 ③ 긴급차단장치 ④ 과충전방지장치 ⑤ 안전밸브
    ⑥ 액면표시장치
(2) ① 차량의 최대적재량을 초과하지 아니할 것
    ② 넘어짐 등에 의한 충격을 방지하기 위하여 충전용기를 단단히 묶을 것
    ③ 운반 중 충전용기는 40℃ 이하를 유지 할 것
    ④ 충전용기 상, 하차시 충격을 방지하기 위해 고무판, 가마니 등을 사용할 것
(3) ① 가스주입기는 원터치형으로 할 것
    ② 정전기제거장치를 설치할 것
    ③ 과도한 인장력이 가해졌을 때 충전기와 가스주입기가 분리될 수 있는 구조일 것
    ④ 충전호스길이는 5m 이내 일 것
(4) 15kg·m

081

플레어스텍의 지표면 복사열을 쓰시오.

Answer

4000kcal/m^2h 이하

082 Question 가스기능장 실기

다음 물음에 답하시오.

(1) 자동차용 LPG 충전소, 충전기 중심에서 사업부지 경계까지 거리?
(2) 용기의 넘어짐 등에 의한 충격 및 밸브의 손상을 방지하는 조치를 하여야 하는 충전용기의 내용적은?
(3) 압축기의 안전장치 3가지
(4) 도시가스배관의 지하에 매설가능한 관의 종류 2가지는?
(5) 벤트스텍에서 가연성가스를 방출시 착지농도는?

Answer

(1) 24m
(2) 5 이상
(3) ① 안전밸브   ② 압력계   ③ 압력경보설비
(4) ① 가스용 폴리에틸렌 강관   ② 폴리에틸렌 피복강관
(5) 폭발하한계 미만

083 Question 가스기능장 실기

저압배관 유량공식을 쓰고 기호를 설명하시오.

Answer

$$Q = K\sqrt{\frac{D^5 \cdot h}{S \cdot L}}$$

여기서, Q : 가스유량(m^3/h) S : 가스비중 D : 관지름(cm)
       L : 관길이(m) H : 압력손실(mmH_2O) K : 유량계수(0.707)

084 Question 가스기능장 실기

다음 물음에 답하시오.

(1) 왕복압축기의 단계적 용량제어 방법을 쓰시오.
(2) 액화석유가스용 계량기의 최대유량은 압력차가 얼마인가?
(3) 자기압력기록계의 기밀시험압력, 기밀시험시간은 얼마인가?
(4) 안전밸브 분출부 크기
(5) 자기압력 기록계는 무엇을 측정하며, 계측원리를 설명하시오.

Answer

(1) ① 흡입밸브개방법   ② 클리어던스밸브에 의해 체적 효율을 낮추는 방법
(2) 280~2,500mmH$_2$O
(3) ① 기밀시험압력 : 840~1,000mmH$_2$O   ② 기밀시험시간 : 24분
(4) ① 정압기입구측압력이 5kg/cm^2 미만시
    ㉠ 정압기설계 유량이 1,000Nm^3/h 미만 : 25A 이상
    ㉡ 정압기설계 유량이 1,000Nm^3/h 이상 : 50A 이상
   ② 정압기 입구측 압력이 5kg/cm^2 이상 : 50A 이상
(5) ① 정압기 실내에서 1주일간 운전상 황계측, 배관내에서는 기밀시험 측정
   ② 압력계와 태엽을 연동시켜 시간별 압력변화를 펜으로 기록지상에 기록 계측된다.

085 Question 가스기능장 실기

가스액화분리장치의 구성요소 3가지를 쓰시오.

Answer

① 한냉장치
② 정류장치
③ 불순물제거장치

086 Question 가스기능장 실기

다음 물음에 답하시오.

(1) 경계책의 높이와 경계표지판에 기재하여야 할 사항 3가지
(2) 피셔식정압기, 레이놀드식정압기, AFV정압기 특징을 쓰시오.
(3) 흡입압력이 대기압이고 토출압력이 $26kg/cm^2 \cdot g$ 인 압축기의 압축비는 얼마인가? (단 $1atm = 1kg/cm^2$)
(4) 압축기 운전을 중지시켜야 되는 경우 3가지

Answer

(1) ① 경계책의 높이 : 1.5m 이상
　② 기재사항 : ㉠ 시설명　㉡ 공급자　㉢ 연락처
(2) ① 피셔식정압기 : ㉠ 정특성, 동특성이 양호하다.　㉡ 비교적 콤펙트하다.
　　　　　　　　　㉢ 로딩형이다.
　② 레이놀드식정압기 : ㉠ 정특성이 좋다.　㉡ 안정성이 없다.　㉢ 언로딩형이다.
　③ AFV정압기 : ㉠ 콤펙트하다.　㉡ 정특성, 동특성이 양호하다.
　　　　　　　　㉢ 고차압이 될수록 특성이 양호하다.
(3) 압축비
(4) ① 액압축시　② 가스누설시　③ 주변 화재 발생시

087 Question 가스기능장 실기

용기전도대의 용기재검사에 필요한 장비 4가지를 쓰시오.

Answer

① 용기질량측정장치
② 밸브탈착기
③ 도색설비
④ 잔가스제거장치

088

다음 물음에 답하시오.

(1) 다단압축을 하는 목적 4가지를 쓰시오.
(2) 긴급용 벤트스텍과 그 밖의 벤트스텍 방출구 위치는 작업원이 통행하는 장소로부터 몇 m 이상 떨어진 곳에 설치하는가?
(3) LPG 저장설비 중 지상에 있는 저장탱크형식 3가지를 쓰시오.
(4) 배관의 고정
(5) 공기액화분리기의 불순물 유입기준 2가지 쓰시오.

Answer

(1) ① 소요일량이 절약된다.   ② 가스의 온도상승을 피한다.
    ③ 힘의 평형이 양호하다.   ④ 이용효율의 증대
(2) ① 긴급용 벤트스텍 : 10m 이상   ② 그 밖의 벤트스텍 : 5m 이상
(3) ① 2중각식   ② 금속 2중각식   ③ PC식
(4) ① 관경이 13mm(A) 미만 : 1m 마다
    ② 관경이 13mm 이상 33mm 미만 : 2m 마다
    ③ 관경이 33mm 이상 : 3m 마다
(5) ① 액화산소 5중 아세틸렌의 질량이 5mg 이하
    ② 액화산소 5중 탄화수소 중의 탄소의 질량이 500mg 이하

089

액면계의 종류 5가지를 쓰시오.

Answer

① 고정튜브식 액면계   ② 회전튜브식 액면계
③ 슬립튜브식 액면계   ④ 클린카식 액면계
⑤ 방사선식 액면계   ⑥ 유리관식 액면계

090 Question 가스기능장 실기

역화방지장치의 설치장소 4가지, 역류방지밸브의 설치장소 4가지를 쓰시오.

Answer

(1) **역화방지 장치 설치장소**
   ① 가연성가스압축기와 오토클레이브와의 사이
   ② C_2H_2의 고압건조기와 충전용 교체밸브 사이
   ③ 수소화염 또는 산소아세틸렌 화염사용시설
   ④ 아세틸렌 충전용지관

(2) **역류방지밸브 설치장소**
   ① 아세틸렌을 압축하는 압축기의 유분리기와 고압건조기 사이
   ② 가연성가스를 압축하는 압축기와 충전용 주관과의 사이
   ③ 암모니아, 메탄올의 합성탑이나 정제탑과 압축기 사이
   ④ 독성가스 감압설비 뒤의 배관

091 Question 가스기능장 실기

다음 용기 재검사 항목 5가지를 기술하여라.

(1) 용기를 누르는 장면
(2) 용기에 구멍을 내어 파손시키는 장면
(3) 용기 내부에 조명 등을 넣고 용기 내부를 관찰하는 장면
(4) 용기에 충격을 가하는 시험
(5) 용기에 내압을 시험

Answer

(1) 압궤시험
(2) 파열시험
(3) 내부조명검사
(4) 충격시험
(5) 내압시험

092 Question 가스기능장 실기

사용압력이 2.5kPa인 경우 주정압기의 긴급차단장치의 설정압력 안전밸브의 설정압력은?

Answer

- **긴급차단장치** : 3.6kPa 이하
- **안전밸브** : 4.0kPa 이하

[보충] 정압기실에 설치되는 설비의 설정압력 기준값

구분		상용압력 2.5kPa	기타
주정압기에 설치하는 긴급차단장치		3.6kPa 이하	상용압력의 1.2배 이하
예비정압기에 설치하는 긴급차단장치		4.4kPa 이하	상용압력의 1.5배 이하
이상압력 통보설비	상한값	3.2kPa 이하	상용압력의 1.1배 이하
	하한값	1.2kPa 이하	상용압력의 0.7배 이하
안전밸브		4.0kPa 이하	상용압력의 1.4배 이하

093 Question 가스기능장 실기

도시가스배관의 지하매설시 압력에 따른 관의 구별과 색상, 배관외부의 표시사항 3가지를 쓰시오.

Answer

(1) **압력에 따른 관의 구별과 색상**
  ① 저압관 : $1kg/cm^2$ 미만(황색)
  ② 중압관 : $1kg/cm^2$ 이상 $10kg/cm^2$ 미만(적색)
  ③ 고압관 : $10kg/cm^2$ 이상(적색)

(2) **배관외부 표시사항**
  ① 최고사용압력   ② 사용가스명   ③ 가스흐름방향

094

가스용 폴리에틸렌관의 SDR(배관의 상당압력등급)을 쓰시오.

Answer

SDR(상당압력등급)
① SDR11 이하 : 4.0kg/cm² 이하(0.4MPa 이하)
② SDR17 이하 : 2.5kg/cm² 이하(0.25MPa 이하)
③ SDR21 이하 : 2kg/cm² 이하(0.2MPa 이하)

095

도시가스 배관 매설시 다음 물음에 답하시오.

(1) 도시가스 배관과 상하수도 배관과의 이격거리
(2) 이 배관에 보호판을 설치하는 경우 2가지를 기술하여라.

Answer

(1) 30cm 이상
(2) ① 도로 밑에 최고사용압력이 중압 이상인 배관을 매설하는 경우
② 도로 밑에 배관을 매설시 타 공사에 의한 영향으로 배관손상 우려가 있는 경우

096 Question 가스기능장 실기

전기방식시설의 전위측정용터미널의 전기방식은 희생양극법, 외부전원법, 선택배류법일 경우 배관은 몇 m 마다 설치하는가?

Answer
① 희생양극법 : 300m 마다
② 외부전원법 : 500m 마다
③ 선택배류법 : 300m 마다

097 Question 가스기능장 실기

다음 물음에 답하시오.

(1) 비열처리재료란?
(2) 가스압력이 저압인 경우, 중압인 경우 압력조정기를 설치할 수 있는 세대수는?
(3) 염소용기와 동일차량에 혼합적재를 금지하고 있는 가스 3가지

Answer
(1) 용기재료로서 오스테나이트계 스텐레스강, 내식 알루미늄 합금판, 내식 알루미늄 합금단조품 기타 열처리가 필요 없는 것
(2) ① 저압 : 50세대   ② 중압 : 250세대
(3) ① 수소   ② 암모니아   ③ 아세틸렌

098 Question 가스기능장 실기

가스별 공업용기 도색을 쓰시오.

(1) 탄산가스
(2) 산소
(3) 아세틸렌
(4) 수소
(5) 암모니아

Answer

(1) 탄산가스 : 청색
(2) 산소 : 녹색
(3) 아세틸렌 : 황색
(4) 수소 : 주황
(5) 암모니아 : 백색

099 Question 가스기능장 실기

가스누출차단장치의 3대요소이다. 기능을 기술하여라.

(1) 검지부
(2) 제어부
(3) 차단부

Answer

(1) 검지부 : 누설가스를 검지제어부로 신호를 보냄
(2) 제어부 : 차단부에 자동차단신호전송
(3) 차단부 : 제어부의 신호에 따라 가스를 개폐하는 기능

100. 가스기능장 실기

가스용 폴리에틸렌관을 사용하여 맞대기 융착시 관경은 몇 mm이며, 방사선투과시험 기준 중 내면의 언더컷은 1개의 길이를 몇 mm 이하로 하여야 하는가?

Answer
① 관경 : 75mm 이상
② 1개 길이 : 50mm 이하

101. 가스기능장 실기

도시가스 배관을 용접한 후 비파괴시험을 하지 않아도 되는 배관을 쓰시오.

Answer
① 관경이 80mm 미만인 저압 매설 배관
② 저압으로 노출된 사용자 공급관
③ 가스용 폴리에틸렌관

102 Question 가스기능장 실기

가스누설방지로 사용되는 테프론 O링 패킹이다. 다음 물음에 답하시오.

(1) 비금속 재료의 내압성능시험은 어떻게 하는가?
(2) 호칭압력이 3MPa일 때 내압성능시험은 어떻게 하는가?

Answer

(1) 인장력을 검사하고 사용되는 액화가스로 침투탐상 시험을 한다.
(2) $3 \times \dfrac{5}{3} = 5\text{MPa}$로 수압시험을 실시, 수압시험이 불가능시 비파괴 시험으로 대용한다.

103 Question 가스기능장 실기

도시가스배관이 설치되어 있는 장소에 표시하는 표시판이다. 다음 물음에 답하시오.

(1) 표지판은 몇 m마다 설치하는가?
(2) 표지판의 글자색
(3) 표지판의 바탕색은?

Answer

(1) 500m 마다
(2) 흑색
(3) 황색

104 Question 가스기능장 실기

도시가스에 사용되는 RTU Box 내부에서 RTU의 용도는를 3가지 쓰시오.

Answer
① 정압기실 이상상태 감시기능
② 정압기실 출입문 개폐감시기능
③ 가스누설 검지 경보기능

105 Question 가스기능장 실기

다음 정압기실 외부의 루트박스에서 0종장소, 1종장소, 2종장소에 대해 쓰시오.

Answer
① **0종장소** : 상용의 상태에서 가연성가스의 농도가 연속해서 폭발하한계 이상으로 되는 장소
② **1종장소** : 상용의 상태에서 가연성가스가 체류하여 위험하게 될 우려가 있는 장소
③ **2종장소** : 환기장치에 이상이나 사고가 발생한 경우 가연성가스가 체류하여 위험하게 될 우려가 있는 장소

제 3 부

기출문제

Question 01

보온재의 구비조건 5가지를 쓰시오.

해설 & 답

① 비중이 적을 것(가벼울 것)
② 열전도율이 적을 것(보온능력이 클 것)
③ 사용온도에 견디고 변질되지 말 것
④ 기계적강도가 있을 것
⑤ 다공질이며 기공이 균일할 것
⑥ 시공이 용이할 것
⑦ 흡수성이 적을 것

Question 02

액화가스 저장탱크에 설치하는 액면계의 종류 5가지를 쓰시오.

해설 & 답

① 고정튜브식 액면계 ② 슬립튜브식 액면계
③ 회전튜브식 액면계 ④ 플로우트식 액면계
⑤ 클린카식 액면계   ⑥ 햄프슨식 액면계
⑦ 정전용량식 액면계 등

Question 03

도시가스 공급설비 5가지를 쓰시오.

해설 & 답

① 정압기 ② 압송기 ③ 공급관
④ 가스홀더 ⑤ 가스발생설비

Question 04

샬의 법칙을 수식을 포함하여 설명하시오.

해설 & 답

① **샬의 법칙** : 압력이 일정할 때 기체의 체적은 절대온도에 비례한다.

② 수식 : $\dfrac{V_1}{T_1} = \dfrac{V_2}{T_2}$

Question 05

제조공장에서 생산 정제된 가스를 저장하여 가스의 품질을 균일하게 하고 제조량 및 수요량을 조절하는 기기는?

해설 & 답

가스홀더

Question 06

액화가스 저장탱크에 일반적으로 사용되는 온도계 종류 3가지를 쓰시오.

해설 & 답

① 열전대온도계 ② 압력식온도계 ③ 저항온도계

Question 07

공기 액화 분리장치에서 불순물의 종류와 제거방법에 대해 쓰시오.

해설 & 답

① 불순물의 종류 : ㉠ 탄화수소류   ㉡ 질소화합물
　　　　　　　　㉢ 아황산가스   ㉣ 먼지
② 제거법 : ㉠ 필터를 사용   ㉡ 불순물 제거장치 이용

Question 08

인터록기구의 목적에 대해 쓰시오.

해설 & 답

오조작이나 이상 발생 시 원재료의 공급을 차단하여 사고발생으로 인한 피해를 줄이기 위해 설치하는 안전장치

Question 09

유체의 흐름에 관한 베르누이 정리를 이용한 유량계의 종류 3가지를 쓰시오.

해설 & 답 — Explanation & Answer

① 피토우관   ② 벤튜리미터   ③ 오리피스미터

Question 10

다음 공기의 평균분자량을 구하시오.

| 산소 21%   질소 78%   아르곤 1% |

해설 & 답 — Explanation & Answer

$(32 \times 0.21 + 28 \times 0.78 + 40 \times 0.01) = 28.96g$

Question 11

압축기에서 가동 중 중간압력이 상승 시 원인 5가지를 쓰시오.

해설 & 답 — Explanation & Answer

① 다음단의 흡입밸브 불량   ② 다음단의 토출밸브 불량
③ 중간 냉각기 냉각수 부족   ④ 중간 단에 바이패스 열림
⑤ 중간 냉각기 냉각면적 감소

Question 12

프로판의 위험도를 구하시오.

해설 & 답

$$H = \frac{u-L}{L} = \frac{9.5-2.1}{2.1} = 3.52$$

Question 13

방식이란 부식을 방지하는 것이다. 전기적인 방식 외에 피복에 의한 방식법을 쓰시오.

해설 & 답

① **금속피복법** : ㉠ 귀금속에 의한 피복   ㉡ 부동태에 의한 피복
② **비금속피복법** : ㉠ 도장   ㉡ 라이닝

Question 14

액화프로판가스 1kg을 기화시키면 표준상태에서 몇 l인가?

해설 & 답

$44g = 22.4l$
$1000g = x$
$x = \dfrac{1000g \times 22.4l}{44g} = 509.09l$

Question 15

가스배관공사가 완료되고 내압 및 기밀시험을 하기 전에 하는 것으로 공기압으로 도관내의 수분, 이물질, 먼지 등을 제거해 주는 것은?

해설 & 답

피그(Pig)

Question 16

NH_3 냉동기에 동이나 동합금을 사용하지 못하는 이유를 쓰시오.

해설 & 답

착이온생성

Question 17

부피 $24m^3$인 기밀시험을 공기압축기로 $16.5kg/cm^2$로 할 때 걸리는 시간은?(단, 압축기 용량은 $0.6m^3/min$)

해설 & 답

$$\frac{24 \times 16.5}{0.6 \times 60} = 11시간$$

Question 18

고압가스제조설비에서 가연성가스를 대기 중으로 폐기하는 방법과 폐기할 때 주의사항을 쓰시오.

해설 & 답

① **플레어스텍** : 플레어스텍 바로 밑의 지표면에 미치는 복사열이 4000kcal/m^2h 이하가 되도록 할 것
다만, 출입이 통제되어 있는 지역은 그러하지 아니한다.

② **벤트스텍**
  ㉠ 방출된 가스의 착지농도가 가연성가스인 경우에는 폭발 하한계값 미만이 되도록 충분한 높이로 할 것
  ㉡ 가연성가스의 벤트스텍에는 정전기 또는 낙뢰 등에 의하여 착화된 경우에는 소화할 수 있는 조치를 할 것

2003년도 제 34 회

Question 01
캐비테이션의 방지법 3가지를 쓰시오.

해설 & 답

① 펌프의 설치위치를 낮춘다. ② 흡입 측 손실수두를 줄인다.
③ 관경을 크게 하고 유속을 줄인다. ④ 펌프를 2대 이상 설치한다.
⑤ 임펠러를 액 중에 완전히 잠기게 한다.

Question 02
3000l 용기에 27℃에서 공기 5kg이 있다. 이때의 압력을 Pa로 구하시오.(단, 공기 가스정수는 286.56J/kg°K)

해설 & 답

$PV = GRT$

$P = \dfrac{GRT}{V} = \dfrac{5\text{kg} \times 29.24\text{kg} \cdot \text{m/kg}°\text{K} \times (273+27)°\text{K}}{3\text{m}^3}$

$= 14620\text{kg/m}^2$

1kg=9.8N이므로

$x = 286.56\text{N}$ $x = \dfrac{1\text{kg} \times 286.56\text{N}}{9.8N} = 29.24\text{kg}$

∴ $10332\text{kg/m}^2 = 101325\text{Pa}$
    $14620\text{kg/m}^2 = x$

$x = \dfrac{14620 \times 101325\text{Pa}}{10332\text{kg/m}^2} = 143377.03\text{Pa}$

Question 03

방폭구조의 종류 5가지를 쓰시오.

해설 & 답 — Explanation & Answer

① 내압 방폭구조 ② 유입 방폭구조
③ 압력 방폭구조 ④ 본질 안전증 방폭구조
⑤ 안전증 방폭구조 ⑥ 특수 방폭구조

Question 04

비파괴 검사법 중 표면에 액을 침투시켜 검사하는 방법은?

해설 & 답 — Explanation & Answer

침투 검사법(탐상법)

Question 05

배관에서의 응력원인 5가지를 쓰시오

해설 & 답 — Explanation & Answer

① 열팽창에 의한 응력 ② 내압에 의한 응력
③ 용접에 의한 응력 ④ 냉간가공에 의한 응력
⑤ 배관 부속물인 밸브, 플랜지 등에 의한 응력

Question 06. 부취제가 갖추어야 할 구비조건 5가지를 쓰시오.

① 독성 및 가연성이 아닐 것
② 도관을 부식시키지 말 것
③ 도관 내의 상용온도에서 응축되지 말 것
④ 보통 존재하는 냄새와 명확히 구별될 것
⑤ 가스관이나 가스미터에 부착되지 말 것
⑥ 가격이 저렴할 것
⑦ 토양에 대한 투과성이 클 것

Question 07. C_2H_2의 위험성을 쓰시오

동, 은, 수은 등과 반응하여 폭발성 화합물질인 동아세틸라이드 생성

Question 08. 독성가스의 허용농도를 5가지 쓰시오.

① **염소** : 1PPM 이하
② **포스겐** : 0.1PPM 이하
③ **시안화수소** : 10PPM 이하
④ **아황산가스** : 5PPM 이하
⑤ **산화에틸렌** : 50PPM 이하

Question 09

NH₃의 용기도색 및 문자 색상은?

① 용기도색 : 백색
② 문자색(글씨색) : 흑색

Question 10

가스배관의 누설검사방법을 쓰시오.

① 가압방치법　② 검지기사용법　③ 검사지사용법
④ 진공방치법　⑤ 발포법

Question 11

C_2H_6 1650g이 100℃ 200atm일 때 압축계수는?(단, 용기 내용적은 5*l*이다.)

$PV = ZnRT$

$Z = \dfrac{PV}{nRT} = \dfrac{220 \times 5}{\dfrac{1650}{30} \times 0.082 \times (273+100)} = 0.654$

Question 12

역화(back fire)란 무엇인지 설명하시오.

해설 & 답

가스의 연소속도가 유출속도보다 빠를 경우 화염이 연소기 내부로 침입되는 현상

Question 13

부피로 CH₄ 90%, C₃H₈ 5%, H₂ 5%로 조성된 가스의 평균 분자량을 구하시오.

해설 & 답

$(16 \times 0.9 + 44 \times 0.05 + 2 \times 0.05) = 11.9g$

Question 14

가스검지기의 종류 3가지를 쓰시오.

해설 & 답

① 검지관식   ② 간섭계형   ③ 열선식

Question 15

가스설비 등을 청소나 수리작업이 가능한 가스의 농도는?

해설 & 답

18% 이상 22% 이하

Question 16

원심식 압축기의 용량제어방법을 5가지 쓰시오.

해설 & 답

① 흡입변조절 ② 토출변조절 ③ 회전수조절
④ 바이패스조절 ⑤ 깃각도조절

Question 17

용기 보관 장소의 충전용기 보관기준 5가지를 쓰시오.

해설 & 답

① 충전용기, 빈 용기는 각각 구분
② 가연성, 독성, 산소용기는 각각 구분
③ 작업에 필요한 물건(계량기) 이외에는 두지 않을 것
④ 주위 2m 이내에는 화기 또는 인화성, 발화성 물질 금지
⑤ 직사광선을 피하고 항상 40℃ 이하 유지

Question 18

냉동기의 응축기 압력이 높아지는 원인 5가지를 쓰시오.

해설 & 답

① 공기의 혼입   ② 냉각관의 오염   ③ 수로카바의 칸막이 누설
④ 냉각수량의 부족   ⑤ 냉각면적의 부족

Question 19

공기 액화분리장치 내의 겔 건조기의 흡착제 종류를 쓰시오.

해설 & 답

① 활성알루미나   ② 실리카겔   ③ 염화칼슘   ④ 뮬레큘러시브

Question 20

용기 내의 기체압력이 20℃에서 5kg/cm² 였다. 40℃로 온도상승 시 압력은 몇 mmHg인가?(대기압은 1kg/cm²로 한다.)

해설 & 답

$$\frac{P_1 V_1}{T_1} = \frac{P_2 V_2}{T_2} \qquad P_2 = \frac{P_1 \times T_2}{T_1} = \frac{5 \times (273+40)}{(273+20)} = 5.34 \text{kg/cm}^2$$

∴ $1\text{kg/cm}^2 = 760\text{mmHg}$

$5.34\text{kg/cm}^2 = x$

$x = \dfrac{5.34\text{kg/cm}^2 \times 760\text{mmHg}}{1\text{kg/cm}^2} = 4058.4\text{mmHg}$

2004년도 제 35 회

Question 01

유체의 흐름에 관한 베르누이 정리를 이용한 유량계의 종류 3가지를 쓰시오.

해설 & 답

① 벤튜리미터　② 오리피스미터　③ 피토우관

Question 02

배관 내에서 발생하는 진동의 원인 3가지를 쓰시오.

해설 & 답

① 안전밸브에 의한 진동
② 관내의 유체압력 변화에 의한 진동
③ 펌프의 기동에 의한 진동
④ 압축기 기동에 의한 진동

Question 03

$COCl_2$, CO, Cl_2, H_2S, SO_2에서 허용농도가 낮은 순으로 나열하시오.

해설 & 답

① $COCl_2$(포스겐) : 0.1PPM 이하
② Cl_2(염소) : 1PPM 이하
③ SO_2(아황산가스) : 5PPM 이하
④ H_2S(황화수소) : 10PPM 이하
⑤ CO(일산화탄소) : 50PPM 이하

Question 04

저온장치에서 이산화탄소와 수분의 영향을 쓰시오.

해설 & 답

① CO_2 : 드라이아이스 생성
② 수분 : 장치 내 동결, 폐쇄

Question 05

수분이 혼입되면 부식이 되는 물질의 화학반응식 4개를 쓰시오.

해설 & 답

① $Cl_2 + H_2O \rightarrow HCl + HClO$
② $CO_2 + H_2O \rightarrow H_2CO_3$
③ $SO_2 + H_2O \rightarrow H_2SO_3$
④ $COCl_2 + H_2O \rightarrow CO_2 + 2HCl$

평균소비량을 구하시오.(단, 1.33kg/day, 60호, 20%)

$Q = 1.33 \times 60 \times 0.2 = 15.96$

지름이 6m인 가연성가스 저장탱크 2개를 지상에 설치하고자 한다. 저장탱크 간의 거리는 몇 m인가?

$l = \dfrac{D_1 + D_2}{4} = \dfrac{6+6}{4} = 3\text{m}$

수격작용에 대해 설명하시오.

펌프에서 물을 압송하고 있을 때 정전 등으로 급히 펌프가 멈추거나 수량조절밸브를 급히 폐쇄할 때 관내 유속이 급속히 변화하면 물에 의한 심한 압력변화가 생겨 관 벽을 치는 현상

Question 09

리벳에 용접을 했는데 전단응력이 45kg/mm², 리벳직경이 18mm이고 리벳이 2개일 때 인장하중은?

해설 & 답

$$I = \frac{W}{A}$$

$W = I \times A = 45\text{kg/mm}^2 \times 0.785 \times 18^2 \times 2 = 22890.6\text{kg}$

Question 10

LPG 충전용기 저장 시 반드시 지켜야할 점 5가지를 쓰시오.

해설 & 답

① 충전용기와 빈 용기는 각각 구분
② 가연성, 독성 산소용기는 각각 구분
③ 작업에 필요한 물건(계량기) 이외에는 두지 않을 것
④ 주위 2m 이내에는 화기 또는 인화성, 발화성물질 금지
⑤ 직사광선을 피하고 항상 40℃ 이하 유지

Question 11

가연성가스를 폐기하는 방법 2가지와 주의할 점을 쓰시오.

해설 & 답

① **플레어스텍** : 플레어스텍 바로 밑의 지표면에 미치는 복사열이 4000kcal/m²h 이하가 되도록 할 것
   다만, 출입이 통제되어 있는 지역은 그러하지 아니한다.
② **벤트스텍**
   ㉠ 방출된 가스의 착지농도가 가연성가스인 경우에는 폭발 하한계값 미만이 되도록 충분한 높이로 할 것
   ㉡ 가연성가스의 벤트스텍에는 정전기 또는 낙뢰 등에 의하여 착화된 경우에는 소화할 수 있는 조치를 할 것

Question 12

압력이 150기압이고, 부피가 40ℓ이고 온도가 30°C일 때 메탄의 질량은?

해설 & 답

$$PV = \frac{WRT}{M}$$

$$W = \frac{PVM}{RT} = \frac{150 \times 40 \times 16}{0.082 \times (273 + 30)} = 386.38\text{g}$$

Question 13

C_2H_2 가스를 가압 충전 시 용기 내에 다공성 물질을 충전하고 아세톤에 침윤시키는 이유를 설명하시오.

해설 & 답

흡열 화합물로 압축하면 분해폭발을 일으킬 염려가 있으므로 아세톤을 다공질물에 스며들게 하여 용해시켜 운반한다.

Question 14

전기적인 방식법 4가지를 쓰시오.

해설 & 답

① 강제배류법　　② 유전양극법
③ 선택배류법　　④ 외부전원법

Question 15

가스폭발 범위에 의한 압력의 영향을 쓰시오.

해설 & 답

① 일반적으로 가스압력이 높아질수록 발화온도는 낮아지고 폭발범위는 넓어진다.
② 수소와 공기의 혼합 가스는 10atm 정도까지는 폭발범위가 좁아지나 그 이상의 압력에서는 다시 점차 넓어진다.
③ 일산화탄소와 공기의 혼합 가스는 압력이 높을수록 폭발범위가 좁아진다.

Question 16

산소의 정압비열과 정적비열을 계산에 의해 각각 구하시오.(단, 산소의 비열비는 $K=1.4$이다.)

해설 & 답

① $CP = \dfrac{K}{K-1}AR = \dfrac{1.4}{1.4-1} \times \dfrac{1}{427} \times \dfrac{848}{32} = 0.22$

② $CV = \dfrac{1}{K-1}AR = \dfrac{1}{1.4-1} \times \dfrac{1}{427} \times \dfrac{848}{32} = 0.16$

Question 17

안지름이 200mm, 최고충전압력이 18kg/cm², 용접효율이 0.85 허용인장강도 8kg/mm²인 강철 프로판용기의 두께(mm)를 계산하시오. (부식 여유치는 1이다.)

해설 & 답

$t = \dfrac{PD}{50SE-P} + C = \dfrac{18 \times 200}{50 \times 8 \times 0.85 - 18} + 1 = 12.18\text{mm}$

Question 18

냉동기에 사용하는 냉매의 구비조건 5가지를 쓰시오.

해설 & 답

① 비체적이 적을 것
② 증발잠열이 클 것
③ 응고점이 낮을 것
④ 비열비가 적을 것
⑤ 악취가 없을 것
⑥ 부식성이 없을 것
⑦ 점도와 표면장력이 적다.
⑧ 절연내력이 크고 윤활작용을 하지 않을 것
⑨ 임계온도가 높아 상온에서 쉽게 증발할 것

Question 19

역화의 원인 3가지를 쓰시오.

해설 & 답

① 가스의 압력이 낮은 경우
② 부식에 의해 염공이 크게 되었을 때
③ 노즐의 구경이 너무 크게 된 경우

2004년도 제 36 회

Question 01
폭명기의 종류를 두 가지 구분하시오.

해설 & 답

① $2H_2 + O_2 \rightarrow 2H_2O + 136.6\text{kcal}$ (수소폭명기)
② $H_2 + Cl_2 \rightarrow 2HCl + 44\text{kcal}$ (염소폭명기)
③ $H_2 + F_2 \rightarrow 2HF + 128\text{kcal}$ (불소폭명기)

Question 02
물 27kg을 전기분해하여 산소와 수소를 각각 $40l$ 용기에 150kg/cm²a 충전 시 필요한 전체용기 숫자를 구하시오.

해설 & 답

$$2H_2O \rightarrow 2H_2 + O_2$$
$$2 \times 18\text{kg} \quad 2 \times 22.4 \quad 22.4$$
$$27\text{kg} \quad\quad x \quad\quad y$$

$x = \dfrac{27\text{kg} \times 2 \times 22.4\text{m}^3}{36\text{kg}} = 33.6\text{m}^3$ (수소)

$y = \dfrac{27\text{kg} \times 22.4\text{m}^3}{36\text{kg}} = 16.8\text{m}^3$ (산소)

$Q = (P+1)V_1 = (150+1) \times 0.04 = 6.04\text{m}^3/1$개

∴ 수소 $= \dfrac{33.6\text{m}^3}{6.04\text{m}^3/\text{개}} = 5.56$ ∴ 6개

∴ 산소 $= \dfrac{16.8\text{m}^3}{6.04\text{m}^3/\text{개}} = 2.78$ ∴ 3개

∴ 총 9개

03. 단열재의 구비조건 5가지를 쓰시오.

① 열전도율이 적을 것
② 사용성이 좋을 것
③ 방습성이 크며 경제적일 것
④ 밀도가 적을 것
⑤ 난연성 또는 불연성일 것

04. 발열량 11000kcal/m³ 비중 1.24인 가스의 웨버지수 범위를 구하시오.

웨버지수 $= \dfrac{Hg}{\sqrt{d}} = \dfrac{11000}{\sqrt{1.24}} = 9878.29$

05. 가스 중의 수분을 제거하는 방법 3가지를 쓰시오.

① 염화칼슘 ② 실리카겔 ③ 생석회

Question 06
냉동기에 사용하는 냉매의 구비조건 5가지를 쓰시오.

해설 & 답

① 비체적이 적을 것   ② 독성 및 가연성이 아닐 것
③ 증발잠열이 클 것   ④ 악취가 없을 것
⑤ 응축온도가 낮을 것

Question 07
SPPS의 인장강도가 40kg/mm²이고 사용압력이 60kg/cm²일 때 스케일 No를 구하시오.(단, 안전율은 4이다.)

해설 & 답

$$\text{SCh. No} = \frac{P}{S} \times 10 = \frac{60}{\left(\frac{40}{4}\right)} \times 10 = 60$$

Question 08
베이퍼록 현상을 설명하시오.

해설 & 답

저 비점 액체를 이송 시 펌프 입구 쪽에서 액체가 끓는 현상

Question 09

용적형 유량계의 종류 5가지를 쓰시오.

해설 & 답

① 습식   ② 건식   ③ 루트식   ④ 오우벌식   ⑤ 로터리피스톤

Question 10

다음 물음에 답하시오.
(1) 가연성가스 제조설비와 고압가스 설비와의 거리는?
(2) 산소 제조시설과 고압가스 설비와의 거리는?

해설 & 답

(1) 5m 이상
(2) 10m 이상

Question 11

도시가스 사업법의 변경 허가사항 3가지를 쓰시오.

해설 & 답

① 가스의 종류 또는 열량의 변경
② 공급지역 또는 공급능력의 변경
③ 가스 공급 시설 중 가스발생설비, 액화가스저장탱크, 가스홀더의 종류, 설치장소 또는 그 수의 변경

Question 12. 도시가스의 열량 측정시간과 위치를 쓰시오.

① **측정 시간** : 매일 06시30분~ 09시 사이, 17시~ 20시30분 사이
② **위치** : 제조소의 배송기 또는 압송기 출구에서 자동열량 측정기로 측정

Question 13. 도시가스의 압력측정 시 가스압력과 위치를 쓰시오.

① **가스압력** : 100mmH$_2$O 이상 250mmH$_2$O 이내
② **위치** : 가스홀더 출구, 정압기 출구 및 가스공급 시설의 끝부분의 배관에서 자기압력계 사용

Question 14. 용접부의 잔류응력의 원인과 방지법을 쓰시오.

① **원인** : 열연압 연강재나 용접부가 균일하지 않게 냉각됨으로써 발생하는 현상
② **방지책**
  ㉠ 용접 접합선의 방향을 응력 방향과 평행하게 배치토록 한다.
  ㉡ 50~100도 정도의 예열을 실시하여 용접 시에 온도 구배를 감소시키도록 한다.
  ㉢ 용착강의 양을 극소화함으로서 수축과 변형량을 감소시키고 구속을 감소하도록 적절한 용착법과 용접순서 사용한다.

Question 15

배기후드에 의한 급배기설비에서 시간당 0.85kg의 LPG를 개방연소형기구로 연소 시 배기통의 유효단면적은 약 cm²인가?(단, 급 기구 중심에서 배기통 정상부의 외기에 개방된 중심까지의 높이 3m 이론 폐가스량은 12.9m³/kg이다.)

해설 & 답

$$A = \frac{20KQ}{1400\sqrt{H}} = \frac{20 \times 12.9 \times 0.85}{1400\sqrt{3}} \times 10^4 = 904.38 \text{cm}^2$$

Question 16

호스가 절단 되었으나 이탈, 부식 등으로 대량의 가스유출시 차단시키는 장치는?

해설 & 답

퓨즈콕

Question 17

압력 증가 시 폭발범위가 넓어지는 가스는?

해설 & 답

수소

Question 18

C_mH_n으로 구성된 완전연소 반응식을 구하는 공식을 쓰시오.

해설 & 답

$$C_mH_n + \left(m + \frac{n}{4}\right)O_2 \to mCO_2 + \frac{n}{2}H_2O$$

Question 19

고속다기통 압축기의 장점 3가지를 쓰시오.

해설 & 답

① 용량제어가 용이하다.
② 기동부하가 적다.
③ 부품교체가 용이하다.

2005년도 제 37 회

Question 01
특정설비의 종류 5가지를 쓰시오.

해설 & 답

① 저장탱크
② 긴급차단장치
③ 역화방지장치
④ 역류방지밸브
⑤ 기화장치

Question 02
서징현상, 캐비레이션 현상과 원인을 쓰시오.

해설 & 답

① **서징현상** : 송출압력과 송출유량의 주기적인 변동으로 인하여 진공계, 압력계 지침이 흔들리는 현상
  원인 :   ㉠ 배관 중에 공기탱크나 물탱크가 있을 때
          ㉡ 수량조절 밸브가 저장탱크 뒤쪽에 있을 때
          ㉢ 펌프를 운전 시 주기적으로 운동, 양정, 토출양이 변화할 때
② **캐비테이션현상** : 유수 중의 어느 부분의 정압이 그 때 물의 온도에 해당하는 증기압 이하로 되어 물이 증발을 일으키고 수중에 용입되어 있던 공기가 낮은 압력으로 인하여 기포가 발생하는 현상
  원인 :   ㉠ 흡입양정이 지나치게 길 때
          ㉡ 과속으로 유량 증대 시
          ㉢ 관로 내의 온도 상승 시
          ㉣ 흡입관 입구 등에서 마찰 저항 증가 시

Question 03

포스겐 생성 반응식과 촉매를 쓰시오.

해설 & 답

① $CO + Cl_2 \rightarrow COCl_2$
② 촉매 : 활성탄

Question 04

수량이 2m³/min, 양정이 10m일 때의 동력은?

해설 & 답

$$Kw = \frac{r \times Q \times H}{102 \times E \times 60} = \frac{1000 \times 2 \times 10}{102 \times 60} = 3.27 Kw$$

Question 05

내용적 500l, NH_3 용기의 충전량을 구하시오.

해설 & 답

$$G = \frac{V}{C} = \frac{500}{1.86} = 268.82 kg$$

Question 06

C₃H₈ 1kg 연소 시 이론공기량을 구하시오. (공기 중 산소는 21%이다.)

해설 & 답

$$C_3H_8 + 5O_2 \rightarrow 3CO_2 + 4H_2O$$
$$44\text{kg} \quad 5 \times 22.4\text{m}^3$$
$$1\text{kg} \quad x$$

$$x = \frac{1\text{kg} \times 5 \times 22.4\text{m}^3}{44\text{kg}} = 2.545 \text{Nm}^3/\text{kg}$$

$$\therefore A_o = \frac{O_o}{0.21} = \frac{2.545}{0.21} = 12.12 \text{Nm}^3/\text{kg}$$

Question 07

에로션(Erosion) 침식에 대해 설명하시오.

해설 & 답

배관 및 밴드부분, 펌프의 회전차 등 유속이 큰 부분은 부식성 환경에서는 마모가 현저하며 이러한 현상을 에로션이라 하고 황산의 이송배관에서 일어나는 현상 또는 같은 환경에서 유속변화가 큰 부분이 마모가 심한 현상

Question 08

방진기초란 무엇인가?

해설 & 답

압축기 및 펌프설치 시 기초에 방진고무 등을 설치하여 진동이 일어나지 않도록 설계하는 기초

Question 09
위험도를 계산하는 식을 쓰고 설명하시오.

해설 & 답

$$H = \frac{u-L}{L}$$

u(폭발상한)%
L(폭발하한)%

Question 10
전기 방식법의 종류 4가지를 쓰시오.

해설 & 답

① 강제배류법   ② 유전양극법   ③ 선택배류법   ④ 외부전원법

Question 11
다음 보기의 가스 중 가연성 가스를 구분하시오.

[보기] C_2H_4O, SO_2, H_2S, CO, C_2H_2, CH_4, NH_3, Cl_2

해설 & 답

가연성가스 : C_2H_4O, H_2S, CO, C_2H_2, CH_4, NH_3

Question 12

질소 28g, 수소 4g이 혼합된 가스의 압력이 760mmHg일 때 질소의 분압을 구하시오.

해설 & 답

분압 = 전압 × $\dfrac{성분기체분자량}{전분자량}$ = $760\text{mmHg} \times \dfrac{28}{28+4}$ = 665mmHg

Question 13

도시가스의 압력을 구분하시오

해설 & 답

① 저압 : 1kg/cm^2 미만
② 중압 : 1kg/cm^2 이상 10kg/cm^2 미만
③ 고압 : 10kg/cm^2 이상

Question 14

도시가스 저압배관의 기밀시험 압력을 쓰시오.

해설 & 답

최고 사용 압력의 1.1배 또는 840mmH$_2$O 중 높은 압력

Question 15

산소용기의 압력계가 20℃에서 100kg/cm²를 나타내었다. 온도가 상승하여 40℃가 되었을 때 나타나는 압력은?

해설 & 답

$$\frac{P_1}{T_1} = \frac{P_2}{T_2}$$

$$P_2 = \frac{P_1 \times T_2}{T_1} = \frac{100 \times (273+40)}{(273+20)} = 106.82 \text{kg/cm}^2$$

Question 16

두개의 막의 수축팽창으로 가스를 측정하는 가스미터는?

해설 & 답

막식가스미터

Question 17

냉동기에서 불 응축가스를 제거하는 곳은?

해설 & 답

응축기

Question 18

반응속도는 농도와 어떤 관계가 있는지 설명하시오.

해설 & 답

비례관계

Question 19

공기액화 분리기에서 불순물제거방법 3가지를 쓰시오.

해설 & 답

① 여과기를 설치하여 아세틸렌, 산화질소제거
② 탄산가스 흡수기에서 탄산가스제거
③ 건조기에서 수분제거
④ 아세틸렌 흡착기에서 아세틸렌 등 기타 탄화수소 흡착

Question 20

다음 가스의 누설 검사지와 변색상태를 쓰시오.

[보기] $COCl_2$ C_2H_2 NH_3 Cl_2 HCN   CO H_2S

해설 & 답

① $COCl_2$: 하리슨 시험지, 심등색(오렌지색)
② C_2H_2 : 염화 제1동착염지, 적색
③ NH_3 : 적색리트머스시험지, 청색
④ Cl_2 : KI 전분지, 청색
⑤ HCN : 질산구리벤젠지, 청색
⑥ CO : 염화파라듐지, 흑색
⑦ H_2S : 연당지, 흑색

2005년도 제 38 회

Question 01 특정 고압가스의 종류 5가지를 쓰시오.

① 산소　② 수소　③ 아세틸렌　④ 액화염소　⑤ 액화암모니아 등

Question 02 저압배관의 유량공식에서 다음을 쓰시오.

(1) 관 길이가 $\frac{1}{3}$일 때 압력손실은 (　)배

(2) 가스유량이 2배일 때 압력손실은 (　)배

(3) 가스비중이 $\frac{1}{2}$일 때 압력손실은 (　)배

(4) 배관 내경이 $\frac{1}{2}$일 때 압력손실은 (　)배

(1) $\frac{1}{3}$

(2) 4

(3) $\frac{1}{2}$

(4) 32

Question 03

카바이트로 아세틸렌 제조 시 화학반응식을 쓰시오.

해설 & 답

$CaC_2 + 2H_2O \rightarrow Ca(OH)_2 + C_2H_2$

Question 04

내압 방폭구조를 설명하시오.

해설 & 답

용기 내부에서 폭발성가스 폭발하여도 압력에 견디고 내부의 폭발화염이 외부로 전해지지 않도록 한 구조

Question 05

재료표면에 액을 침투시킨 다음 닦아낸 후 홈이나 균열부분 등을 알아보는 비파괴 검사법은?

해설 & 답

형광침투법

Question 06

고속다기통 압축기의 용량 제어방법 4가지를 쓰시오.

해설 & 답

① 회전수가감법
② 클리어런스 증대법
③ 바이패스법
④ 일부실린더를 놀리는 법

Question 07

탱크의 직경이 6m, 8m 두 탱크의 이격거리는?

해설 & 답

$$l = \frac{D_1 + D_2}{4} = \frac{6+8}{4} = 3.5\text{m}$$

Question 08

메탄 1Nm^3 연소 이론공기량을 구하시오.

해설 & 답

CH₂O   CO₂HO
16kg $2 \times 22.4\text{Nm}^3$
22.4Nm^3 $2 \times 22.4\text{Nm}^3$
1Nm^3 x

$$x = \frac{1\text{Nm}^3 \times 2 \times 22.4\text{Nm}^3}{22.4\text{Nm}^3} = 2\text{Nm}^3/\text{Nm}^3$$

$$\therefore A_o = \frac{2}{0.21} = 9.52\text{Nm}^3/\text{Nm}^3$$

Question 09

상용압력이 200kg/cm² 일 때 안전밸브 작동압력은?

해설 & 답

안전밸브 작동압력 = $TP \times 0.8$ 배 이하
  = 상용압력 $\times 1.5 \times 0.8$
  = $200 \times 1.5 \times 0.8 = 240\text{kg/cm}^2$

Question 10

수소취성에 강한 금속 5가지를 쓰시오.

해설 & 답

① 바나듐 ② 몰리브덴 ③ 티탄 ④ 텅스텐 ⑤ 크롬

Question 11

공기를 액화시켜 산소를 분리하는 방법은?

해설 & 답

비등점차 이용

Question 12

공기의 압력이 20kg/cm²일 때 산소의 분압은?(단, 부피로 산소 21%, 질소 79%)

해설 & 답

$$분압 = 전압 \times \frac{성분기체부피}{전부피} = 20 \times \frac{21}{21+79}$$
$$= 4.2 \text{kg/cm}^2$$

Question 13

다음은 관의 표시법의 예이다. 이 중 −S−H는 무엇을 나타내는가?

SPPS−S−H−100A−SCh40×6

해설 & 답

열간가공이음매 없는 강관

Question 14

대기압이 740mmHg이고, 진공압이 260mmHg일 때 절대압력은 몇 bar인지 계산하시오.

해설 & 답

절대압력 = 대기압 − 진공압
= 740 − 260 = 480mmHg
∴ 760mmHg = 1.013bar
480mmHg = x
$$x = \frac{480 \text{mmHg} \times 1.013 \text{bar}}{760 \text{mmHg}} = 0.64 \text{bar}$$

Question 15

공기 1kg이 온도가 60℃에서 100kcal일을 할 때 엔트로피 변화량은?

해설 & 답

$$\triangle S = \frac{\triangle Q}{T} = \frac{100 \text{kcal/kg}}{273+60} = 0.3 \text{kcal/kg} \degree K$$

Question 16

산소용기의 최고충전압력이 150kg/cm^{2}이고, 바깥지름이 220mm, 인장강도가 65kg/mm^2, 안전율이 0.36일 때 산소용기 두께는?

해설 & 답

$$t = \frac{PD}{200SE} = \frac{150 \times 220}{200 \times 65 \times 0.36} = 7.05 \text{mm}$$

Question 17

다음에 열거한 용도와 관계가 있는 가스를 보기에서 찾아 쓰시오.

[보기] NO$_2$, C$_2$H$_2$, HCN, H$_2$S, NH$_3$

(1) 합성고무중합 (2) 의약용마취제
(3) 시안화마이드 생성 (4) 아세트산 및 알코올 제조

해설 & 답

(1) 합성고무중합 : H$_2$S
(2) 의약용마취제 : HCN
(3) 시안화마이드 생성 : NO$_2$
(4) 아세트산 및 알코올 제조 : CH$_3$NH$_2$

Question 18

3kg의 NH_3와 4kg의 CO_2로부터 요소를 생성시킬 경우 평 상태에서의 요소의 생성량은?(단, 평형에서의 생성율은 40%이다.)

해설 & 답

$2NH_3 + CO_2 \rightarrow (NH_2)_2CO + H_2O$
34g   44g   60g   18g
3000g   4000g x

$x = \dfrac{3000 \times 4000 \times 60}{34 \times 44} = 481283.42 = 481.28\text{kg} \times 0.4 = 192.5\text{kg}$

Question 19

도시가스 누출 자동차단기 또는 경보차단 장치의 차단부 설치위치는?

해설 & 답

검지부는 천정으로부터 검지부 하단까지의 거리가 30cm 이하

Question 20

역화의 원인을 쓰시오.

해설 & 답

① 부식에 의해 염공이 크게 되었을 때
② 노즐의 구경이 너무 큰 경우
③ 가스의 압력이 낮은 경우
④ 콕이 충분하게 열리지 않는 경우

Question 01

가수중의 탈수방법 3가지를 쓰시오.

① 고체를 흡수시키는 방법
② 액체를 흡수시키는 방법
③ 가압, 냉각시켜 응축 분리하는 방법

Question 02

폭굉의 정의, 폭굉 유도거리가 짧아지는 조건을 쓰시오.

① **정의** : 가스 중의 화염의 전파속도가 음속보다 큰 경우로 파면선단에 충격파라는 압력파가 생겨 격렬한 파괴 작용을 일으키는 현상
② **짧아지는 조건** : ㉠ 고압일수록
　　　　　　　　 ㉡ 정상연소속도가 큰 혼합가스일수록
　　　　　　　　 ㉢ 관속에 방해물이 있거나 관경이 가늘수록
　　　　　　　　 ㉣ 점화원의 에너지가 클수록

Question 03

가연성가스와 독성가스의 작업허용범위를 쓰시오.

해설 & 답

① 가연성가스 : 폭발하한의 $\frac{1}{4}$ 이하

② 독성가스 : 허용농도 이하

Question 04

다음을 설명하시오.
(1) TP (2) AP
(3) Tw (4) FP

해설 & 답

(1) TP : 내압시험압력
(2) AP : 기밀시험압력
(3) Tw : 아세틸렌 용기, 밸브, 다공질물 및 용제질량
(4) FP : 최고충전압력

Question 05

유량이 5m³/min이고, 양정이 26m, 효율이 70% 일 때 Ps는?

해설 & 답

$$Ps = \frac{1000 \times 5 \times 26}{75 \times 0.7 \times 60} = 41.27\,Ps$$

Question 06

기체반응속도 지배인자 4가지를 쓰시오.

해설 & 답

① 온도 ② 압력 ③ 농도 ④ 촉매

Question 07

다음 시안화수소에 대해 답하시오.
(1) 안정제   (2) 허용농도
(3) 몇 일을 저장하지 못하는가?   (4) 시험지 한 가지

해설 & 답

(1) **안정제** : 오산화인, 염화칼슘, 인산, 아황산가스, 동망, 황산
(2) **허용농도** : 10PPM 이하
(3) **몇 일을 저장하지 못하는가?** : 60일
(4) **시험지 한 가지** : 질산구리벤젠지

Question 08

다음의 정의를 설명하시오.
(1) 르샤틀리에 법칙   (2) 플레어스텍

해설 & 답

(1) **르샤틀리에 법칙** : 각 성분의 체적과 각 성분의 단독체적 폭발 한계치로 혼합가스의 폭발범위를 구함
(2) **플레어스텍** : 폐가스를 연소시켜 방출하는 것으로서 지표면에 미치는 복사열이 $4000 kcal/m^2 h$ 이하일 것

Question 09

압축기 충전 시 장점 3가지를 쓰시오.

해설 & 답

① 충전시간이 짧다.
② 잔 가스 회수가 가능하다.
③ 베이퍼록의 우려가 없다.

Question 10

황화수소의 제독제와 보유량을 쓰시오.

해설 & 답

가성소다(1140kg), 탄산소다(1500kg)

Question 11

프로판 44kg 연소 시 연소 가스량은 얼마인가?

해설 & 답

$C_3H_8 + 5O_2 \rightarrow 3CO_2 + 4H_2O$
44kg 3×22.4
∴ $67.2m^3$

Question 12

산소농도가 증가할수록 어떻게 되는가?
(1) 연소속도
(2) 발화온도
(3) 폭발한계
(4) 화염온도

해설 & 답

(1) **연소속도** : 증가한다.
(2) **발화온도** : 낮아진다.
(3) **폭발한계** : 넓어진다.
(4) **화염온도** : 높아진다.

Question 13

레이놀즈수공식을 쓰고 설명하시오.

해설 & 답

$$Re = \frac{\rho VD}{\mu}$$

$D(\text{cm})$ 관 지름 $V(\text{cm/s})$ 유속
$\rho(\text{g/cm}^3)$ 유체의 밀도 $\mu(\text{g/cm}\cdot\text{sec})$ 유체의 점도

Question 14

압축기 3단, 흡입압력이 2kg/cm², 토출압력이 80kg/cm²의 최저압축비는?

해설 & 답

$$Pr = \sqrt[3]{\frac{81}{3}} = 3$$

Question 15

메탄 85%, 에탄 10%, 질소 5%일 때 다음을 구하시오.
(1) 평균분자량
(2) 혼합가스밀도

해설 & 답

(1) 평균분자량 : $(16 \times 0.85 + 30 \times 0.1 + 28 \times 0.05) = 18g$

(2) 혼합가스밀도 : $\dfrac{M}{22.4} = \dfrac{18g}{22.4l} = 0.8g/l$

Question 16

가스 제조 장치에서 정전기 제거방법을 쓰시오.

해설 & 답

① 접지를 한다.
② 공기를 이온화한다.
③ 상대습도를 70% 이상으로 한다.

Question 17

긴급차단장치에 대해 설명하시오.

해설 & 답

화재, 배관의 파열, 오 조작 등의 사고 시 탱크에서 가스가 다량으로 유출되는 것 방지

Question 18

응력 부식 균열의 방지법 3가지를 쓰시오.

해설 & 답

① 응력을 낮춘다.
② 환경의 유해 성분제거
③ 합금의 조성변화
④ 외부전력 공급 또는 희생양극 사용
⑤ 부식 억제제의 첨가

Question 19

관의 높이가 2m, 관내의 유속이 5m/sec일 때 수주는 몇 m 인가?

해설 & 답

$$H = \frac{V^2}{2g} = \frac{5^2}{2 \times 9.8} = 1.27\text{m}$$

제 3 부 기출문제

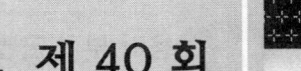

2006년도 제 40 회

Question 01

열전대 온도계의 원리와 종류, 측정대상을 쓰시오.

해설 & 답 *Explanation & Answer*

① **원리** : 열전쌍의 회로에서 두 접점사이의 온도차로 열기전력을 발생시켜 그 전위차를 측정하여 두 접점의 온도를 알 수 있는 계기
② **측정대상** : 열전쌍
③ **종류** : ㉠ 백금 – 백금로듐   ㉡ 크로멜 – 알루멜
　　　　　㉢ 철 – 콘스탄탄   ㉣ 동 – 콘스탄탄

Question 02

에탄 10kg 연소 시 132800kcal의 열이 발생했다. 수소 1kg의 연소열은 얼마인가?(단, 탄소 1kg의 연소열은 8100kcal이다.)

해설 & 답 *Explanation & Answer*

10kg = 132800

30kg = x　　　$x = \dfrac{30\text{kg} \times 132800}{10\text{kg}} = 398400\text{kcal}$

그런데, 여기서 (C_2H_6 = 탄소 24kg, 수소는 6kg이므로)
탄소 1kg의 연소열은 8100kcal
$24 \times 8100 = 194400\text{kcal}$
∴ $398400 - 194400 = 204000$
∴ $\dfrac{204000}{6} = 34000\text{kcal}$

Question 03

최고충전압력이 게이지로 200atm인 용기에 27°C에서 150atm.G로 산소가 들어있다. 온도상승으로 인한 안전밸브가 작동했다면 이때의 온도는 몇 °K인가?

해설 & 답

$$\frac{P_1}{T_1} = \frac{P_2}{T_2}$$

$$T_2 = \frac{T_1 \times P_2}{P_1} = \frac{(273+27)°K \times (150+1)}{(200+1)} = 225.37°K$$

Question 04

일산화탄소에 염소를 반응시키면 생성되는 물질을 쓰시오.

해설 & 답

$CO + Cl_2 \rightarrow COCl_2$ (포스겐 생성)

Question 05

내압 방폭구조를 설명하시오.

해설 & 답

용기 내부에서 폭발성가스가 폭발하여도 압력에 견디고 내부의 폭발화염이 외부로 전해지지 않도록 한 구조

아세틸렌 설비에 사용할 수 없는 금속과 이유를 설명하시오.

해설 & 답

① **사용할 수 없는 금속** : 동, 은, 수은
② **이유** : 동, 은, 수은은 폭발성 화합물질인 아세틸라이드를 생성하기 때문에(동아세틸라이드, 은아세틸라이드, 수은아세틸라이드)

 200A의 강관의 내압이 10kg/cm²이고, 외경은 220mm, 두께는 5mm일 때 원주방향응력은 얼마인가?

해설 & 답

$$t = \frac{P(D-2t)}{2t} = \frac{10 \times (22 - 2 \times 0.05)}{2 \times 0.05 \text{cm}} = 2190 \text{kg/cm}^2$$

 터보 압축기의 용량 제어방법을 쓰시오.

해설 & 답

① 회전수 가감에 의한 방법
② 흡입 및 토출댐퍼에 의한 조절
③ 깃 각도조절에 의한 방법
④ 바이패스에 의한 방법

Question 09

비중이 1.14인 액화가스를 5m³ 탱크에 저장 시 충전량은?

해설 & 답

$W = 0.9 d V_2 = 0.9 \times 1.14 \times 5000 l = 5130 l$

Question 10

액봉현상을 설명하고 대책을 쓰시오.

해설 & 답

① **액봉현상이란** : 액 관의 도중에 설치된 폐쇄된 밸브사이의 냉매 액이 밀봉된 상태로 운전정지 시 온도상승에 의한 체적팽창으로 열응력이 발생하여 액 관이 파열되는 현상

② **방지법**
  ㉠ 액 관 중에 폐쇄형 밸브를 직렬로 설치하지 않는다.
  ㉡ 냉동기 정지 시에 수액이 출구밸브를 닫은 후 액관 내의 냉매 액을 어느 정도 증발기로 회수 시킨 후 팽창밸브를 닫는다.

Question 11

내용적 50 l 용기에 온도가 27℃, 압력이 740mmHg로 충전 시 기체의 몰수는?

해설 & 답

$PV = nRT$

$n = \dfrac{PV}{RT} = \dfrac{\dfrac{740}{760} \times 1 \times 500}{0.082 \times (273 + 27)} = 19.79 \text{mol}$

Question 12. 플레어스텍의 설치목적을 쓰시오.

해설 & 답

가연성 폐가스 방출 시 폭발방지를 위해 가스를 연소시켜 방출하는 장치

Question 13. 도시가스 사업법의 변경허가 3가지를 쓰시오.

해설 & 답

① 가스의 종류 또는 열량의 변경
② 공급지역 또는 공급능력의 변경
③ 가스공급시설 중 가스발생설비, 액화가스저장탱크, 가스홀더의 종류 설치장소 또는 그 수의 변경

Question 14. 쿨링타워에서 물분무시 물의 비산을 방지하는 역할 3가지를 쓰시오.

해설 & 답

① 후두를 설치하는 방법
② 내부식 비산 방지장치
③ 후드 및 비산 방지판 병합타입

Question 15

가스기기 재료시험을 염수분무로 했을 때 염수의 농도, 온도, 시험시간은?

해설 & 답

① 염수의 농도 : 5%
② 온도 : 35℃
③ 시험시간 : 24, 48, 72시간

Question 16

0.5Kmol의 질소를 100℃ 상승시킬 때 드는 열량을 구하시오.(단, 질소의 비열은 0.25kcal/kg℃)

해설 & 답

$Q = 14\text{kg} \times 0.25\text{kcal/kg}°\text{C} \times 100 = 350\text{kcal}$

Question 17

LPG기구에서 노즐 지름이 10mm, 노즐직전의 가스압력이 30mm 수주일 때 LPG의 분출량 Q를 구하시오.(단, LPG의 가스비중의 1.5로 한다.)

해설 & 답

$Q = 0.009 D^2 \sqrt{\dfrac{h}{d}} = 0.009 \times 10^2 \times \sqrt{\dfrac{30}{1.5}} = 4.02 \text{m}^3/\text{h}$

18 다음 설명하는 가스의 작업할 수 있는 허용농도를 쓰시오.
(1) C_2H_2 (2) C_2H_4 (3) H_2
(4) Cl_2 (5) HCN

해설 & 답

(1) C_2H_2 : $(2.5\sim81) = 2.5 \times \dfrac{1}{4} = 0.625\%$

(2) C_2H_4 : $(3.1\sim32) = 3.1 \times \dfrac{1}{4} = 0.775\%$

(3) H_2 : $(4\sim75) = 4 \times \dfrac{1}{4} = 1\%$

(4) Cl_2 : (1PPM 이하) = 1PPM 이하

(5) HCN : (10PPM 이하) = 10PPM 이하

2007년도 제 41 회

Question 01

탄화수소에서 탄소수 증가 시 다음 사항들을 어떻게 되는가?(단, 증대한다. 감소한다로 답하시오.)
(1) 증기압 (2) 연소열 (3) 발화점
(4) 폭발 하한계 (5) 끓는점

해설 & 답

(1) **증기압** : 감소한다.
(2) **연소열** : 증대한다.
(3) **발화점** : 감소한다.
(4) **폭발 하한계** : 감소한다.
(5) **끓는점** : 증대한다.

Question 02

아세틸렌의 청정제 3가지를 쓰시오.

해설 & 답

① 에퓨렌 ② 리카솔 ③ 카타리솔

Question 03
인터록기구의 목적을 쓰시오.

해설 & 답

고압가스설비 내에서 이상사태 발생 시 자동으로 원재료의 공급을 차단시키는 장치

Question 04
생석회로 아세틸렌가스를 제조할 때의 반응식을 2가지를 쓰시오..

해설 & 답

① $CaO + 3C \rightarrow CaC_2 + CO$
② $CaC_2 + 2H_2O \rightarrow Ca(OH)_2 + C_2H_2$

Question 05
공기액화 분리장치에서 공기 중의 불순물을 제거하는 방법 2가지를 쓰시오.

해설 & 답

① 여과기를 설치하여 아세틸렌, 산화질소 등을 제거
② 탄산가스 흡수기에서 탄산가스제거
③ 건조기에서 수분제거
④ 아세틸렌 흡착기에서 아세틸렌 등 기타 탄화수소 흡착

Question 06
용기에 시안화수소 충전 시 순도와 안정제를 쓰시오.

해설 & 답

① 순도 : 98% 이상
② 안정제 : 오산화인, 염화칼슘, 인산, 아황산가스, 동망, 황산

Question 07
공기액화 분리장치에서 가스의 온도를 낮추는 방법 2가지를 쓰시오.

해설 & 답

① 쥬울톰슨효과   ② 단열팽창

Question 08
냉동기의 응축기의 압력이 높아지는 원인을 쓰시오.

해설 & 답

① 불응축 가스 존재 시
② 냉매의 과충전이나 응축부하 과대시
③ 응축기 냉각관에 스케일 등의 부착 시
④ 수냉식일 경우 냉각수량 부족 및 냉각수온 상승 시
⑤ 공랭식일 경우 송풍량부족 및 외기온도 상승 시

Question 09

밀폐된 용기 내에 1atm 27℃의 프로판과 산소가 2 : 8의 비율로 혼합되어 연소하여 아래와 같은 반응을 하고 화염온도가 3000°K가 되었다. 용기 내의 발생압력은?

해설 & 답

$2C_3H_8 + 8O_2 \rightarrow 4CO_2 + 6H_2O + 2CO + 2H_2$

$P_1V_1 = n_1R_1T_1 \qquad P_2V_2 = n_2R_2T_2$

$P_2 = \dfrac{P_1 \times n_2 \times T_2}{n_1 \times T_1} = \dfrac{1\text{atm} \times 14\text{mol} \times 3000°\text{K}}{10\text{mol} \times (273+27)} = 14\text{atm}$

Question 10

고압가스 용기재료로는 스테인레스강을 주로 사용한다. 이때 C, P, S의 함유량 기준은?

해설 & 답

① C : 0.55% 이하
② P : 0.04% 이하
③ S : 0.05% 이하

Question 11

도시가스 배관에서 본관의 정의는?

해설 & 답

도시가스 제조사업소의 부지경계에서 정압기까지 배관

보충 공급관 : 정압기에서 가스사용자가 소유하는 토지경계까지 배관
　　　내관 : 가스사용자가 소유하는 토지경계에서 연소기까지 배관

Question 12
긴급차단장치에 대해 설명하시오.

해설 & 답

화재, 배관의 파열, 오조작 등의 사고 시 탱크에서 가스가 다량으로 유출되는 것 방지

보충 조작거리 : 5m 이상(특정제조 10cm 이상)
동력원 : 액압, 기압, 전기, 스프링

Question 13
배관의 액체 및 이물질을 제거할 때 사용되는 것의 명칭은?

해설 & 답

피그(pig)

Question 14
안지름이 10cm인 관의 비중이 0.9, 점도가 15cp인 기름이 흐르고 있다. 이때의 임계유속은?

해설 & 답

$$임계유속 = \frac{2100 \times \frac{15}{100}}{10 \times 0.9} = 35 \text{cm/sec}$$

Question 15

관의 높이가 2m, 관내유속이 2m/sec, 배관에 설치된 압력계의 압력이 200KPa일 때 수두로 계산 시 몇 m인가?

해설 & 답

$$2m + \frac{2^2}{2 \times 9.8} + \frac{200\text{KPa} \times 1000}{10000} = 22.20$$

Question 16

LPG 충전업 허가대상 중 제외되는 경우 2가지를 쓰시오.

해설 & 답

① 고압가스 안전관리법상 고압가스 제조허가를 받은 경우
② 3ton 미만의 탱크에 1l 미만의 용기를 충전하는 경우

Question 17

LPG 충전기 내에(디스펜서) 플로트와 스트레이너가 내장되어 있는 장치의 명칭을 쓰시오.

해설 & 답

LP액 중 가스분리기

Question 18
룰오버 현상을 설명하시오.

해설 & 답

탱크 내에서 상·하층 액의 밀도차에 의해 액 이상부로 올라가면서 요동이 발생하는 현상

Question 19
가스공급소를 신규 공사할 경우 검사대상 설치공사 명칭 4가지를 쓰시오.

해설 & 답

① 배관설치공사
② 정압기 설치공사
③ 가스홀더 설치공사
④ 압송기 및 배송기 설치공사

Question 20
고압반응기의 압력이 압력게이지로 5kg/cm² 로 나타나 있다. 그리고, 반응실내기압계는 750mmHg를 가리키고 있다. 반응기 내부압력은 절대압력으로 몇 PSI인가?

해설 & 답

절대압력 = 게이지압력 + 대기압

$$= 5 + \frac{750}{760} \times 1.0332 \text{kg/cm}^2 = 5.99 \text{kg/cm}^2$$

∴ $1.0332 \text{kg/cm}^2 = 14.7 \text{PSI}$

$5.99 \text{kg/cm}^2 = x$ $\quad x = \dfrac{5.99 \text{kg/cm}^2 \times 14.7 \text{PSI}}{1.0332 \text{kg/cm}^2} = 85.22 \text{PSI}$

2007년도 제 42 회

Question 01
액화 공기에서 산소와 질소의 분류방법을 쓰시오.

해설 & 답

공기 중의 성분은 질소 약 78%, 산소 약 21%, 아르곤 약 1% 정도로 구성되어 있는데 각각의 비등점이 다르므로 이를 이용하여 액화시켜 비등점차를 이용하여 산소(-183℃), 아르곤(-186℃), 질소(-196℃)를 정류해 내는 방법

Question 02
다음과 같은 조성을 가진 천연가스의 이론 공기량을 계산하시오.(단, 공기 중 O_2 : 21%, N_2 : 79% 성분함유율 CH_4 : 95%, N_2 : 3%, O_2 : 2%)

해설 & 답

$$CH_4 + 2O_2 \rightarrow CO_2 + 2H_2O$$
$$22.4Nm^3 \quad 2 \times 22.4Nm^3$$
$$1Nm^3 \quad\quad x$$

$$x = \frac{1Nm^3 \times 2 \times 22.4Nm^3}{22.4Nm^3} = 2Nm^3/Nm^3$$

$$A_o = \frac{O_o}{0.21} = \frac{2}{0.21} = 9.52 \times 0.95 = 9.05 Nm^3/Nm^3$$

Question 03

몰리에르선도를 설명하시오.

해설 & 답

냉매의 성질을 나타내는 선도로 압력과 엔탈피 눈금이 있어 P-i 선도라 불리우며 냉동기의 크기, 냉동능력, 냉동기를 운전하는데 필요한 마력 등의 정밀한 계산이나 운전이 능률적으로 진행되고 있는가의 여부를 판단할 수 있다.

Question 04

LP가스 중 불순물에 의해 일어나는 응력부식 균열의 원인이 되는 불순물 명칭 및 이것에 의해 일어나기 쉬운 금속재료 명칭을 쓰시오.

해설 & 답

① 황화수소   ② 탄소강

Question 05

SiH_4의 또는 실란의 위험성을 쓰시오.

해설 & 답

인화수소 0.2% 이상 혼입폭발 및 암모니아 존재로 폭발성화합물 생성

Question 06 저장탱크에 LPG 충전 시 유의사항을 쓰시오.

해설 & 답

① 과 충전이 되지 않도록 한다.
② 충전 중 엔진정지 및 화기접촉주의
③ 충전 전 정전기 불꽃 방지를 위해 접지선을 접지한다.
④ 충전 중 연결부 누설 및 이탈에 주의하여 충전한다.

Question 07 누설 검지기의 형식 3가지를 쓰시오.

해설 & 답

① 반도체식   ② 격막갈바니방식   ③ 접촉연소식

Question 08 원심펌프에서 입구 증기압 저하로 일어나는 현상은?

해설 & 답

캐비테이션에 의한 현상

Question 09
저장탱크 온도계의 종류를 쓰시오.

해설 & 답

브르돈관식 온도계

Question 10
유량 5kgf/sec인 터빈에서 엔탈피가 200kcal/kgf 감소한다면 이 터빈의 출력은 몇 kW인가?

해설 & 답

$Q = 5 \times 200 = 1000 \text{kcal/sec}$

∴ 1kW = 860kcal이므로 $\dfrac{1000 \times 3600}{860 \text{kcal/h}} = 4190\text{W}$

Question 11
냉동기에서 피스톤 내부 윤활유가 너무 많이 있어 빼내어야 할 경우 작업순서는?

해설 & 답

① 냉동기 운전을 정지시킨다.
② 윤활유 드레인 밸브를 열어 호스로 윤활유 통에 윤활유를 빼낸다.
③ 액면계 주시하면서 정지 중 $\dfrac{2}{3}$ 위치에 있을 때 드레인 밸브를 닫는다.

제 3 부 기출문제

Question 12
저온에 강한 금속, 내식성이 가장 우수한 합금은?

해설 & 답

① 저온에서 강한 금속 : 동 및 동합금, 알루미늄, 니켈, 모네메탈
② 내식성이 가장 우수한 합금 : 크롬-망간강

Question 13
부탄, 메탄, 에탄, 프로판의 G.C 분석 시 검출순서를 쓰고 이유를 설명하시오.

해설 & 답

① 검출순서 : 메탄→에탄→프로판→부탄
② 이유 : 탄소수에 따라서 낮은 물질에서 높은 물질로 검출되며 이유는 컬럼과 물질의 결합력이 탄소수가 큰 물질일수록 강해 컬럼 내부에 오래 체류하기 때문

Question 14
아세틸렌 충전용기의 다공질물의 다공도는?

해설 & 답

75% 이상 92% 미만

Question 15

LPG 수입기지 플랜트를 완성하시오.

해설 & 답

저온저장설비 → 이송설비 → 고압저장설비 → 출하설비

Question 16

염소의 재해제를 쓰시오.

해설 & 답

① 소석회 ② 가성소다 ③ 탄산소다

Question 17

가스치환장소의 작업가능 농도를 쓰시오.

해설 & 답

① **가연성가스** : 폭발한계의 $\frac{1}{4}$ 이하
② **독성가스** : 허용농도 이하
③ **산소** : 18% 이상 22% 이하

Question 18

위험도의 계산식을 쓰고 아세틸렌의 위험도를 구하시오.

해설 & 답

① $H = \dfrac{u - L}{L}$

② 아세틸렌의 위험도 $= \dfrac{81 - 2.5}{2.5} = 31.4$

Question 19

냉동기의 응축온도가 24℃(R-12)일 때 압력계가 6.45kg/cm^2를 나타내었다. 불응축가스의 혼입여부를 판정하시오.(단, R-12의 24℃ 포화압력은 6.45kg/cm^2)

해설 & 답

$6.45\text{kg/cm}^2\text{a} - 1.0332\text{kg/cm}^2 = 5.4168\text{kg/cm}^2\text{g}$

게이지압력이 5.4168 이하 이어야하며 $6.45\text{kg/cm}^2\text{g}$로 나타내었으므로 불응축가스가 혼입되었다.

Question 20

$CaCN_2$(석회질소)가 고온의 수증기와 접촉 시 발생하는 것은?

해설 & 답

$CaCN_2 + 3H_2O \rightarrow CaCl_3 + 2NH_3$(암모니아)

Question 21

응축기 상부와 수액기 상부를 연결하는 관, 응축기와 수액기의 압력차로 인한 응축기의 액이 고여 전열면적이 적어져 응축능력이 떨어지는 것을 막는 관은?

해설 & 답

균압관

Question 22

독성가스밸브의 표시사항을 쓰시오.

해설 & 답

① 가스흐름방향 ② 관경 ③ 상용압력
④ 개폐방향 ⑤ 제조자명 또는 그 약호

Question 23

다음을 쓰시오.
(1) 크리프현상
(2) 질화란?

해설 & 답

(1) **크리프현상** : 350℃ 이상에서 재료에 일정한 하중을 가하면 시간의 경과와 더불어 변형이 증대되는 현상
(2) **질화란** : 암모니아 속에 함유된 질소성분이 분리되어 금속을 부식시키는 현상

Question 24

연소기구 연료의 가스의 호환성 판정지수 계산식을 쓰고 설명하시오.

해설 & 답

연료용기구의 연소성 측정은 웨버지수로 하며 식은 다음과 같다.

$WI = \dfrac{Hg}{\sqrt{d}}$ Hg : 도시가스의 총발열량 kcal/m^3

d : 도시가스의 공기에 대한 비중

Question 25

고압가스 안전관리법상 용기, 냉동기, 특정설비 제조등록 범위를 쓰시오.

해설 & 답

① **용기 제조** : 고압가스를 충전하기 위한 용기 그 부속품인 밸브 및 안전밸브를 제조하는 것
② **냉동기 제조** : 냉동능력 3Ton 이상인 냉동기를 제조한 것
③ **특정설비 제조** : 고압가스 저장탱크, 차량에 고정된 탱크 및 지식경제부령이 정하는 가스

01

내용적 25000ℓ인 액화산소저장탱크와 내용적 30m³인 압축산소용기가 배관으로 연결 된 경우 총 저장능력은?(단, 액화산소비중량 1.14g/ℓ, 산소의 최고충전압력은 15MPa이다.)

① 액화산소(W) $= 0.9 d V_2 = 0.9 \times 1.14 \times 25000 = 25650$ kg
② 압축산소(Q) $= (P+1) V_1 = (150+1) \times 30 m^3 = 4530 m^3$

02

역화방지밸브와 역류방지밸브 설치할 것 3가지를 쓰시오.

① 역화방지밸브
  ㉠ 가연성가스를 압축하는 압축기와 오토클레이브와의 사이
  ㉡ C_2H_2의 고압 건조기와 충전용교체밸브 사이
  ㉢ 수소화염 또는 산소, 아세틸렌 화염사용시설
  ㉣ 아세틸렌 충전용지관
② 역류방지밸브
  ㉠ 가연성가스 압축기와 유 분리기와의 사이
  ㉡ 가연성가스를 압축하는 압축기와 충전용주관과의 사이
  ㉢ 암모니아, 메탄올의 합성탑이나 정제탑과 압축기 사이
  ㉣ 독성가스 감압설비 뒤의 배관

Question 03

회전피스톤 바깥지름이 80mm, 그 두께가 150mm, 실린더의 안지름이 200mm, 회전수가 360rPM인 회전식 압축기의 시간당 피스톤 압출량(m^3/h)은?

해설 & 답

$$V = \frac{\pi}{4}(D^2 - d^2) \times t \times R \times 60$$
$$= 0.785(0.2^2 - 0.08^2) \times 0.15 \times 360 \times 60 = 85.46 m^3/h$$

Question 04

프로판가스와 부탄가스를 액화한 혼합물이 30℃에서 프로판과 부탄의 몰비가 4 : 1로 되었다면 이용기 내의 압력은 몇 atm인가?(단, 30℃에서 프로판 증기압 8000mmHg, 부탄 증기압 3000mmHg이다.)

해설 & 답

① 프로판
$$= \frac{4}{5} \times 8000 mmHg = 6400 mmHg \div 760 mmHg/1atm = 8.42 atm$$

② 부탄 $= \frac{1}{5} \times 3000 mmHg = 600 mmHg \div 760 mmHg/1atm = 0.789 atm$

Question 05

부피가 1.5l의 용기에 50℃에서 1몰의 기체가 존재 시 반데르바알스식을 사용하여 압력을 구하시오.(단, a : 3.6, b : 4.28×10^{-2} 이다.)

해설 & 답

$$\left(P + \frac{n^2 a}{V^2}\right)(V - nb) = nRT$$

$$P = \frac{nRT}{(V-nb) - \left(\frac{n^2 a}{V^2}\right)} = \frac{1 \times 0.082 \times (273 + 50)}{(1.5 - 1 \times 4.28 \times 10^{-2}) - \left(\frac{3.6 \times 1^2}{1.5^2}\right)}$$

$$= 16.576 \, atm$$

Question 06
스프링식 안전밸브의 작동압력을 쓰시오.

해설 & 답

① 0.7MPa 미만 시 : ±0.02MPa
② 0.7MPa 이상 시 : ±0.3%

Question 07
오토클레이브의 정의를 쓰고, 종류 4가지를 쓰시오.

해설 & 답

① 정의 : 고온, 고압 하에서 화학적인 합성반응을 위한 고압반응 가마(솥)
② 종류 : ㉠ 교반형 ㉡ 가스 교반형 ㉢ 회전형 ㉣ 진탕형

Question 08
CO_2의 제거 3가지와 용도 3가지를 쓰시오.

해설 & 답

① 제법
  ㉠ 석회석을 가열 분해시켜 제조($CaCO_3 \rightarrow Ca + CO_2 \uparrow$)
  ㉡ 코크스 연소 시 발생하는 가스 속에서 발생($C + O_2 \rightarrow CO_2$)
  ㉢ 일산화탄소 전화반응의 부산물($CO + H_2O \rightarrow CO_2 + H_2$)
② 용도
  ㉠ 드라이아이스 제조 ㉡ 소화제로 이용
  ㉢ 탄산수 사이다 등의 청량제에 이용
  ㉣ 요소($(NH_2)_2CO$)의 원료에 쓰이며 소다회 제조에 쓰인다.

Question 09

가연성가스 제조설비의 정전기제거 조치기준 3가지를 쓰시오.

해설 & 답

① 접지를 한다.
② 공기를 이온화한다.
③ 상대습도를 70% 이상으로 한다.

Question 10

다음 가스를 화학식으로 쓰시오.
(1) 메틸에틸에테르   (2) 메틸아민
(3) 프로필알콜   (4) 에틸아세테이트

해설 & 답

(1) $CH_3OC_2H_5$ (2) CH_3NH_2
(3) C_3H_7OH (4) $CH_3COOC_2H_5$

Question 11

안전장치의 종류 중 급격한 압력상승과 독성가스에 사용하며 부식성 유체나 괴상물질을 함유한 유체에도 사용가능한 것은?

해설 & 답

파열판식 안전밸브

Question 12

다층진공단열법의 특징 3가지를 쓰시오.

해설 & 답

① 단열층이 어느 정도 압력에 견디므로 내 층의 지지력이 있다.
② 고진공 단열법과 큰 차이 없는 50mm의 두께로 고진공 단열법보다 좋은 효과를 얻을 수 있다.
③ 최고의 단열성능을 얻으려면 10^{-5} Torr 정도의 높은 진공도를 필요로 한다.
④ 단열층 내의 온도분포가 복사전열의 영향으로 저온부분일수록 온도분포가 급하다. 이것을 저온 단열법으로서 열용량이 적으므로 유이하다.

Question 13

공기 액화분리기 복식정류탑에서 먼저 분리되는 가스와 나오는 부분은?

해설 & 답

① 질소   ② 상부정류탑

Question 14

최근 반도체산업, 태양전지산업에서 각광받고 있는 신소재물질로 특이한 냄새가 나는 무색의 기체이고 녹는점이 영하 187.4℃, 비점은 약 -112℃ 이고, 1% 이하는 불연성, 3% 이상은 공기 중에서 자연발화 하며 독성가스로 분류되는 것은?

해설 & 답

모노실란(SiH_4)

Question 15

다음 보기를 보고 산소/질소 분류공정을 차례대로 나열하시오.

[보기] ① 열교환기 ② 냉각기 ③ 산소/질소 분류기
       ④ 압축 공기분류기 ⑤ 펌프 ⑥ 충전
       ⑦ 압축기 ⑧ 드라이어

해설 & 답

⑦ → ⑧ → ② → ① → ④ → ③ → ⑤ → ⑥

Question 16

다음 가스의 시험지명 및 변색상태를 쓰시오.

(1) Cl_2
(2) C_2H_2
(3) CO
(4) HCN

해설 & 답

(1) Cl_2 : KI전분지, 청색
(2) C_2H_2 : 염화제1동착염지, 적색
(3) CO : 염화파라듐지, 흑색
(4) HCN : 질산구리벤젠지, 청색

Question 17

소형 저장탱크 충전 시 주의사항 3가지를 쓰시오.

해설 & 답

① 과 충전이 되지 않도록 한다.
② 충전 중엔 정지 및 화기 접촉주의
③ 충전 전 정전기불꽃 방지를 위해 접지선을 접지한다.

Question 18
냉동기의 이코노마이저의 역할을 설명하시오.

해설 & 답

고온, 고압의 가스를 저온, 저압의 가스와 열 교환시키는 장치

Question 19
핫 태핑에 대하여 설명하시오.

해설 & 답

가스, 유류, 증기 및 온수 등을 공급중단 없이 분기작업, 교체작업 및 보수작업을 위한 천공작업(Tapping) 또는 천공 및 차단작업

Question 20
지름이 15cm인 관에서 직경이 30cm인 돌연 확대 관으로 유량 0.2m³/sec로 흐를 때 손실수두는?

해설 & 답

$V_1 = \dfrac{Q}{A} = \dfrac{0.2}{0.785 \times 0.15^2} = 11.32 \text{m/sec}$

$V_2 = \dfrac{Q}{A} = \dfrac{0.2}{0.785 \times 0.3^2} = 2.83 \text{m/sec}^2$

$\therefore HL = \dfrac{(V_1 - V_2)^2}{2g} = \dfrac{(11.32 - 2.83)^2}{2 \times 9.8} = 3.68 \text{m}$

Question 01
LPG탱크에서 액이 요동치며, B.O.G(Boil of Gas)가 발생되는 현상을 무엇이라 하는가?

해설 & 답

롤오버 현상

Question 02
적화식연소법, 분젠식연소법을 설명하고 각각의 특징 3가지를 쓰시오.

해설 & 답

① **적화식연소법** : 가스를 그대로 대기 중에 분출하여 연소시키는 방법
② **적화식연소법의 특징**
  ㉠ 역화현상이 거의 없다.
  ㉡ 가스압력이 낮은 곳에서도 사용할 수 있다.
  ㉢ 불꽃의 온도가 낮다.
  ㉣ 자동온도조절장치 사용이 가능
③ **분젠식연소법** : 가스를 노즐로부터 분출시켜 이때 운동에너지에 의해 공기구멍이 연소에 필요한 공기(1차공기) 일부분을 흡입하고 연소불꽃 주위에서 확산에 의한 공기(2차공기)를 취해서 연소시키는 방법
④ **분젠식연소법의 특징**
  ㉠ 연소실이 작아도 된다.   ㉡ 댐퍼의 조절이 필요하다.
  ㉢ 리프팅현상과 소음이 발생 ㉣ 연소속도가 빠르고 화염온도가 높다.

Question 03. 도시가스 부취제 주입방식에서 위크 증발식에 대해 설명하시오.

해설 & 답

석면심을 통하여 부취제가 상승하고 여기에 가스가 접촉하는데 따라 부취제가 증발되어 부취가 되는 것으로서 부취제 첨가량의 조절이 어렵고 소규모 부취설비에 사용하는 방식

Question 04. 어큐뮬데이터를 설명하시오.

해설 & 답

유휴시간에 압력원이 축적되어 필요시에 방출하는 것

Question 05. 두 개의 등온변화(등온팽창, 등온압축), 두 개의 단열변화(단열압축, 단열팽창)로 이루어진 사이클은?

해설 & 답

카르노사이클

Question 06. 포스겐의 제독제 2가지와 보유수량을 쓰시오.

해설 & 답

① 가성소다(390kg)   ② 소석회(360kg)

Question 07. Fail Safe에 대하여 설명하시오.

해설 & 답

인간의 실수로 시스템 일부가 고장이 발생해도 2중, 3중의 안전조치를 하여 재해가 발생하지 않도록 일정기간 그 기능을 유지하여 안전을 확보하는 개념

Question 08. 보온재의 구비조건 5가지를 쓰시오.

해설 & 답

① 비중이 적어야 한다.(가벼워야 한다.)
② 열전도율이 적어야 한다.(보온능력이 커야한다.)
③ 사용온도에 견디고 변질되지 말아야 한다.
④ 기계적 강도가 있어야 한다.
⑤ 다공질이며 기공이 균일해야 한다.

Question 09
가스 폭명기 2가지 반응식을 쓰시오.

해설 & 답

① 수소 폭명기 : $2H_2 + O_2 \rightarrow 2H_2O + 136.6 kcal$
② 염소 폭명기 : $H_2 + Cl_2 \rightarrow 2HCl + 44 kcal$
③ 불소 폭명기 : $H_2 + F_2 \rightarrow 2HF + 128 kcal$

Question 10
몰리엘선도를 이용하는 주된 이유를 쓰시오.

해설 & 답

냉매의 성질을 나타내는 선도로 압력과 엔탈피 눈금이 있어 P-i선도라 불리우며 냉동기의 크기, 냉동능력, 냉동기를 운전하는데 필요한 마력 등의 정밀한 계산이나 운전이 능률적으로 진행되고 있는가 여부를 판단할 수 있다.

Question 11
다음 조정기의 압력을 쓰시오.

해설 & 답

① 1단 감압 저압 조정기
  ㉠ 입구압력 : $0.7 \sim 15.6 kg/cm^2$
  ㉡ 출구압력 : $230 \sim 330 mmH_2O$
② 1단 감압 준저압 조정기
  ㉠ 입구압력 : $1.0 \sim 15.6 kg/cm^2$
  ㉡ 출구압력 : $500 \sim 3000 mmH_2O$

Question 12

분자식 C_mH_n인 탄화수소 $1Nm^3$을 연소하는데 필요한 이론공기량을 계산식으로 나타내시오.(단, 이론공기량은 원자수 m, n으로 표시한다.)

해설 & 답

$$C_mH_n \left(m + \frac{n}{4}\right)O_2 \rightarrow mCO_2 + \frac{n}{2}H_2O$$

Question 13

암모니아는 요소비료 원료로 쓰인다. 요소비료 제조과정을 화학반응식으로 쓰시오.

해설 & 답

$2NH_3 + CO_2 \rightarrow (NH_2)CO_2 + H_2O$

Question 14

아세틸렌가스 불순물 5가지와 청정제 3가지를 쓰시오.

해설 & 답

① **불순물 5가지** : ㉠ 인화수소 ㉡ 암모니아 ㉢ 규화수소
　　　　　　　　　㉣ 황화수소 ㉤ 산소
② **청정제** : ㉠ 에퓨렌 ㉡ 리카솔 ㉢ 카타리솔

Question 15

이종금속 접촉에 의한 부식방지법(방식법) 4가지를 쓰시오.

해설 & 답 — Explanation & Answer

① 부식 환경 처리에 의한 방식법
② 부식 억제제(인히비터)에 의한 방법
③ 피복에 의한 방법
④ 전기적인 방식법

Question 16

500℃ 50기압에서 다음 화학반응식의 압력 평형상수 KP는 1.5×10^{-5}이다. 이온도에서 이 반응의 농도 평형상수 KC를 구하시오.

해설 & 답 — Explanation & Answer

$\dfrac{KP}{KC} = RT$ 에서

$KC = \dfrac{KP}{RT} = \dfrac{1.5 \times 10^{-5}}{0.082 \times (273 + 500)} = 2.36 \times 10^{-7}$

Question 17

오르잣트 분석기에서 500mℓ 시료가스를 CO_2, O_2, CO 순으로 흡수시켰는데 그때마다 남는 부피가 32.5mℓ, 24.2mℓ, 17.8mℓ 였다면 이들 가스의 조성은 어떻게 되는가?

해설 & 답 — Explanation & Answer

① $CO_2 = \dfrac{32.5}{500} \times 100 = 6.5\%$

② $O_2 = \dfrac{32.5 - 24.2}{500} \times 100 = 1.66\%$

③ $CO = \dfrac{24.2 - 17.8}{500} \times 100 = 1.28\%$

2009년도 제 45 회

Question 01

석탄, 목재가 연소초기에 화염을 내면서 연소하는 과정을 무슨 연소라 하는가?

해설 & 답

분해연소

Question 02

생석회 112kg을 코크스와 가열 반응시켜 아세틸렌을 제조하고자 한다. 생석회로부터 아세틸렌 생성과정을 반응식으로 쓰고, 칼슘카바이트가 112kg일 경우 아세틸렌의 생성량은 얼마인가?

해설 & 답

$CaO + 3C \rightarrow CaC_2 + CO - 111.6kcal$
56kg   64kg

112kg x $x = \dfrac{112kg \times 64kg}{56kg} = 128kg$

$CaC_2 + 2H_2O \rightarrow Ca(OH)_2 + C_2H_2$
64kg   26kg

128kg x $x = \dfrac{128kg \times 26kg}{64kg} = 52kg$

∴ 52kg

Question 03

사용압력이 P (kg/cm²), 허용응력 S (kg/cm²)일 때 강관의 스케줄 번호를 구하시오.

 해설 & 답

SCh. No $= \dfrac{P}{S} \times 1000$

Question 04

방사온도계는 물체에서의 전 방사에너지를 열전대와 측온 접점에 모아 열기전력을 측정하여 온도를 구한다. 방사온도계의 측정원리는 무슨 법칙을 이용한 것인가?

 해설 & 답

스테판 볼쯔만의 법칙

Question 05

독성가스제조시설의 식별표시의 바탕색과 글씨색상은?

해설 & 답

백색바탕 흑색 글씨(문자의 크기 : 가로×세로10cm 이상)로 30m의 거리에서 식별 가능

Question 06

고압가스제조시설에 설치하는 내부반응 감시 장치의 종류 3가지를 쓰시오.

해설 & 답

① 온도감시 장치　② 압력감시 장치　③ 유량감시 장치

Question 07

가스설비 등에 설치하는 과 압 안전장치는 압력상승 특성에 따라 선정하여야 한다. 급격한 압력상승의 우려가 있는 경우 또는 반응생성물이 성상에 따라 스프링식 안전밸브를 설치하는 것이 부적당한 경우에 설치하는 것

해설 & 답

파열판식 안전밸브

Question 08

가연성가스의 폭발한계에 관한 르샤틀리에 식을 쓰고 설명하시오.

해설 & 답

$$\frac{100}{L} = \frac{V_1}{L_1} + \frac{V_2}{L_2} + \frac{V_3}{L_3} \cdots \frac{V_n}{L_n}$$

$L(\%)$: 혼합가스의 폭발한계치

$L_1, L_2, L_3(\%)$: 각 성분의 단독 폭발한계치

$V_1, V_2, V_3(\%)$: 각 성분의 체적

두 가지 이상의 폭발가스 혼합 시 폭발범위는 각 단독가스의 하한 또는 상한 부피 % 따라 다르며 혼합가스 폭발범위 구하는 식으로 계산

Question 09

CO_2 1mol이 50°C에서 2*l*의 부피를 차지할 때의 압력을 구하시오.

해설 & 답

$$PV = nRT \quad P = \frac{nRT}{V} = \frac{1 \times 0.082 \times (273 + 50)}{2l} = 13.24 \text{atm}$$

Question 10

다음 보기에서 설명하는 시스템의 명칭을 쓰시오.

[보기] 연료공급 장치, 터빈부분, 발전장치, 열 회수장치, 제어보호통신 장치 등의 5개의 주요부분으로 구성되어 있다.

해설 & 답

열병합발전시스템

Question 11

공기액화 분리장치에서 액화산소 35*l*중 CH_4 3g, 부탄 3g이 혼합되어 있을 때 탄화수소의 탄소질량을 구하고, 공기액화 분리장치의 운전은 어떻게 해야 하는지 조치방법을 쓰시오.

해설 & 답

① 탄화수소의 탄소질량 $= \dfrac{\left(\dfrac{12 \times 3000}{16} + \dfrac{48 \times 3000}{58}\right) \times 5}{35} = 676 \text{mg}$

② 탄화수소의 탄소질량이 500mg 초과 시 공기액화 분리장치의 운전을 정지하고 액화산소방출

Question 12

도시가스배관으로 PE배관은 원칙적으로 노출배관으로 사용하지 못하게 되어 있으나 지상배관 연결을 위하여 금속관을 사용하여 보호조치를 한 경우 지면에서 얼마 이하로 노출하여 시공하는 경우에는 노출배관으로 사용할 수 있는가?

해설 & 답

30cm 이하

Question 13

이산화황은(SO_2)은 수분(H_2O)의 존재 하에서 표백작용을 한다. 그 이유를 반응식으로 쓰고, 설명하시오.

해설 & 답

① 반응식 : $SO_2 + H_2O \rightarrow H_2SO_3$
② 이유 : 물과 작용하여 생성된 SO_3의 환원력이 공기 중의 산소에 의해 색이 다시 나타나는 작용

Question 14

펌프에서 캐비테이션현상이 일어나지 않는 한도의 최대흡입양정을 유효흡입양정이라 한다. 펌프가 정상운전 할 수 있는 NPSH의 조건에 대해 쓰시오.

해설 & 답

유효흡입수두(NPSHa) = 필요흡입수두(NPSHr)가 같은 조건이면 캐비테이션 발생 시작초기현상이므로 항상 유효흡입수두 값이 필요흡입수두 값보다 30% 이상 커야한다.

Question 15

다음 그림은 공기액화 사이클이다. 어떤 사이클인가?

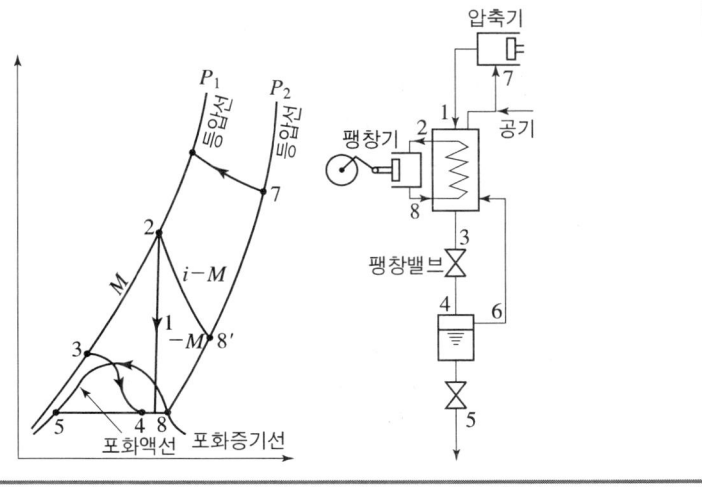

해설 & 답

클라우드식 공기액화 사이클

Question 16

도시가스 공급시설 중 전 공정시공 감리대상과 일부공정시공 감리대상을 각각 2가지씩 쓰시오.

해설 & 답

① 전 공정시공 감리대상
  ㉠ 일반 도시가스 사업자의 가스공급시설 중 본관, 공급관 및 사용자 공급관
  ㉡ 도시가스 사업자 외의 가스공급시설 설치자의 가스공급시설 중 배관
② 일부공정시공 감리대상
  ㉠ 가스 도매사업자의 가스공급시설
  ㉡ 일반 도시가스사업자 및 도시가스사업자 외의 가스공급시설 설치자의 제조 및 정압기

Question 17

액화산소 초저온용기에 대한 단열성능 시험 시 다음(조건)에서 침입열량을 구하시오.(단, 소수 5째에서 반올림하여 4째 자리까지 구함)

[조건] 기화된 가스량(W) : 20kg
시험용 가스의 기화잠열(q) : 60.9kcal/kg
측정시간(h) : 4시간, 초저온 용기의 내용적 : 1000l
액화산소의 비점 : -183℃, 대기온도 : 20℃

해설 & 답

$$침입열량 = \frac{W \cdot q}{H \cdot \triangle t \cdot V} = \frac{20 \times 60.9}{4 \times (20 - (-183)) \times 1000}$$
$$= 0.0015 \, kcal/l \, h \, ℃$$

Question 18

LPG 기화장치의 형식을 쓰시오.

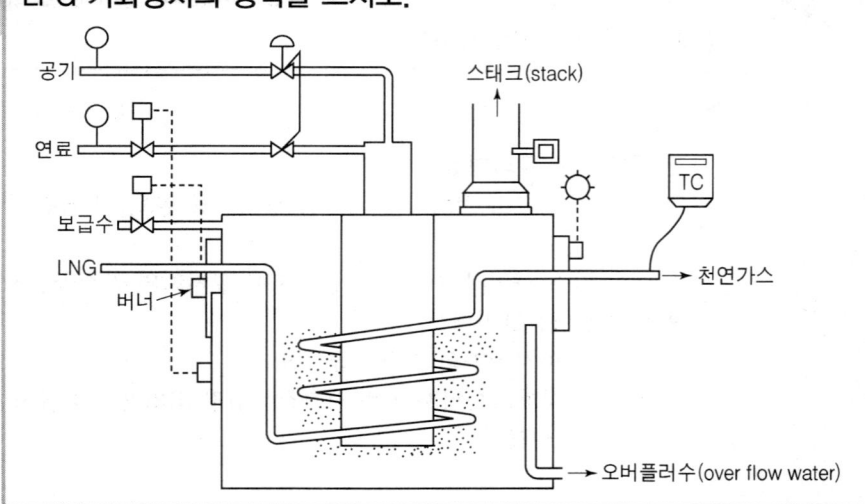

해설 & 답

서브머지드기화기

Question 19

가스의 호환성을 판단하는데 사용되는 Knoy지수에 대하여 식을 쓰고 각 인자에 대하여 설명하시오.

해설 & 답

$$C = \frac{\left(\dfrac{H}{8.9} - 175\right)}{\sqrt{d}}$$

C : Knoy지수

H : 시료가스 발열량 kcal/m^3

175 : 기준가스 1차 혼합기발생량 BTu/ft^3

d : 가스비중

8.9 : 표준가스발열량 kcal/m^{3}을 BTu/ft^{3}으로 환산한 계수

2009년도 제 46 회

Question 01
핫 태핑에 대하여 설명하시오.

해설 & 답

가스, 유류, 증기 및 온수 등을 공급중단 없이 분기작업, 교체작업 및 보수작업 등을 위한 천공작업 또는 천공 및 차단작업을 총칭

Question 02
C_2H_2, H_2, C_3H_8, CH_4, C_4H_{10}의 위험도를 구하시오.

해설 & 답

① C_2H_2 (2.5~81) = $\dfrac{81-2.5}{2.5}$ = 31.4

② H_2 (4~75) = $\dfrac{75-4}{4}$ = 17.75

③ C_3H_8 (2.1~9.5) = $\dfrac{9.5-2.1}{2.1}$ = 0.778

④ CH_4 (5~15) = $\dfrac{15-5}{5}$ = 2

⑤ C_4H_{10} (1.8~8.4) = $\dfrac{8.4-1.8}{1.8}$ = 3.67

Question 03

메탄 2000g이 8ℓ 용기에 220atm, 100℃일 때 압축계수를 구하시오.

해설 & 답

$$PV = \frac{ZWRT}{M}$$

$$Z = \frac{PVM}{WRT} = \frac{220 \times 8 \times 16}{2000 \times 0.082 \times (273 + 100)} = 0.460$$

Question 04

캐비테이션방지법 4가지를 쓰시오.

해설 & 답

① 펌프의 설치위치를 낮춘다.
② 관경을 크게 하고 유속을 줄인다.
③ 임펠러를 액 중에 완전히 잠기게 한다.
④ 흡입 측 손실수두를 줄인다.
⑤ 양 흡입 펌프를 설치한다.

Question 05

수성가스의 주성분을 쓰시오.

해설 & 답

CO, H_2

Question 06. 포스겐 제조 시 촉매를 쓰시오

해설 & 답

활성탄

Question 07. 2종 보호시설을 쓰시오.

해설 & 답

① 주택
② 사람을 수용하는 건축물로서 독립된 부분의 연면적이 100m² 이상 1000m² 미만인 것

Question 08. 초저온용기 단열성능 시험합격기준을 쓰시오.

해설 & 답

① 내용적이 1000l 이하 : 0.0005kcal/lh℃ 이하
② 내용적이 1000l 초과 : 0.002kcal/lh℃ 이하

Question 09

고압액화가스의 정의를 쓰시오.

해설 & 답

상용의 온도 또는 35℃에서 2kg/cm² 이상인 것

Question 10

용해도에 관한 법칙을 설명하시오.

해설 & 답

헨리의 법칙 : 일정한 온도에서 일정량의 용매에 용해하는 기체의 질량은 압력에 정비례한다. 물에 대한 용해도가 작은 기체(O_2, H_2, N_2, CO_2)등에만 적용되며 용해도가 큰 기체에는 적용되지 않는다.(NH_3, HCl, SO_2, H_2S)

Question 11

내용적이 25000 l 인 액화산소저장탱크와 내용적이 30m³인 압축산소용기가 배관으로 연결된 경우 총 저장능력은 몇 m³인가?(단, 액화산소의 비중량은 1.14g/l, 35℃에서 산소의 최고충전압력은 15MPa이다. 액화가스 10kg을 압축가스 1m³로 본다.)

해설 & 답

① $W = 0.9dV_2 = 0.9 \times 1.14 \times 25000 = 25650 \text{kg}/10 = 2565 \text{m}^3$
② $Q = (P+1)V_1 = (150+1) \times 30 = 4530 \text{m}^3$
∴ 총 저장능력 = $(2565 + 4530) \text{m}^3 = 4555.65 \text{m}^3$

Question 12
염화메틸을 냉매로 사용하는 장치에 사용해서는 안 되는 금속을 쓰시오.

해설 & 답

알루미늄 합금

보충 암모니아 : 동 및 동합금
프레온 : 2% 넘는 Mg을 함유한 Al합금

Question 13
내압 방폭구조를 설명하시오.

해설 & 답

용기 내부에서 폭발성가스가 폭발하여도 압력에 견디고 용기 내부의 폭발화염이 외부로 전해지지 않도록 한 구조

Question 14
응력 부식 균열방지법을 쓰시오.

해설 & 답

① 환경의 유해성분 제거 ② 합금의 조성변화
③ 외부전력 공급 또는 희생양극사용 ④ 부식억제제의 첨가

Question 15

산소, 메탄 등의 압축기와 충전용주관 과의 사이에 설치해야 하는 것은?

해설 & 답

수취기

Question 16

금속재료 변형율에서 길이방향 변형율(세로 변형율)과 횡 방향(가로 변형율)과의 관계식에 대해 쓰시오.

해설 & 답

m(프와송수)   프와송비 = $\dfrac{가로변형율}{세로변형율}$

Question 17

도시가스사업자는 전기방식시설의 효과적인 유지·관리를 위하여 측정 및 점검을 실시하여 이상이 발견될 경우에는 지체 없이 정상 기능유지에 필요한 조치를 강구하고 그 실시기록을 작성하여 보존하여야 한다. 1년에 1회 이상 점검하여야 하는 것은?

해설 & 답

관대지전위

Question 18

긴급차단장치 및 역류방지밸브가 설치된 배관에 조치하여야 하는 것은?

해설 & 답

긴급 탈압밸브 설치

Question 19

주울 톰슨 관계식을 쓰시오.

해설 & 답

$$\mu JT = \left(\frac{\partial T}{\partial P}\right)h$$

T : 온도 P : 압력 h : 엔탈피

Question 01

발열량이 530kcal/mol인 프로판의 표준상태의 1m³의 연소열은?

해설 & 답

$C_3H_8 + 5O_2 \rightarrow 3CO_2 + 4H_2O + 530\text{kcal/mol}$

44g   5×32g   3×44g   4×18g

22.4l 5×22.4l 3×22.4l 4×22.4l

∴   22l/mol = 530kcal/mol

1000l/m³ = x

$x = \dfrac{1000 l/\text{m}^3 \times 530 \text{kcal/mol}}{22.4 l/\text{mol}} = 23660.7 \text{kcal/m}^3$

Question 02

긴급차단장치와 플레어 스텍의 설치가 필요한 이유에 대해 쓰시오.

해설 & 답

① **긴급차단장치** : 제조시설에서 가스누설, 화재, 기타 이상사태 발생시 원거리에서 자동으로 밸브를 차단함으로써 피해를 차단 또는 확산을 방지하기 위함이다.

② **플레어스텍** : 제조시설에서 남은 가연성 폐가스를 외부로 방출시 연소시켜 방출함으로서 화재나 폭발을 방지하기 위함이다.

Question 03

유량이 5kg/sec인 터빈에서 엔탈피가 200kcal/kg 감소되었다면 이 터빈의 출력은 몇 kwh인가?

해설 & 답

$5\text{kg/sec} \times 200\text{kcal/kg} = 1000\text{kcal/sec}$

$1\text{sec} = 1000\text{kcal}$

$3600\text{sec/h} = x$

$x = \dfrac{3600\text{sec/h} \times 1000\text{kcal}}{1\text{sec}} = 3600000\text{kcal/h}$

$1\text{kWh} = 860\text{kcal/h}$

$x = 3600000\text{kcal/h}$

$x = \dfrac{1\text{kWh} \times 3600000}{860\text{kcal/h}} = 4186.04\text{kWh}$

Question 04

전기방식 설계를 위해 시설물에 대한 전위측정결과 구조물의 자연전위 −550mV, 가전극에서 방식하였을 때 전위는 −600mV 가전극에서 흐른 전류는 20mA, 완전방식 전위는 −850mV로 하였을 때 Mg Anode의 수량은? (단, Mg 양극접지저항치는 50Ω, Fe과 Mg의 전위차는 0.8V이다.)

해설 & 답

① 방식에 필요한 전위변화 : $850 - 550 = 300\text{mV}$

② 방식에 필요한 전류 : $20 \times \dfrac{300}{50} = 120\text{mA}$

③ 구조물접지저항 : $\dfrac{50}{20} = 2.5\Omega$

④ 1개의 마그네슘이 발생시키는 전류 : $\dfrac{0.8}{2.5 + 50} = 0.0512\text{A} = 15.2\text{mA}$

⑤ 수량 $= \dfrac{120}{15.2} = 7.89$ ∴ 8개

Question 05

표준대기압에서 진공도 80%일때 절대압력은(mmHg)?

해설 & 답

$760 \text{mmHg} \times 0.2 = 152 \text{mmHg}$

Question 06

비중이 0.8kg/l인 액화가스를 10m³ 탱크저장시 충전량은

해설 & 답

$W = 0.9 d V_2 = 0.9 \times 0.8 \times 10 \times 1000 = 7200 \, \text{kg}$

Question 07

공기 1kg, 50℃, 50kcal일 때 엔트로피 변화량은?

해설 & 답

$\Delta s = \dfrac{\Delta Q}{T} = \dfrac{50}{(273+50)} = 0.1547 \text{kcal/kg}$

Question 08

가스누설경보기의 검지부설치기준을 쓰시오.

해설 & 답

바닥면 둘레 20m당 1개 비율로 설치해야 한다.

Question 09

압력조정기 다이어프램 재료에 NBR(니트릴부타디엔고무)과 가소제의 함유량을 쓰시오.

해설 & 답

① NBR : 50% 이상 ② 가소제 : 18% 이하

Question 10

풍압이 200mmH$_2$O이고 풍량이 50m^3/mim에서 5마력 소비시 효율은?

해설 & 답

$$PS = \frac{Q \times P}{75 \times E \times 60}$$

$$E = \frac{Q \times P}{PS \times 75 \times 60} = \frac{50 \times 200}{5 \times 75 \times 60} \times 100 = 44.44\%$$

Question 11. I.E(Industrial Engineering)를 설명하시오.

해설 & 답

생산활동에 있어서 인력, 자재, 설비, 기술, 자금 등의 종합적 시스템의 개선 및 설정에 관한 문제를 다루는 기술 또는 개념의 체계

Question 12. 염소가스 확산 방지책 3가지를 쓰시오.

해설 & 답

① 액화가스나 물들의 용매에 희석하여 가스증기압을 저하하는 장치
② 액면에 흡착 중화조치를 하여 증발기화량을 낮추는 조치
③ 다른 탱크 또는 흡입장치에 연동된 중화설비, 이송조치

Question 13. Back fire에 대해 설명하시오.

해설 & 답

가스의 연소속도가 유출속도보다 빠른 경우로 화염 염공내부에서 연소하는 현상

Question 14

최근반도체 산업, 태양전지산업에서 각광받고 있는 신소재물질로 특이한 냄새가 나는 무색의 기체이고 녹는점이 −187.4℃ 비점은 약 −112℃이고 1% 이하는 불연성 3% 이상은 공기중에서 자연발화하며 독성가스로 분류되는 물질은?

해설 & 답

모노실란(SiH) : 5PPM 0.8~98%

Question 15

포스겐의 합성 반응식 및 가수분해 반응식을 쓰시오.

해설 & 답

① 합성반응식 : $CO + Cl_2 \rightarrow COCl_2$
② 가수분해응식 : $COCl_2 + H_2O \rightarrow CO_2 + 2HCl$

Question 16

$CaCN_2$(석회질소)가 고온의 수증기와 접촉시 발생하는 것은?

해설 & 답

$CaCN_2 + 3H_2O \rightarrow CaCO_3 + 2NH_3$
∴ 탄산칼슘, 암모니아

Question 17

독성가스제조시설 비상전력장치의 종류 3가지를 쓰시오.

해설 & 답

① 자가발전   ② 축전지장치   ③ 엔진구동안전장치
④ 스팀터빈구동발전   ⑤ 타처로부터의 공급

Question 18

두 개의 등온변화 두 개의 단열변화로 이루어진 카르노사이클에서 단열팽창과정은?

해설 & 답

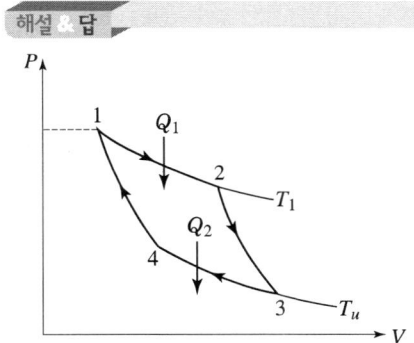

① 4 → 1 : 단열압축   ② 1 → 2 : 등온팽창
③ 2 → 3 : 단열팽창   ④ 3 → 4 : 등온압축

2010년도 제 48 회

Question 01
용기부속품 기호를 5가지 쓰시오.

해설 & 답

① AG : 아세틸렌가스를 충전하는 용기부속품
② PG : 압축가스를 충전하는 용기부속품
③ LT : 초저온 및 저온용기를 충전하는 용기부속품
④ LG : 액화석유가스외의 액화가스를 충전하는 용기부속품
⑤ LPG : 액화석유가스를 충전하는 용기부속품

Question 02
온도 60℃에서 기체의 체적의 같을 때 압력을 3배로 하면 온도는?

해설 & 답

$$\frac{P_1 V_1}{T_1} = \frac{P_2 V_2}{T_2}$$

$$\therefore \frac{P_1}{T_1} = \frac{P_2}{T_2}$$

$$\therefore T_2 = \frac{T_1 \times P_2}{P_1} = \frac{(273+60) \times 3}{1} = 999 - 273 = 726 ℃$$

Question 03

흡수식 냉동기 구성요소 4가지 쓰시오

해설 & 답 — Explanation & Answer

① 흡수식 ② 발생기 ③ 응축기 ④ 증발기

Question 04

다음가스의 누설시험지와 변색상태를 쓰시오.

해설 & 답 — Explanation & Answer

① 시안화수소 : 질산구리벤젠지, 청색
② 염소 : KI전분지, 청색
③ 아세틸렌 : 염화제1동착염지, 적색
④ 일산화탄소 : 염화파라듐지, 흑색
⑤ 암모니아 : 적색리트머스시험지, 청색

Question 05

아세틸렌의 위험도를 구하시오.

해설 & 답 — Explanation & Answer

$$H = \frac{U-L}{L} = \frac{81-2.5}{2.5} = 31.4$$

Question 06
잔가스용기를 간단히 쓰시오.

해설 & 답

∴ 고압가스의 충전질량 또는 충전압력이 $\frac{1}{2}$ 미만 충전되어있는 상태

Question 07
탱크로리에서 저장탱크로 LP가스를 이송, 충전하는 방법 3가지를 쓰시오.

해설 & 답

① 압축기에 의한 방법   ② 펌프에 의한 방법   ③ 차압에 의한 방법

Question 08
아세틸렌이 62%이상의 구리합금을 사용하지 못하는 이유를 반응식으로 쓰시오.

해설 & 답

$C_2H_2 + 2Cu \rightarrow Cu_2C_2 + H_2$
폭발화합물질인 동아세틸라이드를 생성하기 때문

Question 09

원통의 몸체속에서 밸브 봉을 축으로하여 평판이 회전함으로서 압력 손실이 적으며 유량조절이 가능하고 대유량에 사용하는 밸브는 무엇인가?

해설 & 답

버터플라이밸브(나비밸브)

Question 10

발열량이 13000kcal/m³일 때 발열량은 6500kcal/m³로 한다면 공기의 혼합량은 몇 m³인가?

해설 & 답

$$Q_2 = \frac{Q_1}{1+x} = 6500 = \frac{13000}{1+x}$$

$$\therefore \ 6500 + 6500x = 13000 \qquad 6500x = 13000 - 6500$$

$$x = \frac{6500}{6500} = 1 \, \mathrm{m^3}$$

Question 11

프로판가스의 압력이 14mmH2O이고 유량은 5m³/h이다. 부탄가스의 유량은 6m³/h일 때 부탄가스의 압력손실은? (단, C_3H_8의 비중은 1.5, C_4H_{16}의 비중은 2.0)

해설 & 답

$r_1 Q_1^2 = h_1$

$r_2 Q_2^2 = h_2$

$$\therefore \ h_2 = \frac{r^2 \times Q_2^2 \times h_1}{r_1 \times Q_1^2} = \frac{2.0 \times 6^2 \times 14}{1.5 \times 5^2} = 26.88 \, \mathrm{mmH_2O}$$

Question 12

방폭전기 기기 중 정션박스(Junction box), 풀박스(Pull box)접속함 등은 어떠한 구조인지 쓰시오.

해설 & 답

내압방폭구조 또는 안전증방폭구조

Question 13

수소의 제법중 수성가스법의 화학반응식을 쓰시오.

해설 & 답

반응식 : $C + H_2O \rightarrow CO + H_2$

Question 14

배관접합방법중 Ts식 이음방법을 간단히 쓰시오.

해설 & 답

용해에 의한 접착제와 경질염화비닐관의 탄성을 이용하여 접합하는 방법

Question 15

증발기에서 냉각부하는 3400kcal/h이고 열관류율은 250kcal/m²h℃이고 유체와 냉매의 대수평균온도차가 8℃일때 전열면적은?

해설 & 답

$$Q = KF\triangle t \quad F = \frac{Q}{K \times \triangle t} = \frac{3400}{250 \times 8} = 1.7 m^2$$

Question 16

생석회에서 C_2H_2이 제조되는 반응식을 두가지로 나타내시오.

해설 & 답

① $CaO + 3C \rightarrow CaC_2 + CO$
② $CaC_2 + 2H_2O \rightarrow Ca(OH)_2 + C_2H_2$

Question 17

공기중 산소량 증가시 어떻게 변화하는지 쓰시오.

해설 & 답

① **연소속도** : 빨라진다(증가한다). ② **발화온도** : 낮아진다.
③ **폭발범위** : 넓어진다. ④ **화염온도** : 높아진다.

Question 18

내장형가스 난방기용 압력조정기에 대한 염수분무시험에 관한 내용을 쓰시오.

해설 & 답

① 염수의 농도 : 5%
② 온도 : 35±2℃
③ 시험시간 : 48시간

Question 19

지하매설배관의 피복탐사법 중 Pearson Survey 원리를 쓰시오.

해설 & 답

교류를 이용하여 배관의 손상부분 탐측

01

공기액화 분리장치에서의 CO_2 흡수 반응식을 쓰시오.

해설 & 답

$2NaOH + CO_2 \rightarrow Na_2CO_3 + H_2O$

02

입상배관에 의한 마찰손실 수두공식을 쓰고 설명하시오.

해설 & 답

$$Q = K\sqrt{\frac{D^5 \cdot h}{S \cdot L}}$$

$$Q^2 = K^2 \times \frac{D^5 \times h}{S \times L}$$

$$h(mmH_2O) = \frac{Q^2 \times S \times L}{K^2 \times D^5}$$

여기서, h : 허용압력손실(mmH_2O)
  L : 관길이(m)
  Q : 유량(m^3/h)
  K : 폴의 정수(0.707)
  S : 가스비중
  D : 관내경(cm)

Question 03. 초저온 및 저온용기 3가지를 쓰시오.

해설 & 답

① 18-8 스텐레스강
② 9% 니켈강
③ 동 및 동합금강
④ 알루미늄합금강

Question 04. 암모니아 합성법을 3가지 쓰시오.

해설 & 답

① **고압합성법**($600kg/cm^2$ 전·후) : 클로오드법, 카자레법
② **중압합성법**($300kg/cm^2$ 전·후) : 뉴우데법, IG법, 케미그법
③ **저압합성법**($150kg/cm^2$ 전·후) : 케로그법, 구우데법

Question 05. 가스검지기 중 접속연소방식의 원리를 쓰시오.

해설 & 답

열선으로 검지된 가스를 연소 시킬 때 생기는 온도변화에 전기저항의 변화가 비례하는 것 이용

Question 06 수소의 품질검사를 쓰시오.

① 피롤카롤 또는 하이드로 썰파이드시약의 오르잣트법
② 순도 : 98.5% 이상
③ 최고충전압력 $120kg/cm^2$ 이상

Question 07 공기보다 가벼운 도시가스 정압기실 통풍구로 4가지 쓰시오.

① 배기구는 천정면으로부터 30cm 이내에 설치한다.
② 통풍구조는 환기구를 2 방향 이상 분산 설치한다.
③ 배기가스 출구는 지면에서 3m 이상의 높이에 설치하되 화기가 없는 안전한 장소에 설치한다.
④ 출입구 및 배기구의 관지름은 100mm 이상으로 하되 통풍이 양호하도록 한다.

Question 08 플레어스텍의 설치 목적을 쓰시오.

가연성가스를 대기 중에 방출 시 폭발방지위해 가스를 연소시켜 방출하는 장치
긴급차단밸브 : 화재, 배관의 파열, 오조작 등의 사고 시 탱크에서 가스가 다량으로 유출되는 것 방지

Question 09

일산화탄소를 고온, 고압에서 사용 시 주의사항을 쓰시오.

해설 & 답

철, 니켈, 코발트 등의 금속과 반응하여 금속카보닐을 생성 침탄의 원인

Question 10

에로션 침식에 대해 설명하시오.

해설 & 답

배관 및 밴드 부분, 펌프의 회전자 등 유속이 큰 부분은 부식성 환경에서는 마모가 현저하며 이러한 현상을 에로션이라 함

Question 11

배관지름을 2배할 경우 유속의 비는?

해설 & 답

반비례하므로 $\dfrac{1}{4}$로 감소

2011년도 제 49 회 작업형

Question 01
전기방식법의 종류 4가지를 쓰시오.(부식되는 동영상 보여주며)

해설 & 답

① 강제배류법　② 유전양극법
③ 선택배류법　④ 외부전원법

Question 02
다음은 탄산가스 용기 사진이다. 물음에 답하시오.(탄산가스용기 동영상 보여주며)
① C :　P :　S :
② 제조방법에 의한 용기 명칭
③ 이음매 없는 용기는 최고충전압력의 (　)배 이상을 곱한 수의 압력을 가할 때 항복을 일으키지 아니하는 두께
④ 최대두께와 최소두께의 차이는 평균 두께의 얼마인가?

해설 & 답

① C : 0.55% 이하　P : 0.04% 이하　S : 0.05% 이하
② 이음매 없는 용기
③ 1.7
④ 20% 이하

Question 03

도시가스 배관 설치 시 표시 및 간격을 쓰시오.(도로바닥 라인 마크 동영상 보여주며)

Explanation & Answer

① 표시 : 라인마크
② 간격 : 50m

Question 04

퓨즈 콕의 기밀시험 압력은 몇 kPa인가?(퓨즈 콕 동영상 보여주며)

Explanation & Answer

35kPa

Question 05

충전용기 그림에서의 다음 뜻하는 것은 무엇인가?(충전용기 동영상 보여주며)

① W   ② AG
③ TP   ④ AP
⑤ LG

Explanation & Answer

① W : 용기질량   ② AG ; 아세틸렌가스를 충전하는 용기 부속품
③ TP : 내압시험압력 ④ AP : 기밀시험압력
⑤ LG : 액화석유가스 외의 가스를 충전하는 용기 부속품

Question 06

가스 지하매설 배관의 재료 2가지를 쓰시오.(매설배관 동영상 보여주며)

해설 & 답

① PE관
② PLP관
③ 분말융착식 PE관

Question 07

액화석유가스 충전기 보호재 재질과 높이를 쓰시오.(액화석유가스 충전기 보호재 동영상 보여주며)

해설 & 답

① 재질 : 두께 12cm의 철근콘크리트
② 높이 : 80A 이상의 강관제와 45cm 이상

Question 08

다음 동영상의 명칭은 무엇이며 설치높이 기준을 쓰시오.(벤트스텍 동영상 보여주며)

해설 & 답

① 명칭 : 벤트스텍
② 설치기준 : ㉠ 가연성가스 : 착지농도가 폭발하한계값 미만
　　　　　　㉡ 독성가스 : 착지농도가 TLV-TWA 기준농도값 미만

Question 09

다음 동영상은 폴리에틸렌관 밸브이다. 다음에 답하시오.(폴리에틸렌관밸브 동영상 보여주며)
① 개폐용 핸들 열림표시   ② 표시사항

해설 & 답

① 시계바늘 반대방향
② ㉠ 제조년월 및 호칭지름   ㉡ 개폐방향
  ㉢ 상당 SDR값   ㉣ 재질
  ㉤ 최고사용압력   ㉥ 제조자명 또는 약호

Question 10

압축설비 확보공간과 공간 확보 제외사항을 쓰시오.(압축설비 동영상 보여주며)

해설 & 답

① **확보공간** : 1m 이상
② **제외대상** : 압축가스설비가 밀폐형구조물 안에 설치된 경우로서 유지, 보수를 위한 문 또는 창문이 설치된 경우

Question 11

교량하부의 배관과 지지대를 보여주면서 지지대의 설치간격은 몇 m인가?(교량하부 동영상 보여주며)

해설 & 답

16m

2011년도 제 50 회 필답형

Question 01
역화방지장치 설치위치 4가지를 쓰시오.

해설 & 답

① 가연성가스를 압축하는 압축기와 오토클레이보와의 사이
② 아세틸렌의 고압건조기와 충전용교체밸브와의 사이
③ 수소화염 또는 산소, 아세틸렌화염 사용 시설
④ 아세틸렌 충전용지관

Question 02
부탄과 메탄이 60% : 40%로 혼합되어 있을 때 $1m^3$를 연소시키는데 이론공기량은?

해설 & 답

$C_4H_{10} + 6.5O_2 \rightarrow 4CO_2 + 5H_2O$
$\quad\quad 6.5 \times 0.6 = 3.9\,m^3$
$CH_4 + 2O_2 \rightarrow CO_2 + 2H_2O$
$\quad\quad 2 \times 0.4 = 0.8\,m^3$
$\therefore O_o = (3.9 + 0.8) = 4.7\,m^3$
$\quad A_o = \dfrac{4.7}{0.21} = 22.38\,m^3$

Question 03. Fail Safe에 대해 설명하시오.

해설 & 답

인간의 실수로 시스템 일부가 고장이 발생해도 2중, 3중의 안전조치를 하여 재해가 발생하지 않도록 일정기간 기능을 유지하여 안전을 확보하는 개념

Question 04. 고압설비의 운전 종료시 점검사항 3가지를 쓰시오.

해설 & 답

① 제조설비내의 가스액 등의 불활성 가스 등에 의한 치환 상황
② 개방하는 제조설비와 다른 제조설비와의 차단상황
③ 부식, 마모, 손상, 폐쇄 결합부의 풀림 기초의 경사 및 침하

Question 05. 위험도의 정의를 쓰고, 아세틸렌, 프로판, 메탄의 위험도를 쓰시오.

해설 & 답

① **위험도** : 가연성가스의 폭발범위 상한값과 하한값의 차이를 하한값으로 나눈 것으로 그 값이 클수록 위험하다.

② **위험도**$(H) = \dfrac{u - L}{L}$

$C_2H_2(2.5 \sim 81\%) = \dfrac{81 - 2.5}{2.5} = 31.4$

$C_3H_8(2.1 \sim 9.5\%) = \dfrac{9.5 - 2.1}{2.1} = 3.52$

$CH_4(5 \sim 15\%) = \dfrac{15 - 5}{5} = 3$

Question 06

다음을 쓰시오.
① 절연부속품, 역류방지장치의 점검의 주기
② 외무전원법 관내지전위, 정류기출력, 배선접속상태 점검주기
③ 관내지전위의 측정 점검주기
④ 배류법 관내지전위, 정류기출력, 배선접속상태 점검주기

해설 & 답 — Explanation & Answer

① 6개월　② 3개월
③ 1년　　④ 3개월

Question 07

부분산화법이란?

해설 & 답 — Explanation & Answer

합성가스, 환원가스 또는 연료가스를 생성하기 위한 방법

Question 08

레드믹스콘크리트란?

해설 & 답 — Explanation & Answer

시멘트, 골재, 물, 혼화제의 재료를 이용하여 한국산업규격에 규정된 제조방법, 품질검사 등에 준하여 콘크리트 제조설비를 갖춘 공장에서 설계된 비율에 다라 제조한 후 믹스트럭을 이용 공사현장까지 운반되는 아직 굳지 않은 콘크리트를 말함

Question 09

LPG발열량이 26000kcal/m³일 때 발열량이 5000kcal/m³가 되려면 얼마의 공기가 필요한가?

해설 & 답

$$Q = \frac{Hl}{1+x} \quad 5000 = \frac{26000}{1+x}$$

$$5000(1+x) = 26000 \qquad 5000 + 5000x = 26000$$

$$5000x = 26000 - 5000 \qquad \therefore x = \frac{26000-5000}{5000} = 4.2\text{m}^3$$

Question 10

기계적 압축냉동법과 제트펌프냉각을 설명하시오.

해설 & 답

① **기계적 압축냉동법** : 냉동장치내에 냉매를 넣어 냉매를 압축하고 응축기에서 열교환하여 응축하여 팽창밸브를 거쳐 증발기에서 되냉각 물체와 열교환하여 냉각하며 압축기-응축기-팽창변-증발기 과정을 순환하면 냉각한다.

② **제트펌프냉각** : 높은 압력의 유체를 분사하여 주위의 열을 흡수하여 냉각

Question 11

가스발생설비와 가스정제설비 사이에 설치해야 하는 것은?

해설 & 답

역류방지밸브

Question 12

다음은 무엇인가?

- 분자량이 77.95이다.
- 융점이 −117℃이다.
- 폭발범위 0.8~98%
- 비점이 −62.5℃
- 임계온도 99.9℃
- 허용농도 0.05PPM 이하

해설 & 답

알진(AsH_3)

2011년도 제 50 회 작업형

Question 01

동영상 보일러를 보여주며 보일러 시공 확인서를 몇 년간 보관하여야 하는가?

해설 & 답

5년

Question 02

동영상으로 배관이 고정되어 있는 것 보여주며 관경이 30mm인 배관 500m, 관경이 150mm, 배관 3000m를 시공시 고정장치는 몇 개가 필요한가?

해설 & 답

배관의 고정 : 관경이 13mm 미만 : 1m 마다
　　　　　　관경이 13mm 이상 33mm 미만 : 2m 마다
　　　　　　관경이 33mm 이상 : 3m 마다

$$\therefore \left(\frac{500\,\text{m}}{2} + \frac{3000}{3}\right) = 1250개$$

Question 03

동영상으로 맞대기 융착 장면 보여주며 융착은 관경이 몇 mm 이상에서 실시하는지 쓰시오.

해설 & 답

75mm 이상

Question 04

동영상 보일러를 보여주며 보일러 설치시 주의 몇 cm 이내에 화기가 없는 곳에 배기구를 설치하는가?

해설 & 답

60cm

Question 05

동영상으로 아세틸렌용기를 보여주며 안전장치와 용융온도는?

해설 & 답

① 안전장치 : 가용전식
② 용융온도 : 105±5

Question 06

동영상에서 방폭구조를 보여주며 방폭구조 종류와 표시방법은?

해설 & 답

① 종류 : ㉠ 내압 방폭구조   ㉡ 유입 방폭구조
　　　　　㉢ 압력 방폭구조   ㉣ 본질안전 방폭구조
　　　　　㉤ 안전층 방폭구조   ㉥ 특수 방폭구조
② 표시방법 : ㉠ 내압(d)   ㉡ 유입(o)
　　　　　　　㉢ 압력(p)   ㉣ 본질(ia 또는 ib)
　　　　　　　㉤ 안전층(e)   ㉥ 특수(s)

Question 07

동영상에서 관대지 전위 측정용 터미널을 보여 주며
① 전위 변화가 몇 mV 이하로 하는가?
② 터미널 설치 시 300m 이내의 간격으로 설치하는 방식법

해설 & 답

① −850mV
② 유전양극법

Question 08

A는 아세틸렌용기(황색), B는 산소용기(녹색), C는 염소용기 D는 수소용기의 동영상을 보여주며
① A용기의 최고 충전압력은 몇 MPa인가?
② D용기의 품질검사시약과 순도는?

해설 & 답

① 1.55MPa
② ㉠ 피롤카롤 또는 하이드로썰파이드시약
　 ㉡ 98.5% 이상

Question 09

동영상에서 살수장치 보여주며 설치기준과 이 시설의 점검주기는?

해설 & 답

① **설치기준** : 목조 또는 가연성 건조물과 소형저장탱크와의 사이에 이격거리가 유지되지 않는 경우
② **점검주기** : 1개월에 1회 이상

Question 10

동영상에서 표시판 보여주며 도시가스배관을 시가지 외에 설치시 이것을 몇 m 마다 설치하는가?

해설 & 답

500m 마다

2012년도 제 51 회 필답형

Question 01. 진탕형 오토클레이브의 특징 4가지를 쓰시오.

해설 & 답

① 가스누설의 가능성이 없다.
② 뚜껑판의 뚫어진 구멍에 촉매가 끼워 들어갈 염려가 있다.
③ 장치전체가 진동하므로 압력계는 본체로부터 떨어져 설치하여야 한다.
④ 고압에서 사용할 수 있고 반응물의 오손이 없다.

Question 02. 가스시설과 가스배관의 내진등급을 설명하시오.

해설 & 답

① **가스시설** : 그 설비의 손상이나 기능상실이 사업소 경계 밖에 있는 공공의 생명과 재산에 막대한 피해를 초래 할 수 있을 뿐 아니라 사회의 정상적인 기능 유지에 심각한 지장을 가져올 수 있는 것
② **가스배관** : 배관의 손상이나 기능상실로 인해 공공의 생명과 재산에 막대한 피해를 초래할 뿐만아니라 사회 정상적인 기능유지에 심각한 기능을 가져올 수 있는 것으로서 도시가스배관의 경우에는 가스도매 사업자가 소유하거나 점유한 제조소 경계 외면으로부터 최초로 설치되는 차단장치 또는 분기점에 이르는 최고 사용압력이 6.9MPa 이상인 배관

Question 03

냉동장치의 과압안전장치의 종류 4가지를 쓰시오.

해설 & 답

① 고압차단장치 ② 압력릴리프장치
③ 파열판   ④ 안전밸브

Question 04

가스제조방식 중 나프타, 원유, 중유등의 분자량이 큰 탄화수소 원료를 고온 800~900℃로 분해하여 10000kcal/m³ 정도의 고열량의 가스를 제조하는 방식은?

해설 & 답

열 분해 프로세스

Question 05

관의 높이가 2m 관내유속이 2m/sec 배관에 설치 된 압력계의 압력이 200kPa일 때 수두로 계산시 얼마인가?

해설 & 답

$$수두 = 2m + \frac{2^2}{2 \times 9.8} + \frac{200 \times 10000}{10000} = 22.20m$$

Question 06

수소 10몰과 질소 5몰의 혼합기체가 나타내는 전압이 20기압 이었다면 이 때 수소의 분압은?

해설 & 답

분압 = 전압 × $\dfrac{성분기체몰수}{전몰수}$

= $20 \times \dfrac{10}{10+5}$ = 13.33기압

Question 07

이음매 없는 용기의 C. P. S 함유량을 쓰시오.

해설 & 답

① C : 0.55% 이하
② P : 0.04% 이하
③ S : 0.05% 이하

Question 08

이종금속 접촉에 의한 부식방지법 4가지를 쓰시오.

해설 & 답

① 부식환경 처리에 의한 방법
② 부식억제제에 의한 방법
③ 피복에 의한 방법
④ 전기적인 방식법

Question 09 수취기 입상관에 설치해야 하는 것 2가지를 쓰시오.

해설 & 답

① 플러그   ② 캡

Question 10 다음 중 방류둑 설치 대상을 4가지 쓰시오.

해설 & 답

① 고압가스 일반제조시설 : 가연성 및 산소의 액화가스 저장 능력이 1000톤 이상 시 (독성가스는 5톤 이상)
② 냉동제조시설 : 독성가스를 냉매로하는 수액기의 내용적이 $10000 l$ 이상 시
③ 액화석유가스 저장시설 : LPG의 저장능력이 1000톤 이상 시 (충전사업에서)
④ 도시가스 시설 중 LPG 용량이 다음과 같을 때
   ㉠ 가스도매사업 : 저장 능력이 500톤 이상 시
   ㉡ 일반도시가스사업 : 저장 능력이 1000톤 이상 시

2012년도 제 51 회 작업형

Question 01
다음 중 용기의 각인에서 TP.W의 뜻을 쓰시오.

해설 & 답

① TP : 내압시험 압력
② W : 용기질량

Question 02
다음 동영상은 가스배관이다. 배관의 표시사항 3가지와 관경이 40mm 인 경우 배관의 고정은 몇 m 마다 하는지 쓰시오.

해설 & 답

① 배관의 표시사항
  ㉠ 사용가스명
  ㉡ 최고사용압력
  ㉢ 가스흐름방향
② 배관의 고정
  관경이 13mm 미만 : 1m마다
  관경이 13mm 이상~33mm 미만 : 2m마다
  관경이 33mm 이상 : 3m마다

Question 03

공기 액화 분리장치에서 액화산소 5ℓ중 아세틸렌의 질량은 (①)mg 이고 탄화수소의 탄소질량이 (②)mg 초과 시 운전을 정지하고 액화산소 방출한다.

해설 & 답 — Explanation & Answer

① 아세틸렌의 질량 : 5mg
② 탄화수소의 탄소질량 : 500mg

Question 04

다음 동영상은 다기능 가스 안전 계량기이다. 작동압력 어떤 성능을 갖는 구조인지, 밸브차단시간은 얼마인지 쓰시오.

해설 & 답 — Explanation & Answer

① 작동압력 : 0.6±0.1kPa
② 성능 : 방폭성능
③ 밸브차단시간 : 75초 이내

Question 05

다음 동영상은 아세틸렌 용기이다. 내부물질 2가지는 쓰시오.

해설 & 답 — Explanation & Answer

① 아세톤
② DMF(디메틸포름아미드)

Question 06

다음 동영상은 저장탱크이다. 저장탱크의 지름이 40m, 30m일 경우 유지거리는?

해설 & 답

유지거리 $= \dfrac{D_1 + D_2}{4} = \dfrac{40 + 30}{4} = 17.5\text{m}$

Question 07

다음 동영상은 수소, 아세틸렌, 이산화탄소, 산소 용기이다. 용기도색을 쓰시오.

해설 & 답

① 수소 : 주황
② 아세틸렌 : 황색
③ 이산화탄소 : 청색
④ 산소 : 녹색

Question 08

다음 동영상의 휴즈콕크이나 작동유량과 재질을 쓰시오.

해설 & 답

① 작동유량 : ±10% 이내
② 재질 : 단조용황동

Question 09

다음 동영상은 강제 배기식 보일러이다. 다음에 답하시오.
① 상방향 건축물 돌출물과의 이격거리
② 바닥면 지면으로부터
③ 전방에 장애물이 없는 장소에 설치
④ 좌우, 상하에 설치된 돌출물과의 거리

해설 & 답

① 250mm 이상   ② 150mm 위쪽
③ 150mm 이내   ④ 150mm 이내

Question 10

다음 동영상은 배관 열융착상태의 CPE관 맞대기 열융착화면) 적합여부 판단기준 2가지를 쓰시오.

해설 & 답

① 이음부의 연결 오차는 배관 두께의 10% 이하일 것
② 맞대기 융착은 관경 75mm 이상의 직관과 이음관을 연결할 것

Question 11

다음 동영상을 보고 무엇인지 쓰고, 설치간격을 쓰시오.

해설 & 답

① **명칭** : 라인인마크
② **간격** : 50m

2012년도 제 52 회 필답형

Question 01
고압가스의 처리능력에 대해 쓰시오.

해설 & 답

처리설비 또는 감압설비가 압축, 액화 그밖의 방법으로 1일에 처리할 수 있는 가스의 양 (섭씨 0℃ 게이지 압력 $0kg/cm^2$의 상태기준)

Question 02
실린더 캐비넷을 설치하기 위한 조건 5가지를 쓰시오.

해설 & 답

① 실린더 캐비넷 내에는 가스누설을 검지하여 경보하기 위한 설비를 설치할 것
② 상용압력이상으로 행하는 기밀시험에 합격할 것
③ 실린더 캐비넷내의 배관 접속부 및 기기류는 용이하게 점검할 수 있는 구조일 것
④ 실린더 캐비넷 내의 배관에는 가스의 종류 및 유체의 흐름방향을 표시할 것
⑤ 실린더 캐비넷에 사용한 재료는 불연성일 것
⑥ 실린더 캐비넷 내의 밸브는 개폐방향 및 개폐상태를 표시 할 것
⑦ 실린더 캐비넷 내에는 가스누설을 검지하여 경보하기위한 설비를 설치할 것

Question 03
아세틸렌 불순물 5가지와 청정제 3가지를 쓰시오.

해설 & 답

① 불순물 5가지
  ㉠ 인화수소 ㉡ 황화수소 ㉢ 규화수소 ㉣ 암모니아 ㉤ 수소
② 청정제
  ㉠ 에퓨렌 ㉡ 리카솔 ㉢ 카타리솔

Question 04
피그의 용도를 쓰시오.

해설 & 답

배관내 잔류 이물질 제거

Question 05
흡수식 냉동기의 원리를 쓰시오.

해설 & 답

증발기내를 고진공상태(5~6mmHg)로 만들어 주면 물은 5℃ 정도에서 증발하여 여기에 AHU 등에서 돌아오는 냉수(약 12~14℃)를 순환시켜 열교환하면 7℃ 정도의 냉수를 얻을 수 있다.

Question 06. 공기를 액화하여 산소를 제조하는 방법을 설명하시오.

해설 & 답

공기를 액화시켜 산소와 (−183℃) 질소 (−196℃)의 비등점차를 이용 분별 병류하여 고비점 성분의 산소를 탑저에서 얻어내는 방법

Question 07. 식별표지

해설 & 답

① **식별표지의 바탕색과 글씨** : 백색바탕 흑색글씨
② **식별거리** : 30m 이상에서 식별가능
③ **문자의 크기** : 가로 및 세로 각 10cm 이상

Question 08. 암모니아 합성법 중 고압합성법의 종류 2가지를 쓰시오.

해설 & 답

① **고압합성법** : ㉠ 클로드법 ㉡ 카자레법
② **중압합성법** : ㉠ 뉴우데법 ㉡ IG법 ㉢ 케미그법 ㉣ 동공시법 ㉤ J.C.I법
③ **저압합성법** : ㉠ 케로그법 ㉡ 구우테법

Question 09

내용적이 500ℓ의 초저온 용기에서 250kg을 충전후 20시간 방치하였을 때 200kg인 경우 이초저온 용기의 단열 성능시험을 계산하시오. (단, 기화잠열 51kcal/kg, 외기온도 20℃ 액화산소의 비점은 -183℃로 한다.)

해설 & 답

$$\frac{W \cdot q}{H \cdot \Delta t \cdot V} = \frac{(250-200) \times 51}{20 \times (180+23) \times 500} = 0.00125 \, kcal/l \cdot h \cdot ℃$$

Question 10

특수방폭구조에 대해 설명하시오.

해설 & 답

가연성가스에 점화를 방지할 수 있다는 것이 시험. 기타의 방법에 의해 확인된 구조

Question 11

액체중에 피검사물에 침지케 하여 균열 등의 부분에 액을 침투 시킨 다음 표면의 침투액을 씻어내고 현상액을 사용하여 균열등에 남아있는 침투액을 출현시키는 방법을 무엇이라고하며 종류2가지를 쓰시오.

해설 & 답

① 침투검사
② 염료침투검사
③ 형광침투검사

2012년도 제 52 회 작업형

Question 01

다음 동영상은 액화 천연가스 탱크이다. 내진설계 제외기준 2가지를 쓰시오.

해설 & 답

① 지하에 설치되는 시설
② 저장능력 3톤 미만이 저장탱크

Question 02

다음 동영상은 배관의 구경이 300mm인 교량다리 하부의 지지대 동영상이다 최대지지 간격과 U볼트와 배관사이의 조치방법을 쓰시오.

해설 & 답

① **지지간격** : 16m
② **조치방법** : 고무판 또는 플라스틱 등을 삽입한다.
[참고] 지지간격 ① 80mm : 5m
　　　　　　　　② 100mm : 8m
　　　　　　　　③ 150mm : 10m
　　　　　　　　④ 200mm : 12m
　　　　　　　　⑤ 300mm : 16m
　　　　　　　　⑥ 500mm : 20m
　　　　　　　　⑦ 600mm : 25m

Question 03

배관의 전기방식 조치기준에서 토양중에 있는 배관의 부식방지전위, 황산염환원 박테리아가 번식하는 토양에서의 기준전극, 자연전위와의 전위변화는 얼마인가?

해설 & 답

① 토양중에 있는 배관의 부식 방지 전위 : −0.85V 이하
② 황산염환원 박테리아가 번식하는 토양 : −0.95V 이하
③ 자연전위와의 전위변화 : −300mV 이하

Question 04

다음 동영상은 도시가스배관의 도로에 매설시 표시하는 것이다. 명칭과 설치거리를 쓰시오.

해설 & 답

① 명칭 : 라인마크
② 설치거리 : 50m

Question 05

다음 동영상의 명칭과 설치목적을 쓰시오.

해설 & 답

① 명칭 : 피그
② 설치목적 : 배관내의 잔류 불순물을 제거하기 위해

Question 06

휴즈콕의 기밀성능 기준, 콕의 성능기준, 몸통 및 덮개의 재질을 쓰시오.

해설 & 답

① 기밀성능기준 : 35kPa
② 콕의성능기준 : 0.588N/m
③ 몸통 및 덮개의 재질 : 단조용황동봉

Question 07

다음 동영상은 벤트스텍이다. 물음에 답하시오.
① 벤트스텍 설치 높이기준
② 벤트스텍과 가스발생설비 사이에 설치하는 장치의 명칭을 쓰시오.

해설 & 답

① 가연성 가스는 착지농도가 폭발 하한계값 미만으로하고, 독성가스는 TLW-TWA 기준 농도값 미만으로 한다.
② 기액분리기

Question 08

입상관의 정의를 쓰시오.

해설 & 답

수용가에 가스를 공급하기 위해 건축물에 수직으로 설치하는 배관을 말한다.

Question 09
다음 동영상을 보고 연소기 형식을 쓰시오.

해설 & 답

① **밀폐식**(강제급배기식) : 보일러에 해당
③ **반 밀폐식**(강제배기식) : 가정용 보일러에 해당

Question 10
다음 동영상에서 용기의 TW가 무엇인지 쓰시오. (아세틸렌)

해설 & 답

용기. 밸브 다공질물 및 용제질량

Question 11
PE관을 양쪽에서 맞춘 다음 가운데를 깎아내고 열융착시켜 이음하는 방법을 무엇이라 하는가?

해설 & 답

맞대기 융착
이외에도 소켓융착. 새들융착이 있다.

2013년도 제 53 회 필답형

Question 01

프로판 $10m^3$가 완전 연소시 필요한 이론공기량을 구하시오.

해설 & 답

$C_3H_8 + 5O_2 \rightarrow 3CO_2 + 4H_2O$
$22.4m^3 \quad 5\times 22.4m^3$
$10m^3 \quad\quad x$

$x = \dfrac{10m^3 \times 5 \times 22.4m^3}{22.4m^3} = 50m^3$

$A_o = \dfrac{50}{0.21} = 238.10m^3$

Question 02

가스 비중이 0.6이라고 하면 지상 2m 지점과 지표면과의 압력 차이는 몇 mmH_2O인가?

해설 & 답

$H = 1.293(1-S)h = 1.293(1-0.6)\times 20 = 10.344 mmH_2O$

Question 03

역류방지밸브, 역화방지장치 설치 할 것 3가지씩 쓰시오.

해설 & 답

① 역류방지밸브 : ㉠ 가연성가스 압축기와 충전용 주관과의 사이
　　　　　　　　㉡ C_2H_2의 유분리기와 고압 건조기 사이
　　　　　　　　㉢ 암모니아, 메탄올 합성탑이나, 정제탑과 압축기 사이
　　　　　　　　㉣ 액화염소, 액화암모니아의 감압설비와 당해가스 반응 설비배관

② 역화방지장치 : ㉠ 가연성가스를 압축하는 압축기와 오토클레이브와의 사이
　　　　　　　　㉡ C_2H_2의 고압건조기와 충전용 교체 밸브사이의 배관
　　　　　　　　㉢ 수소화염 또는 산소, 아세틸렌 화염을 사용하는 시설
　　　　　　　　㉣ 아세틸렌 충전용지관

Question 04

압력 조정기 종류에 따른 입구압력 및 조정압력을 쓰시오.

해설 & 답

종류	입구압력	조정압력
1단 감압 저압 조정기	$0.7kg/cm^2 \sim 15.6kg/cm^2$	$230 \sim 330 mmH_2O$
1단 감압 준저압 조정기	$1.0kg/cm^2 \sim 15.6kg/cm^2$	$500 \sim 3000 mmH_2O$
2단 감압 1차용 조정기	$1.0kg/cm^2 \sim 15.6kg/cm^2$	$0.57 \sim 0.83 kg/cm^2$
2단 2차용 조정기	$0.25kg/cm^2 \sim 3.5kg/cm^2$	$230 \sim 330 mmH_2O$
자동 절체식 일체형 조정기	$1.0kg/cm^2 \sim 15.6kg/cm^2$	$255 \sim 330 mmH_2O$
자동 절체식 분리형 조정기	$1.0kg/cm^2 \sim 15.6kg/cm^2$	$0.3 \sim 0.83 kg/cm^2$

[참고] $1kPa = 100 mmH_2O$
　　　$1MPa = 10 kg/cm^2$

Question 05

산화에틸렌 충전 기준을 쓰시오.

해설 & 답

① 질소, 탄산가스로 치환하고 항상 5℃ 이하로 유지
② 용기에 충전시 그 내부를 질소, 탄산가스로 바꾼 후 충전 (산, 알카리를 함유치 않게)
③ 충전용기는 45℃에서 4kg/cm² 이상이 되도록 질소, 탄산가스를 충전

Question 06

송수량이 2000ℓ/min, 전 양정이 60m인 펌프의 소요동력은 효율은 65%이다.)

해설 & 답

$$Kw = \frac{r \times Q \times H}{102 \times E \times 60} = \frac{1000 \times 2 \times 60}{102 \times 0.65 \times 60} = 30.16 kW$$

Question 07

다음 비중이 0.8이고 지름이 100mm이며 유출속도가 5m/sec일 때 중량유량을 구하시오.

해설 & 답

$$중량유량 = \rho \times Q \times V$$
$$= 0.8 \times 1000 \times \frac{3.14}{4} \times 0.1^2 \times 5$$
$$= 31.4 kgf/sec$$

Question 08

반지름이 300mm이고 두께가 20mm일 경우 배관 맞대기 용접시 이음매 간격을 계산 하시오.

해설 & 답

이음매 간격 = $2.5 \times \sqrt{D \times t}$
$= 2.5 \times \sqrt{300 \times 20}$
$= 193.6 \text{mm}$

Question 09

초저온 액화산소에 탄소강을 사용하려고 하는데 사용가능 여부와 그 이유를 설명하시오.

해설 & 답

① 사용여부 : 부적합
② 이유 : 탄소강은 저온 취성으로 인한 파괴의 위험성이 있기 때문에

Question 10

다음은 독성가스에 대한 정의 내용이다. ( ) 넣으시오.

독성가스는 흰쥐집단에 (①)시간 방치하여 (②)일 이내에 (③)%가 치사하게 되는 농도로서 허용 농도는 (④) 이하이다.

해설 & 답

① 1
② 14
③ 50
④ $\dfrac{5000}{100만}$

2013년도 제 53 회 작업형

Question 01
전위 측정용 터미널 설치 간격을 쓰시오.

해설 & 답

① 외부전원법 : 500m 이내
② 유전양극법 : 300m 이내
③ 선택배류법 : 300m 이내

Question 02
다음 동영상의 명칭을 쓰고 액화산소 중 아세틸렌의 질량이 몇 mg이 초과시 액화산소를 방출해야 하나?

해설 & 답

① 명칭 : 공기액화 분리장치
② 액화산소 5L 중 아세틸렌의 질량 5mg 초과시 탄화수소의 탄소질량은 500mmg초과 방출

Question 03

LPG의 충전방법을 4가지 쓰시오.

해설 & 답

① 차압에 의한 방법
② 압축기에 의한 방법
③ 균압관이 있는 펌프에 의한 방법
④ 균압관이 없는 펌프에 의한 방법

Question 04

다음 동영상의 명칭과 용도를 쓰시오.

해설 & 답

① 명칭 : 피그
② 용도 : 배관내 잔류 이물질 제거

Question 05

맞대기 용착 이음의 두께가 30mm인 경우 비드 폭의 최소치와 최대치를 쓰시오.

해설 & 답

① 최소치 : $3 + 0.5t = 3 + 0.5 \times 30 = 18\,mm$
② 최대치 : $3 + 0.75t = 3 + 0.75 \times 30 = 25.5\,mm$

Question 06

다음 동영상을 보고 물음에 답하시오.
(1) 충전 호스 길이는?
(2) 충전 호스 끝에 있는 것은?
(3) 캐노피에 배관이 통과하는 경우 무엇을 설치하는가?
(4) 캐노피의 면적은 공지 면적의 얼마 이하인가?

해설 & 답

(1) 5m 이내
(2) 정전기 제거 장치
(3) 점검구
(4) $\frac{1}{2}$ 이하

Question 07

LPG용기 보관 장소의 자연 환기 기준을 3가지 쓰시오.

해설 & 답

① 환기구는 바닥면에 접하고 외기에 면하게 설치한다.
② 환기구의 통풍 가능 면적의 합계는 바닥면적 $1m^2$마다 $300cm^2$의 비율계산한 면적이상(1개 환기구 면적은 $2400cm^2$ 이하로 한다.) 일 것
③ 사방을 방호벽 등으로 설치하는 경우에는 환기구를 2방향 이상으로 분산 설치 할 것

Question 08

다음 동영상을 보고 물음에 답하시오. (산소, 수소, 아세틸, 탄산가스)

(1) 2.5MPa로 충전시 희석제를 쓰시오.
(2) 아세틸렌용기의 글씨색은?
(3) 용기밸브 및 내부에 있는 유지류를 제거하여야 하는 것은?

해설 & 답

(1) ① 메탄 ② 일산화탄소 ③ 에틸렌 ④ 질소 ⑤ 수소 ⑥ 프로판
(2) 흑색
(3) 산소

Question 09

다음 동영상을 보고 답하시오. (반 밀폐식 보일러)

(1) 전용 보일러의 벽의 구조

해설 & 답

(1) 내화 구조의 벽

Question 10

밀폐식 보일러는 원칙상 사람이 생활하는 곳이나 환기가 잘 안되는 곳은 설치가 안되는데 불가피하게 설치해야 할 경우 조건을 쓰시오.

해설 & 답

① 보일러와 배기통의 결합을 나사식 또는 플랜지식 등으로 하여 배기통이 보일러에서 이탈되지 않도록 밀폐식 보일러를 설치한 경우
② 막을수 없는 구조의 환기구가 외기와 직접 통하도록 설치되어 있고 그 환기구의 크기가 바닥 면적 $1m^2$이다. $300cm^2$의 비율로 계산한 면적 이상인 곳에 밀폐식 보일러를 설치한 경우

제 3 부 기출문제

2013년도 제 54 회 필답형

Question 01

다음 냉동기에 사용하면 안되는 금속을 쓰시오.
(1) 물   (2) 암모니아
(3) 염화메틸   (4) 프레온

해설 & 답 *Explanation & Answer*

(1) **물** : 순도 99.7% 미만의 알루미늄
(2) **암모니아** : 동 및 동합금
(3) **염화메틸** : 알루미늄
(4) **프레온** : 2%를 넘는 마그네슘을 함유한 알루미늄 합금

Question 02

하중이 1000N이고 지름이 20mm일 때 응력은 얼마인가?

해설 & 답 *Explanation & Answer*

$$G = \frac{W}{A} = \frac{1000N}{0.785 \times 20^2} = 3.18 N/mm^2$$

03 BOG(Boil of Gas)란 무엇인지 쓰시오.

해설 & 답

LNG저장시설에서 자연입열에 의하여 기화된 가스로 증발가스라 한다. 처리방법에는 발전용에 사용, 탱크의 기관용에 사용, 대기로 방출하여 연소하는 방법이 있다.

04 동관이음 방법 중 다음을 설명하시오.
(1) 플랜지이음
(2) 플레어이음

해설 & 답

(1) 관경이 65A 이상의 사용하며, 보수, 점검 교환의 목적
(2) 관경이 20A 이하의 관에 사용하며 보수, 점검 교환에 사용

05 염소에 대한 설명이다. 다음 물음에 답하시오.
(1) 안전밸브는?
(2) 염소용기재질은?
(3) 수분을 제거하는 물질은?
(4) 염소 폭명기를 만드는데 무엇과 반응을 하는가?

해설 & 답

(1) 가용전
(2) 탄소강
(3) 진한 황산
(4) 수소 : $H_2 + Cl_2 \rightarrow 2HCl$

Question 06. 증기 압축식 냉동장치에서 팽창밸브의 역할은 무엇인가?

해설 & 답

고온, 고압의 냉매액을 저온 저압으로 교축팽창시켜 증발기에서 쉽게 증발하도록 하기 위해

Question 07. COM(Community energy system)이란?

해설 & 답

집단에너지 사업이란 집단에너지 사업법에 의하여 일정한 지역의 소규모 집단에너지 공급시스템 또는 구역형 집단에너지 공급시스템으로서 통산 가스엔진 또는 가스터빈 등의 열병합 발전 설비의 가동시 전력 생산과정에서 발생하는 고온의 배기 가스열을 폐열회수 장치를 통하여 증기 또는 온수형태로 회수하여 일정한 구역에 전기 및 냉난방에너지를 공급 관리하는 사업을 말함

Question 08. 정특성과 동특성을 비교설명하시오.

해설 & 답

정특성은 유량과 2차 압력의 관계이며 동특성은 부하변동이 큰 곳에 사용되는 정압기에 대하여 중요한 특성으로 부하변동에 대한 응답의 신속성과 안정성이 요구된다.

Question 09

산소용기의 최고 충전압력이 150kg/cm²이고, 바깥지름이 220mm 인장강도 65kg/mm², 안전율이 0.4일 때 산소용기 두께는?

해설 & 답

$$t = \frac{PD}{200SE} = \frac{150 \times 220}{200 \times 65 \times 0.4} = 6.34 \text{mm}$$

Question 10

직경이 10cm이고 유속이 15m/sec인 것에서 지름이 20cm로 확대될 경우 확대 손실 마찰계수 Ke를 구하시오.

해설 & 답

$$Ke = \left\{1 - \left(\frac{d_1}{d_2}\right)^2\right\}^2 = \left\{1 - \left(\frac{10}{20}\right)^2\right\}^2 = 0.5625$$

2013년도 제 54 회 작업형

Question 01

PE관매설시 중압 이상이며 도로폭이 10cm 이상일 경우
(1) 가스배관을 매설 할 때 매설 깊이는?
(2) 기울기는?

해설 & 답

(1) 1.2m 이상
(2) $\dfrac{1}{500} \sim \dfrac{1}{1000}$

Question 02

가스보일러를 설치 시공한자는 설치시공 확인서를 작성하고 몇 년간 보존하는가?

해설 & 답

5년

Question 03

최대 지름이 36m와 34m인 저장 탱크의 상호간 유지해야 할 거리는 얼마인가?

해설 & 답 / Explanation & Answer

$$D = \frac{D_1 + D_2}{4} = \frac{36 + 34}{4} = 17.5\text{m}$$

Question 04

지하에 매몰 할 수 있는 배관의 종류 2가지(단, 가스용 폴리에틸렌관은 제외한다.)

해설 & 답 / Explanation & Answer

① 폴리에틸렌 피복강관(PLP관)
② 분말 융착식 폴리에틸렌 피복강관

Question 05

다음 동영상을 보고 답하시오(용기를 보여줌 아세틸렌용기, 산소용기, 탄산가스용기, 수소용기)
(1) 최고 충전 압력이 35℃에서 11.8MPa인 것은 무엇인가?
(2) 석유류, 유지류를 제거하여야 하는 용기는?
(3) 다공질물을 충전하는 용기는?

해설 & 답 / Explanation & Answer

① 산소, 수소
② 산소용기
③ 아세틸렌용기

Question 06

가스누설 검지기 설치 제외 장소 3가지를 쓰시오.

해설 & 답

① 주위온도 또는 복사열에 의한 온도가 섭씨 40℃ 이상이 되는 곳
② 설비등에 가려져 누출가스의 유통이 원활하지 못한 곳
③ 차량 그 밖의 작업등으로 인하여 경보기가 파손될 우려가 있는 곳
④ 증기, 물방울, 기름섞인 연기등이 접촉될 우려가 있는 곳

Question 07

LPG저장설비, 가스설비의 통풍구에 대한 설명이다.
(1) 바닥면적 1m²마다 몇 cm²인가?
(2) 1개 환기구 면적은 최대 몇 cm²인가?

해설 & 답

(1) 300cm²
(2) 2400cm² 이하

Question 08

가스배관 이음부와 유지해야 할 거리 기준을 쓰시오.

해설 & 답

① 절연조치를 하지 않은 전선과의 거리 : 15cm 이상
② 절연조치를 한 전선과의 거리 : 10cm 이상
③ 접속기, 점멸기, 굴뚝 : 30cm 이상
④ 도시가스의 전기개폐기, 전기안전기, 전기콘센트 : 60cm 이상

Question 09

CNG충전소이다. 다음 물음에 답하시오.
(1) 충전설비는 도로경계와 몇 m 이상의 거리를 유지하여야 하는가?
(2) 압축설비 등 외면으로부터 사업소경계까지 안전거리는?
(3) 처리설비, 압축가스설비로부터 보호시설이 있는 경우 안전거리는?
(4) 처리설비 및 압축가스설비 및 충전설비는 철도와 몇 m 이상 거리를 유지하는가? (단, 방호벽이 설치되어 있음)

해설 & 답

(1) 5m 이상 (2) 5m 이상
(3) 30m 이상 (4) 30m 이상

Question 10

수용가에 공급하는 입상관에 대한 설명이다. 다음에 답하시오.
(1) 입상관이란?
(2) 밸브의 설치 높이

해설 & 답

(1) 수용가에 가스를 공급하기 위해 건축물에 수직으로 부착되어 있는 배관을 말하며 가스의 흐름방향과 관계없이 수직배관은 입상배관으로 본다.
(2) 지면으로부터 1.6m 이상 2m 이내

Question 11

공기보다 비중이 가벼운 도시가스의 정압기 지하 설치시 다음 물음에 답하시오.
(1) 흡입구 및 배기구의 관경은 얼마인가?
(2) 배기가스 방출구의 설치 높이는 지면에서 몇 m 이상의 높이에 설치하는가?

해설 & 답

(1) 100mm 이상
(2) 3m 이상

2014년도 제 55 회 필답형

Question 01
갈바니 부식에 대해 설명하시오.

해설 & 답

2개의 상이한 금속이 접촉되어 있을 때 이들 중 이온화 경향이 큰 금속이 선택적으로 부식되는 현상이다.

Question 02
웨버지수 공식을 쓰고 설명하시오.

해설 & 답

웨버지수 $= \dfrac{Hg}{\sqrt{d}}$

d : 도시가스 비중
Hg : 도시가스 총 발열량

Question 03
LNG 방호벽 3가지를 쓰시오.

① 특정고압가스사용시설로서 고압가스저장량이 300kg(압축가스인 경우 $1m^3$를 5kg으로 본다) 이상 시
② 저장능력 5ton 미만의 이산화탄소저장시설의 경우 방호벽 설치
③ 저장능력이 액화가스의 경우 5ton, 압축가스인 경우 $500m^3$를 저장 시 방호벽 설치

Question 04
용량이 10톤인 LNG 저장탱크의 내용적을 구하시오. (밀도 0.427kg/l)

$1l = 0.427 \text{kg}$
$x = 10 \times 1000 \text{kg}$
$x = \dfrac{1 \times 10 \times 1000}{0.427 \text{kg}} = 23419.20 \, l$

Question 05
$CaCN_2$와 과열증기를 반응시키면 어떤 기체가 나오나?

NH_3

Question 06

작업 가능 여부를 판단하시오.
(1) 산소농도 20%, 일산화탄소 20PPM (TLV-TWA 농도 초과하지 않음)
(2) 산소농도 21%, 암모니아 25PPM (TLV-TWA 농도 초과)
(3) 수소농도 0.7%일 때 용접작업

해설 & 답

(1) 작업 가능
(2) 작업 불가능
(3) 작업 가능

Question 07

가스 내진설계 관련 독성가스가 1종~3종까지 있는데 1종의 독성가스 허용농도는?

해설 & 답

1PPM

Question 08

다음은 아세틸렌에 대한 내용이다. 물음에 답하시오.
(1) 아세틸렌건조기에서 건조제로 사용되는 것의 화학식은?
(2) 아세틸렌가스 청정제 3가지를 쓰시오.

해설 & 답

(1) $CaCl_2$
(2) ① 에퓨렌 ② 리카솔 ③ 카타리솔

2014년도 제 55 회 작업형

Question 01

(동영상에서 공기액화분리장치를 보여주며) 다음 ( ) 안을 채우시오.

액화산소 (①)l 중 아세틸렌 (②)mg, 탄화수소의 탄소질량 (③)mg 초과 시 운전을 중지하고 액화산소를 방출한다.

해설 & 답

① 5l
② 5mg
③ 500mg

Question 02

FE 보일러에서 방열판이 설치되지 않는 곳, 전방, 측방, 상하 주위 및 몇 cm 이내에 가연물이 없어야 하는가?

해설 & 답

60cm

Question 03

(동영상에서 화면을 보여주며)
(1) 이것의 명칭은?
(2) 높이는? ① 가연성 가스
② 독성

해설 & 답

(1) 벤트 스텍
(2) ① 가연성 가스 : 폭발하한계값 미만
② 독성 : TLV-TWA 기준농도값 미만

Question 04

(동영상에서 산소, 수소 용기를 보여주며) 다음 물음에 답하시오.
(1) 여기에 사용되는 용기는?
(2) 탄소함유량은?
(3) 이음매 없는 용기는 용기 동판의 최대 두께와 최소 두께의 차이는 평균 두께의 몇 % 이하인가?
(4) 항복을 일으키지 않는 두께는?

해설 & 답

(1) 이음매 없는 용기   (2) 0.55% 이하   (3) 20% 이하   (4) FP×1.7배

Question 05

강관과 PE관을 이음하는 것을 무엇이라고 하는가?

해설 & 답

이형질이음관

Question 06

퓨즈 콕에 표시한 F1.2가 어떤 것을 말하는지 쓰시오.

Explanation & Answer

① F : 과류차단장치
② 1.2 : 작동유량이 $1.2 m^3/h$

Question 07

(동영상에서 방폭전기기기를 보여주며)
(1) 이것의 기호는?
(2) 이것의 명칭은?

Explanation & Answer

(1) 기호 : d
(2) 명칭 : 내압방폭구조

Question 08

액화천연가스시설에서 내진설계 제외 대상은?

Explanation & Answer

① 지하에 설치되는 시설
② 저장능력 3t 미만인 저장탱크 혹은 가스 홀더

Question 09

가스용 PE관을 융착이음하고자 한다. 종류 3가지를 쓰시오.

해설 & 답

① 새들 융착이음
② 소켓 융착이음
③ 맞대기 융착이음

Question 10

(동영상에서 LNG 충전소의 냉각살수장치를 보여주며) 방사량은?

해설 & 답

$5\,l/m^2 h$

Question 11

(LNG 선박에서 저장탱크로 옮기는 것을 보여주며) 다음 물음에 답하시오.

(1) 설치 용량은?
(2) 무엇을 설치해야 하나?

해설 & 답

(1) 500t
(2) 방류둑

※ 기능장 실기 문제는 수험생분들의 이야기를 토대로 만들기 때문에 문제가 상이할 수 있음을 알려드립니다.

2014년도 제 56 회 필답형

Question 01
전수두 공식을 쓰시오.

해설 & 답

전수두 $= \dfrac{P}{r} + \dfrac{V^2}{2g} + Z$

$\dfrac{P}{r}$: 압력수두 $\dfrac{V^2}{2g}$: 속도수두 Z : 위치수두

Question 02
포스겐, 인화칼슘 반응식을 쓰시오.

해설 & 답

① 포스겐 합성반응식 : $CO + Cl_2 \rightarrow COCl_2$(포스겐)
② 인화칼슘 반응식 : $Ca_3P_2 + 6H_2O \rightarrow 3Ca(OH)_2 + 2PH_3$(포스핀)

Question 03
냉동설비의 안전장치 4가지를 쓰시오.

해설 & 답

① 안전밸브
② 파열판
③ 가용전
④ 압력 릴리프 장치
⑤ 고압차단장치

Question 04
부탄 100몰과 공기 4000몰일 때 과잉공기량은 몇 %인가?

해설 & 답

$1C_4H_{10} + 6.5O_2 \rightarrow 4CO_2 + 5H_2O$

1mol　　6.5mol
100mol　　x

$x = \dfrac{100\,\text{mol} \times 6.5\,\text{mol}}{1\,\text{mol}} = 650\,\text{mol}$

∴ 이론공기량 $= \dfrac{O_o}{0.21} = \dfrac{650}{0.21} = 3095.23$

과잉공기량 $= \dfrac{4000 - 3095.23}{4000} \times 100 = 22.61\,\%$

Question 05

가스용 폴리에틸렌관을 사용할 때 관은 매몰하여 시공하여야 한다. 노출 시공할 때의 조건을 적으시오.

해설 & 답

지상 배관의 연결부분은 금속관을 사용하여 보호조치를 한 경우에는 지면에서 30cm 이하로 노출하여 시공할 수 있다.

Question 06

안전밸브 압력별 압력차를 적으시오.

해설 & 답

① 0.1MPa 이하 : 0.02MPa 이하
② 0.1~0.2MPa 이하 : 0.03MPa 이하
③ 0.2~0.3MPa 이하 : 0.04MPa 이하
④ 0.3MPa 초과 : 설정압력의 15% 이하

Question 07

연소기 몇 대를 설치하고 1일 평균 4시간씩 사용하였다. 용기는 20kg을 사용하고 가스발생능력은 1.5kg/h이다. 최소 용기 개수는?

해설 & 답

최소 용기 개수 = $\dfrac{4 \times 20}{1.5}$ = 53.33 = 54개

Question 08

전기방식 시설의 유지관리에 대한 다음 물음에 답하시오.
(1) 절연부속품, 역전류방지장치, 결선 및 보호절연체의 효과 점검 주기는 (①)에 1회이다.
(2) 배류법에 따른 배류점 관대지전위, 배류기의 출력, 전압, 전류, 배선의 접속상태 및 계기류의 점검주기는 (②)에 1회 이상이다.
(3) 관대지전위의 점검주기는 (③)에 1회이다.
(4) 외부전원법에 따른 외부전원점 관대지전위 전류기의 출력 정압, 전류, 배선의 접속상태 점검주기는 (④)에 1회 이상이다.

해설 & 답

① 6개월
② 3개월
③ 1년
④ 3개월

Question 09

매몰형 정압기 필터 엘리먼트의 재료에 관한 내용이다. 다음을 채우시오.
(1) (①)는 금속망 등의 재료로서 여과입도는 $5 \sim 1500 \times 10^{-6}$m이다.
(2) (②)은 Al, STS 304, STS 316 또는 이와 같은 수준 이상의 기계적 강도 및 성질 등을 가지고 있는 것으로 한다.
(3) (③)은 STS 304, STS 316 또는 이와 같은 수준 이상의 기계적 강도 및 성질 등을 가지는 것으로 한다.
(4) (④)은 STS 304, STS 316 또는 이와 같은 수준 이상의 기계적 강도 및 성질 등을 가지는 것으로 한다.

해설 & 답

① 여과재
② 여과재 지지물
③ 내부 원봉
④ 외부 원봉

Question 10

아보가드로 법칙, 보일의 법칙, 샤를의 법칙 등을 이용하여 이상기체 상태방정식 $PV = nRT$를 증명하시오.

해설 & 답

- **보일의 법칙** : 온도가 일정할 때 압력은 부피에 반비례한다.

    $P = \dfrac{1}{V}$

- **샤를의 법칙** : 압력이 일정할 때 온도와 부피는 비례한다.

    $V = T$

- **보일-샤를의 법칙** : 기체의 체적은 절대온도에 비례하고 압력에 반비례한다.

    $V = \dfrac{T}{P}$

- **이상기체 상태방정식**

    보일-샤를의 법칙 $V = \dfrac{T}{P}$

    아보가드로 법칙 $V = n$ (부피는 몰수에 비례)

∴ 두 법칙을 합치면

$V = \dfrac{nT}{P}, \quad V = \dfrac{nT}{P}k$

k는 기체상수이고, R이라고 표시한다.

∴ $R = \dfrac{PV}{nT}$ ∴ $PV = nRT$

2014년도 제 56 회 작업형

Question 01
메탄의 증기밀도와 증기비중을 구하시오.

해설 & 답

① 증기밀도 $= \dfrac{M}{22.4} = \dfrac{16}{22.4} = 0.714 \text{g/L}$

② 증기비중 $= \dfrac{M}{29} = \dfrac{16}{29} = 0.55$

Question 02
다음은 압축천연가스 충전소에 설치된 저장시설이다. 이곳에 설치된 안전장치의 명칭은 무엇인가?

해설 & 답

스프링식 안전밸브

Question 03

공기보다 비중이 가벼운 도시가스 공급시설로서 공급시설이 지하에 설치되는 경우 자연통풍시설의 기준 4가지를 쓰시오.

해설 & 답

① 흡입구 및 배기구의 관지름은 100mm 이상으로 하되 통풍이 양호하도록 한다.
② 배기가스 방출구는 지면에서 3m 이상의 높이에 설치하되 화기가 없는 안전한 장소에 설치한다.
③ 배기구는 천장면으로부터 30cm 이내에 설치한다.
④ 통풍구조는 환기구를 2방향 이상 분산 설치한다.

Question 04

(압력계 및 장치를 보여주며) 이것의 명칭을 쓰시오.

해설 & 답

기준 분동식 압력계

(메탄과 같은 유기화합물을 검출하는 검출기로 차량을 보여주며) 수소를 검출하는 것은 무엇인가?

Explanation & Answer

FID(수소이온화 검출기)

(라이마크를 보여주며) 이것의 앞면 폭과 두께를 쓰시오.

Explanation & Answer

① 앞면 폭 : 60mm
② 두께 : 7mm

공업용기에 충전하는 용기 도색을 쓰시오. (예 : 황색, 녹색, 청색, 주황)
(1) 아세틸렌   (2) 산소
(3) 탄산가스   (4) 수소
(5) 암모니아   (6) 염소

Explanation & Answer

(1) **아세틸렌** : 황색   (2) **산소** : 녹색
(3) **탄산가스** : 청색   (4) **수소** : 주황
(5) **암모니아** : 백색   (6) **염소** : 갈색

Question 08

맞대기 융착이음을 하는 가스용 폴리에틸렌관의 두께가 20mm일 때 비드 폭의 최소치와 최대치를 적으시오.

해설 & 답

① 최소치 : $3 + 0.5t = 13$mm
② 최대치 : $5 + 0.75t = 20$mm

Question 09

LPG 자동차용 충전기에서 과도한 인장력을 작용했을 때 충전기와 주입기가 분리되는 안전장치의 명칭은?

해설 & 답

세이프티 카플링

Question 10

다음은 액화가스 저장탱크가 설치된 장소의 방류둑이다.
(방류둑을 보여주며 – 배수밸브를 클로즈업하고 있으며)
그 기능과 평상시 닫혀 있는지, 열려 있는지를 쓰시오.

해설 & 답

① 기능 : 방류둑 내의 배수밸브
② 평상시 : 닫혀 있어야 한다.

Question 11

(LPG 천장에 붙어 있는 가스감지기와 가스보일러를 보여주면서) 검지부의 설치기준은 천장에서 몇 m이며 버너 중심부로부터 수평거리로 몇 m인가?

해설 & 답

① 천장에서 : 30cm 이내
② 버너 중심부에서 : 8m

Question 12

(가스라인을 보여주며) 호칭지름 20mm, 배관 총길이 300m일 때 배관 고정장치는 몇 개를 설치하여야 하는가?

해설 & 답

설치 개수 $= \dfrac{300}{2} = 150$개

※ 기능장 실기 문제는 수험생분들의 이야기를 토대로 만들기 때문에 문제가 상이할 수 있음을 알려드립니다.

2015년도 제 57 회 필답형

Question 01
캐비테이션(공동현상) 방지법 5가지를 쓰시오.

해설 & 답

① 펌프의 설치위치를 낮춘다.
② 관경을 크게 하고 유속을 줄인다.
③ 흡입측 손실수두를 줄인다.
④ 임펠러를 액중에 완전히 잠기게 한다.
⑤ 펌프를 2대 이상 설치한다.
⑥ 양흡입펌프를 설치한다.

Question 02
배관의 길이 100m, 유량이 30m³/h이고 관 내경이 4cm일 경우 압력 손실은? (단, 가스 비중은 0.6이고 k는 0.707이다.)

해설 & 답

$$Q = k\sqrt{\frac{D^5 \cdot h}{S \cdot L}}$$

$$Q^2 = k^2 \times \frac{D^5 \times h}{S \times L}$$

$$\therefore h = \frac{Q^2 \times S \times L}{k^2 \times D^5} = \frac{30^2 \times 0.6 \times 100}{0.707 \times 4^5} = 74.58\,\mathrm{mmH_2O}$$

Question 03

공기액화분리장치에서 이산화탄소와 수분의 영향을 쓰시오.

해설 & 답

CO_2는 드라이아이스를 생성하고, 수분은 얼음이 되어 배관의 동결 폐쇄.

Question 04

압축기 3단, 흡입압력이 2kg/cm², 토출압력이 80kg/cm²의 압축비는?

해설 & 답

$$P_r = \sqrt[m]{\frac{P_2}{P_1}} = \sqrt[3]{\frac{81}{3}} = 3$$

Question 05

프로판의 발열량이 26,000kcal/m³의 천연가스를 발열량이 5,000 kcal/m³의 도시가스로 공급 시 공기량을 구하시오.

해설 & 답

$$\text{천연가스 발열량} = \frac{\text{프로판의 발열량}}{1+x}$$

$$\frac{500}{1} = \frac{25,000}{1+x}$$

$$26,000 = 5,000(1+x)$$

$$26,000 = 5,000 + 500x$$

$$\therefore x = \frac{26,000 - 5,000}{5,000} = 4.2\,\text{m}^3$$

Question 06

가스의 비중이 0.6이고 지상 100m 지점과 지표면과의 압력차이는 몇 mm 수주인가? (단, 공급전압력은 180mmHg이다.)

해설 & 답

$$H = 1.293(1-S)100 = 57.72 + 180 = 231.72\,\mathrm{mmHg}$$

Question 07

송수량이 3,000 l/min, 전양정이 70m인 펌프의 소요동력은?

해설 & 답

$$\mathrm{kW} = \frac{r \times Q \times H}{102 \times E \times 60} = \frac{1,000 \times 3 \times 70}{102 \times 1 \times 60} = 34.31\,\mathrm{kW}$$

Question 08

프로판 1m³ 연소 시 발열량을 구하시오.

해설 & 답

$$\mathrm{C_3H_8} + 5\mathrm{O_2} \rightarrow 3\mathrm{CO_2} + 4\mathrm{H_2O} + 530\,\mathrm{kcal/mol}$$

$22.4\,l$ 530
$1,000\,l/\mathrm{m^3}$ x

$$x = \frac{1,000\,l/\mathrm{m^3} \times 530}{22.4\,\mathrm{m^3}} = 23660.7\,\mathrm{kcal}$$

Question 09

해당 가스와 관련 있는 곳에 줄을 연결하시오.

암모니아	용해가스
염 소	물의 전기분해, 천연가스분해법, 석유분해법, 수성가스법, 일산화탄소 전화법
질 소	수은법
아세틸렌	탄화수소의 열분해
수 소	공기액화분리장치
에 틸 렌	클로우드법, 카자제법

해설 & 답 — **Explanation & Answer**

- 암모니아 → 클로우드법, 카자레법
- 염 소 → 수은법
- 질 소 → 공기액화분리장치
- 아세틸렌 → 용해가스
- 수 소 → 물의 전기분해, 천연가스분해법, 석유분해법, 수성가스법, 일산화탄소 전화법
- 에 틸 렌 → 탄화수소의 열분해

Question 10

공기 1kg 50℃, 50kcal일 때 엔트로피 변화량은?

해설 & 답 — **Explanation & Answer**

$$\Delta S = \frac{Q}{T} = \frac{50}{(273+50)} = 0.1547 \, \text{kcal/1g}$$

Question 01
벤트 스택 설치높이를 쓰시오.

해설 & 답

방출된 가스의 착지 농도가 폭발하한값 미만이 되도록 충분한 높이로 할 것.

Question 02
전위 측정용 터미널 설치간격을 쓰시오.

해설 & 답

① 외부전원법 : 500m
② 유전양극법 : 300m
③ 선택배류법 : 300m

Question 03

비파괴 검사 종류 5가지를 쓰시오.

해설 & 답

① RT(방사선검사)   ② UT(초음파검사)
③ MT(자분검사)   ④ PT(침투검사)
⑤ VT(육안검사)

Question 04

폴리에틸렌 관과 금속관을 연결하는 관을 쓰시오.

해설 & 답

이형질 이음관

Question 05

(다음 동영상을 보고) 배관과의 이격거리를 쓰시오.
(1) 절연전선   (2) 접속기
(3) 계량기   (4) 절연조치하지 않은 전선

해설 & 답

(1) **절연전선** : 10cm 이상
(2) **접속기** : 30cm 이상(점멸기, 굴뚝)
(3) **계량기** : 60cm 이상(개폐기, 안전기)
(4) **절연조치하지 않은 전선** : 15cm 이상

Question 06

(다음 동영상을 보여주며) 관련 내용을 쓰시오.
(1) 유지류를 제거해야 하는 것
(2) 희석제를 첨가해야 되는 가스
(3) 아세틸렌 글씨 색상

해설 & 답

(1) 유지류를 제거해야 하는 것 : 산소
(2) 희석제를 첨가해야 되는 가스 : 아세틸렌
(3) 아세틸렌 글씨 색상 : 흑색

Question 07

LPG 충전 작업방법 4가지를 쓰시오.

해설 & 답

① 펌프에 의한 방법
② 균압관이 있는 펌프에 의한 방법
③ 압축기에 의한 방법
④ 균압관이 없는 펌프에 의한 방법

Question 08

다음 동영상은 가스누출검지장치이다. 가스누출검지장치 4가지를 쓰시오.

해설 & 답

① FID(수소이온화 검출기)   ② TCD(열전도도형 검출기)
③ ECD(전자포획이온화 검출기)   ④ FPD(염광광도 검출기)

Question 09

저압지하식 저장탱크 저장량이 20만톤일 경우 안전거리는?

해설 & 답

안전거리 = $C\sqrt[3]{143000 \times W} = 0.24\sqrt[3]{143000 \times 200} = 73.39\,\mathrm{m}$

여기서, C : 0.24(정수)
W : 저장능력(톤, ton)

Question 10

(동영상에서 불완전 연소되는 버너를 보여주며) 무슨 현상인지 쓰시오.

해설 & 답

옐로 팁(적황색의 매연을 내면서 연소하는 것)

※ 기능장 실기 문제는 수험생분들의 이야기를 토대로 만들기 때문에 문제가 상이할 수 있음을 알려드립니다.

Question 01

정압기 기본 구성 3가지를 쓰시오.

해설 & 답

① **메인 밸브** : 가스 유량을 메인 밸브의 열림에 따라 조정
② **다이어프램** : 2차 압력을 감지하고 2차 압력의 변동사항을 메인 밸브에 전달
③ **스프링** : 조정할 2차 압력을 설정

Question 02

다음의 누설검지 시험지와 변색상태를 쓰시오.
(1) 암모니아   (2) 염소
(3) 시안화수소   (4) 일산화탄소
(5) 황화수소   (6) 포스겐
(7) 아세틸렌   (8) 아황산가스

해설 & 답

(1) **암모니아**   적색 리트머스 시험지   청색
(2) **염소**   KI전분지(요오드칼륨 전분지) 청색
(3) **시안화수소** 질산구리벤젠지   청색
(4) **일산화탄소** 염화파라듐지   흑색
(5) **황화수소**   연당지(초산납시험지)   흑색
(6) **포스겐**   하리슨시험지   오렌지색(심등색)
(7) **아세틸렌**   암모니아 염화제1동 용액   적색
(8) **아황산가스** 암모니아 적신 헝겊   흰 연기

Question 03. 암모니아 합성법을 쓰시오.

해설 & 답

① **고압합성법**($600~1,000kg/cm^2$) : 클로우드법, 카자레법
② **중압합성법**($300kg/cm^2$) : IG법, JCI법, 뉴파우더법, 동공시법, 신파우더법
③ **저압합성법**($150kg/cm^2$) : 케로그법, 구우테법

Question 04. 이상기체의 교축과정을 설명하시오.

해설 & 답

압력은 감소되지만 엔탈피와 온도의 변화는 없다.

Question 05. 공기액화분리장치 폭발 원인과 대책을 쓰시오.

해설 & 답

① 폭발 원인
  ㉠ 액체공기중의 오존의 혼입   ㉡ 공기중의 질소화합물 혼입
  ㉢ 압축기용 윤활유 분해에 따른 탄화수소의 생성
  ㉣ 공기 취입구로부터 아세틸렌 혼입
② 방지 대책
  ㉠ 분리장치 내에 여과기 설치   ㉡ 압축기의 윤활유는 양질의 광유 설치
  ㉢ 원료공기 취입구로부터 아세틸렌 용접작업이나 카바이드 작업 중지
  ㉣ 분리장치 내에 사염화탄소 등 세척제로 1년에 1회 이상 청소

Question 06

25℃ 1기압 상태에서 50기압으로 단열압축 시 몇 ℃인가?

해설 & 답

$$T_2 = \left(\frac{P_2}{P_1}\right)^{\frac{k-1}{k}} \times T_1$$

$$= \left(\frac{50}{1}\right)^{\frac{1.4-1}{1.4}} \times (273+25) = 911.25°K - 273 = 638.247$$

Question 07

이동식 프로판 연소기 안전장치를 쓰시오.

해설 & 답

① 소화안전장치 ② 전도안전장치 ③ 역풍방지장치
④ 정전안전장치 ⑤ 산소결핍안전장치

Question 08

디보레인 화재진압 요령을 쓰시오.

해설 & 답

① 누출원 또는 안전장치에는 직접주수를 하지 않을 것.
② 진화가 된 후에도 물분무기로 용기를 냉각시킬 것.
③ 용기 내부로 물이 들어가지 않도록 하고 파손된 용기는 전문가가 처리할 것.
④ 누출을 멈추게 할 수 없고 누출중인 가스에 불이 붙은 경우라면 화재 진압을 시도하지 않을 것.

Question 09

송풍기의 압력이 2kPa이고 풍량이 5m³/min일 경우 송풍기 효율을 구하시오. (단, 1PS는 75kg · m/sec이고, 효율은 50%이다.)

해설 & 답

$$PS = \frac{Q \times P}{75 \times E \times 60} = \frac{\dfrac{2}{101.325} \times 10332 \times 5}{75 \times 0.5 \times 60} = 45.32\%$$

Question 10

도시가스 유해성분의 열량, 압력, 연소성의 측정에 대해 쓰시오.

해설 & 답

① **열량 측정** : 제조소의 배송기 또는 압송기 출구에서 자동열량측정기로 측정.
매일 06 : 30~09시 사이, 17시부터 20시 30분 사이.
② **압력 측정** : 가스 홀더, 정압기 출구 및 가스공급시설의 끝부분의 배관에서 자기압력계를 사용, 측정.
가스압력은 일반가정용 100mmH$_2$O 이상 250mmH$_2$O 이내.
③ **연소성의 측정** : 매일 06 : 30~09시 사이, 17시부터 20시 30분 사이 각각 1회씩 가스 홀더 및 압송기 출구에서 측정.
웨버지수가 표준웨버지수의 ±4.5% 이내.

2015년도 제 58 회 작업형

Question 01
다음 동영상에서 아세틸렌 용기에서 TW는 무엇인지 쓰시오.

해설 & 답

용기, 밸브 다공질물 및 용제 질량

Question 02
퓨즈 콕의 기밀성능기준, 콕의 성능기준, 몸통 및 덮개의 재질을 쓰시오.

해설 & 답

① 기밀성능기준 : 35kPa
② 콕의 성능기준 : 0.588N/m
③ 몸통 및 덮개의 재질 : 단조용 황봉동

Question 03

PE관을 양측에서 맞춘 다음 가운데를 깎아내고 열융착시켜 이음하는 방법을 무엇이라고 하는가?

해설 & 답

맞대기융착

Question 04

다음은 공기액화분리장치이다. ( ) 안을 채우시오.
(1) 액체공기중의 (①)의 혼입
(2) 공기중의 (②) 혼입
(3) 압축기 윤활유 분해에 따른 (③)의 생성
(4) 공기 취입구로부터의 (④)의 혼입

해설 & 답

① 오존   ② 질소산화물   ③ 탄화수소   ④ 아세틸렌

Question 05

전위 측정용 터미널 설치간격을 쓰시오.

해설 & 답

① 외부전원법 : 500m
② 유전양극법 : 300m
③ 선택배류법 : 300m

06 (동영상을 보여주며) 전기방식법의 종류 4가지를 쓰시오.

해설 & 답

① 강제배류법 ② 유전양극법 ③ 선택배류법 ④ 외부전원법

07 (동영상을 보여주며) 퓨즈 콕의 작동유량을 쓰시오.

해설 & 답

작동유량 : ±10% 이내

08 다음 동영상은 강제배기식 보일러이다. 다음에 답하시오.
(1) 지면으로부터 위치
(2) 전방에 장애물이 없는 장소에 설치
(3) 좌우 상·하에 설치된 돌출물과의 거리

해설 & 답

(1) **지면으로부터 위치** : 150mm 위쪽
(2) **전방에 장애물이 없는 장소에 설치** : 150mm 이내
(3) **좌우 상·하에 설치된 돌출물과의 거리** : 150mm 이내

Question 09

다음 동영상은 통풍구조이다. 강제통풍장치를 설치할 수 있는 경우를 3가지 쓰시오.

해설 & 답

① 통풍능력 바닥면적 $1m^2$ 당 $0.5m^3/min$ 이상으로 할 것.
② 배기구는 바닥면 가까이 설치할 것.(공기보다 가벼운 경우 천장면)
③ 배기가스 방출구를 지면에서 5m(공기보다 비중이 가벼운 경우에는 3m) 이상의 높이에 설치할 것.

Question 10

CNG 충전소이다. 다음 물음에 답하시오.
(1) 충전설비는 도로경계와 몇 m 이상의 거리를 유지해야 되는가?
(2) 압축설비 등 외면으로부터 사업소 경계까지 안전거리는?
(3) 처리설비, 압축가스설비로부터 보호시설이 있는 경우 안전거리는?
(4) 처리설비 및 압축가스설비 및 충전설비는 철로와 몇 m 이상의 거리를 유지하는가? (단, 방호벽이 설치되어 있음.)

해설 & 답

(1) 5m 이상 (2) 5m 이상 (3) 30m 이상 (4) 30m 이상

Question 11

다음 동영상을 보고 연소기 형식을 쓰시오.

해설 & 답

① 강제배기식(밀폐식) : 보일러에 해당
② 강제배기식(반밀폐식) : 가정용 보일러에 해당

※ 기능장 실기 문제는 수험생분들의 이야기를 토대로 만들기 때문에 문제가 상이할 수 있음을 알려드립니다.

2016년도 제 59 회 필답형

Question 01

지름 50cm 파이프에 2m/sec의 평균유속으로 물이 흐르고 있다. 파이프 길이 100m인 경우 마찰손실수두는 몇 m인가? (단, 마찰계수 λ = 0.0208이다.)

해설 & 답

$$h_e = \frac{\lambda l V^2}{2gD} = \frac{0.0208 \times 100 \times 2^2}{2 \times 9.8 \times 0.5} = 0.848\,\text{m} \fallingdotseq 0.85\,\text{m}$$

Question 02

발열량이 24,230kcal/Nm³, 비중이 1.55, 공급표준압력 280mmH₂O인 LPG로부터 도시가스 발열량 5,000kcal/Nm³, 비중 0.65, 공급표준압력 100mmH₂O로 가스를 변경할 경우의 노즐 변경률은 얼마인가?

해설 & 답

$$\text{노즐 변경률} = \frac{D_2}{D_1} = \frac{\sqrt{WI_1\sqrt{P_1}}}{\sqrt{WI_2\sqrt{P_2}}}$$

$$\therefore WI_1 = \frac{Hg_1}{\sqrt{d_1}} = \frac{24230}{\sqrt{1.55}} = 19462$$

$$WI_2 = \frac{Hg_2}{\sqrt{d_2}} = \frac{5000}{\sqrt{0.65}} = 6201.74$$

$$\therefore \frac{\sqrt{6201.74}\sqrt{280}}{\sqrt{19462}\sqrt{100}} = 2.29$$

Question 03

고압가스에 의한 금속재료에서의 부식은 조건에 따라 큰 변화를 일으킨다. 다음과 같은 조건일 때 부식명을 쓰시오.
(1) 산소가스가 고온 고압일 때 :   (2) 황화수소 수분 혼입 시 :
(3) 수소 고온, 고압 시 :   (4) 암모니아 고온일 때 :
(5) 일산화탄소 고온일 때 :

해설 & 답

(1) 산소가스가 고온 고압일 때 : 산화부식
(2) 황화수소 수분 혼입 시 : 황화부식
(3) 수소 고온, 고압 시 : 탈탄작용
(4) 암모니아 고온일 때 : 착이온생성(부식)
(5) 일산화탄소 고온일 때 : 카보닐 작용

Question 04

다음 가스 중 위험도가 큰 순서대로 나열하시오.

" 수소, 메탄, 암모니아, 에틸렌, 아세틸렌 "

해설 & 답

① 아세틸렌 : 2.5~81%, $H = \dfrac{U-L}{L} = \dfrac{81-2.5}{2.5} = 31.4$

② 수   소 : 4~75%, $H = \dfrac{U-L}{L} = \dfrac{75-4}{4} = 17.75$

③ 에 틸 렌 : 3.1~32%, $H = \dfrac{U-L}{L} = \dfrac{32-3.1}{3.1} = 9.32$

④ 메   탄 : 5~15%, $H = \dfrac{U-L}{L} = \dfrac{15-5}{5} = 2$

⑤ 암모니아 : 15~28%, $H = \dfrac{U-L}{L} = \dfrac{28-15}{15} = 0.866$

Question 05

LPG Air 공급방식 중 벤투리미터 공급방식을 설명하시오.

기화한 LP가스를 일정한 압력으로 노즐에서 분출시켜 노즐 내를 감압함으로써 공기를 혼입하는 방식.

Question 06

액화가스 이동방법을 3가지 쓰시오.

① 차압에 의한 방법   ② 펌프에 의한 방법   ③ 압축기에 의한 방법

Question 07

LPG 수입기지 플랜트 설비 시스템이다. 다음 안을 채우시오.

수입 LPG → 수입설비 → (①) → (②) → (③) → 출하설비

① 저온저장설비   ② 이송설비   ③ 고압저장설비

Question 08

헬륨의 정압비열이 1.36kcal/kg·°K, 기체상수(R) 225kgf·m/kgf·°K 일 때 정정비열은 얼마인가?

해설 & 답

$$AR = CP - CV$$

$$CV = CP - Ar = 1.36 - \frac{1}{427} \times 225 = 0.834$$

Question 09

내용적이 500ℓ인 초저온 용기에 200kg의 액화산소를 채우고 12시간 동안 방치한 결과 190kg이 되었다. 이 경우 단열성능시험에 합격할 수 있는지 없는지 계산에 의해 판정하시오. (단, 외기의 온도는 20℃, 시험용 액화가스의 비점은 -183℃, 기화잠열은 51kcal/kg이다.)

해설 & 답

$$Q = \frac{W \cdot q}{H \cdot \Delta t \cdot V}$$

여기서, Q : kcal/ℓh℃
  W : 기화량[kg]
  q : 기화잠열
  H : 측정시간[h]
  V : 내용적[ℓ]
  Δt : 비점과 외기와의 온도차

합격 기준 : 1,000ℓ 이하 : 0.0005kcal/ℓh℃
  1,000ℓ 초과 : 0.002kcal/ℓh℃

$$Q = \frac{10 \times 51}{12 \times [(20-(-183)] \times 500} = 0.0004 \, kcal/\ell h℃$$

∴ 내용적이 1,000ℓ 이하이므로 0.0004kcal/ℓh℃는 합격이다.

Question 10

공기액화분리기의 액화산소 35ℓ 중에 메탄이 2g, 부탄이 4g 혼입 가능한지 판정하시오.

해설 & 답

∴ 액화산소 5ℓ 중에 탄화수소 중 탄소질량이 500mg을 넘어서는 안 된다.

∴ $\left(\dfrac{12}{16} \times 2{,}000\,\text{mg} + \dfrac{48}{58} \times 4{,}000\,\text{mg}\right) \times \dfrac{5}{35} = 687.19\,\text{mg}$

∴ 액화산소 5ℓ 중에 탄화수소 500mg이 넘었으므로 혼입 불가.

2016년도 제 59 회 작업형

Question 01

LPG 저장설비의 통풍구에 대한 내용이다. 다음 물음에 답하시오.

(1) 환기구의 통풍가능면적의 합계는 5m²당 몇 cm²로 하는가?
(2) 1개 환기구 면적은 얼마로 하여야 하는가?
(3) LPG 저장시설의 환기구를 하부에 설치하는 이유를 쓰시오.

해설 & 답

(1) $1m^2 = 300cm^2$ 이므로 $5m^2 = x$　　$x = \dfrac{5m^2 \times 300cm^2}{1m^2} = 1,500cm^2$

(2) $2,400cm^2$ 이하

(3) LP가스는 공기보다 무거워 바닥에 체류하므로 원활한 통풍을 위해 설치

보충

① 바닥면에 접하고 또한 외기에 면하여 설치된 환기구의 통풍 가능 면적의 합계가 바닥면적 $1m^2$마다 $300cm^2$(철망 등을 부착할 때는 철망이 차지하는 면적을 뺀 면적으로 한다)의 비율로 계산한 면적 이상(1개 환기구의 면적은 $2,400cm^2$ 이하로 한다)일 것. 이 때 사방을 방호벽 등으로 설치할 경우에는 환기구를 2방향 이상으로 분산 설치할 것.

② ①에 규정한 통풍 구조를 설치할 수 없는 경우에는 다음 기준에 적합한 강제통풍장치를 설치할 것.
　㉠ 통풍 능력이 바닥면적 $1m^2$마다 $0.5m^3$/분 이상으로 할 것.
　㉡ 배기구는 바닥면(공기보다 가벼운 경우에는 천장면) 가까이에 설치할 것.
　㉢ 배기가스 방출구를 지면에서 5m(공기보다 비중이 가벼운 경우에는 3m) 이상의 높이에 설치할 것.

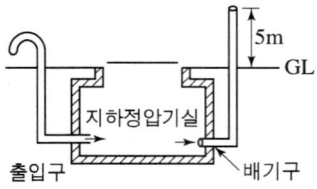
(a) 공기보다 무거운 경우

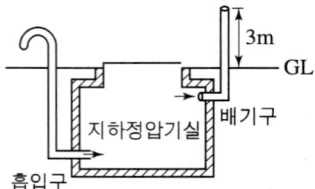
(b) 공기보다 가벼운 경우

[지하정압기 환기구 설치 예]

Question 02 저장탱크의 물분무소화설비 방사 시 수원의 수량은 몇 분간 방사할 수 있는 능력을 가져야 하는가?

해설 & 답

30분

Question 03 휴대용이며, 전극간의 전기 전도도가 증대되는 것을 이용하며 탄화수소에서 감도가 최고인 가스검출기는 무엇인지 쓰시오.

해설 & 답

FID(수소이온화 검출기)

보충 가스크로마토그래피의 종류

① FID(수소이온화 검출기)
  ㉠ 전극간의 전기 전도도가 증대하는 것을 이용.
  ㉡ 탄화수소에서 감도가 최고이다.(프로판, 부탄, 프로필렌 등)
  ㉢ H_2, O_2, CO, CO_2, SO_2 등은 감도가 적다.
  ㉣ 무기가스나 물에 거의 응답하지 않음.
② TCD(열전도도형 검출기) : ㉠ 금속 필라멘트의 저항변화를 이용하는 것
  ㉡ 일반적으로 가장 널리 사용
③ ECD(전자포획이온화 검출기) : ㉠ 이온전류가 감소하는 것을 이용.
  ㉡ 할로겐 및 산화물에서는 감도가 최고이다.
④ FPD(염광광도 검출기) : 황화합물이나 인화합물 검출

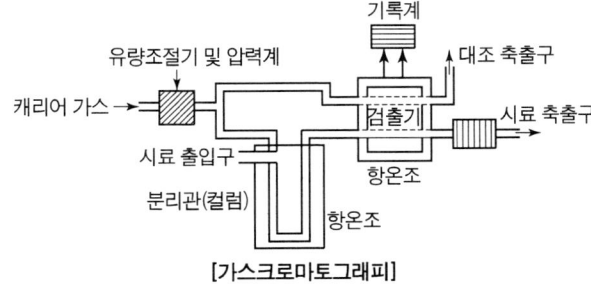

[가스크로마토그래피]

Question 04

다음 동영상의 도시가스 매설 배관 공사를 완료하고 배관 내부의 수분, 이물질, 먼지 등을 제거하는 명칭을 쓰시오.

해설 & 답 — **Explanation & Answer**

피그

Question 05

다음 동영상은 정압기실에 설치장치이다. 다음 물음에 답하시오.
(1) 지지하는 장치의 명칭을 쓰시오.
(2) 정압기실의 조도는 몇 lux 이상인가 쓰시오.

해설 & 답 — **Explanation & Answer**

(1) 자기압력기록계
(2) 150lux 이상

Question 06

다음 동영상은 아세틸렌 용기이다. 가용전의 재질 2가지만 쓰시오.

해설 & 답 — **Explanation & Answer**

① 주석   ② 납   ③ 안티몬   ④ 비스무트

Question 07

다음 방폭전기기기에 표시된 내용에 대하여 설명하시오.
(1) d (2) T_4
(3) E_x (4) MB

해설 & 답

(1) d : 내압방폭구조
(2) T_4 : 방폭전기 기기의 온도 등급(135℃ 초과 200℃ 이하)
(3) E_x : 방폭구조
(4) MB : 내압방폭전기기기의 폭발등급

보충
O : 유입방폭구조
P : 압력방폭구조
i_a 또는 i_b : 본질안전증방폭구조
δ : 특수방폭구조
ρ : 안전증방폭구조

Question 08

다음 동영상을 보고 도시가스 배관을 시가지 외의 지역에 매설하였을 경우 표지판의 간격과 규격은 얼마인가?

해설 & 답

① 표지판 간격 : 200m
② 표지판 규격 : 200×150mm

Question 09 도시가스 배관 도로 폭이 6m일 경우 매설길이는?

해설 & 답

1m 이상

보충
- 철도 부지와 수평거리, 도로 경계와 수평거리, 산이나 들, 도로 폭이 8m 미만 : 1m 이상
- 시가지의 도로 노면 밑, 인도, 보도 등, 방호구조물 내, 도로 폭이 8m 이상 : 1.2m 이상

※ 기능장 실기 문제는 수험생분들의 이야기를 토대로 만들기 때문에 문제가 상이할 수 있음을 알려드립니다.

2016년도 제 60 회 필답형

Question 01

교량이 100m인 배관에 온도가 60℃이고 신축흡수길이가 30mm일 때 신축흡수장치는 몇 개를 설치하는가? (단, 선팽창계수 0.000012/℃)

해설 & 답

∴ $\Delta l = \alpha \cdot l \cdot \Delta t = 0.000012 \times 100 \times 1,000\text{mm} \times 60 = 72\text{mm}$

∴ $\dfrac{72\text{mm}}{30\text{mm}} = 3$개

Question 02

20℃ 게이지압력이 600kPa이고 체적이 50l일 때 시간이 경과하여 17℃, 300kPa이 되었을 때 산도의 체적은 얼마인가?

해설 & 답

$$\frac{P_1 V_1}{T_1} = \frac{P_2 V_2}{T_2}$$

$$V_2 = \frac{P_1 \times V_1 \times T_2}{P_2 \times T_1} = \frac{\dfrac{600}{101.3} \times 50 \times (273 + 20)}{\dfrac{300}{101.3} \times (273 + 17)} = 101.03 l$$

Question 03

응축기 상부와 수액기 상부를 연결하는 관으로 응축기와 수액기의 압력차로 인한 응축기에 액이 고여 응축기에서 수액기로 가지 못하는 관의 명칭은?

해설 & 답

균압관

Question 04

파이어 볼을 설명하시오.

해설 & 답

블리브나 증기운 폭발이 발생하였을 때 대기 중에서 폭발하는 형상. 버섯구름 모양으로 형성되면서 폭발하는 것

Question 05

르샤를리에 법칙을 쓰시오.

해설 & 답

두 종류 이상의 가연성 가스가 혼입되었을 때 혼합가스의 폭발범위 상한값과 하한값을 계산하는 것으로 공식은 다음과 같다.

$$\frac{100}{L} = \frac{V_1}{L_1} + \frac{V_2}{L_2} + \frac{V_3}{L_3} \cdots \frac{V_n}{L_n}$$

여기서, L : 혼합가스의 폭발한계치
V_1, V_2, V_3 : 각 성분의 체적
L_1, L_2, L_3 : 각 성분의 단독폭발한계치

Question 06

진공냉매에 대하여 쓰시오.

해설 & 답

증발압력이 대기압 이하로 내려가지 않으면 상온에서 증발하지 않는 냉매

Question 07

가스시설의 내진설계에서 내진특등급에 대해 쓰시오.

해설 & 답

그 설비의 손상이나 기능 상실이 사업소 경계 밖에 있는 공공의 생명과 재산에 막대한 피해를 초래할 수 있을 뿐 아니라 사회의 정상적인 기능 유지에 심각한 지장을 가져올 수 있는 것을 말한다.

Question 08

공기액화분리장치에서 원료 공기 중 포함된 이산화탄소를 제거하는 반응식을 쓰시오.

해설 & 답

$2NaOH + CO_2 \rightarrow Na_2CO_3 + H_2O$

Question 09

지하매설배관의 피복이 벗겨지는 등 손상이 발생하였을 때 피복손상부를 조사하는 방법 중 Pearson Survey의 원리를 설명하시오.

해설 & 답

송신기의 한쪽 끝은 배관에 연결하고 다른 끝은 먼 위치에 접지한 후 약 1,000Hz의 교류전류를 출력하여 배관에 인가하게 되면 피복이 양호한 곳에서는 전류의 유출입이 없으나 피복손상부에서는 전류의 유출입이 발생하게 되어 손상 주변 토양에 전위구배가 형성하게 되며 수신기에 전극봉을 연결하여 배관 경로를 따라 두 전극봉 사이의 토양 전위차를 측정하여 결함의 위치를 찾는 방법이다.

Question 10

응력 부식 균열 방식 대책 4가지를 쓰시오.

해설 & 답

① 환경의 유해성분을 제거한다.
② 재료의 두께를 크게 한다.
③ 합금조성을 변화시킨다.
④ 잔류응력을 제거시킨다.

Question 11

다음 부탄의 위험도를 계산하시오.

해설 & 답

$$H = \frac{U-L}{L} = \frac{8.4-1.8}{1.8} = 3.67$$

Question 12. (클라우드식 공기액화사이클)에 관한 문제

해설 & 답

클라우드식 공기액화사이클

2016년도 제 60 회 작업형

Question 01
내용적 40ℓ 이상 125ℓ 미만의 용기에 소비자에게 공급할 때 용기 외면에 표시하여야 하는 사항 2가지를 쓰시오.

해설 & 답
① 빈 용기 무게 ② 가스 무게 ③ 총 무게 ④ 충전사업자의 상호

Question 02
압축가스설비가 밀폐형 구조물 안에 설치된 경우로서 공간 확보가 제외되는 경우를 쓰시오.

해설 & 답
유지, 보수를 위한 문 또는 창문이 설치된 경우

Question 03

고정식 압축천연가스 자동차충전시설에 대한 설명이다. 압축가스의 모든 밸브와 배관부속품의 주위에는 안전한 작업을 위하여 확보해야 할 공간은 몇 m인가?

해설 & 답

1m

Question 04

다음 방폭전기기기에 보기에 표시된 내용에 대하여 ( ) 안에 넣으시오.

보기 : d (①)방폭구조 : 방폭전기기기의 (②)등급

해설 & 답

① 내압   ② 폭발

보충 d : 내압방폭구조, O : 유입방폭구조, P : 압력방폭구조
δ : 특수방폭구조, ρ : 안전증방폭구조
i_a 또는 i_b : 본질안전증방폭구조

Question 05

침상 포설 재료란 무엇인지 쓰시오.

해설 & 답

침상 포설 재료 : 배관에 작용하는 하중을 수직방향 및 횡방향에서 지지하고 하중을 기초 아래로 분산시키기 위하여 배관 하단에서 배관 상단 30cm까지 포설하는 재료

Question 06

공기보다 비중이 가벼운 도시가스의 정압기실이 지하에 설치된 경우 통풍구조에 대한 다음 물음에 답하시오.
(1) 흡입구 및 배기구의 관지름은 몇 mm 이상으로 하는가?
(2) 배기가스 방출구는 지면에서 몇 m 이상의 높이에 설치하여야 하는가?

해설 & 답

(1) 100mm 이상
(2) 3m 이상

Question 07

액화질소, 액화산소, 액화아르곤을 분리하는 장치에 대한 물음에 답하시오.
(1) 이 장치의 명칭을 쓰시오.
(2) 이 장치에서 아세틸렌의 질량, 탄화수소의 질량이 몇 mg을 넘을 때는 운전을 정지하고 액화산소를 방출해야 하는가?

해설 & 답

(1) 공기액화분리장치
(2) 아세틸렌 질량 5mg, 탄화수소 탄소 질량 500mg

Question 08

밀폐식 보일러는 방, 거실 그 밖에 사람이 거처하는 곳과 목욕탕, 샤워장 그 밖에 환기가 잘 되지 않아 보일러의 배기가스가 누출되는 경우 사람이 질식할 우려가 있는 곳에는 설치하지 않아야 하는데 불가피하게 설치하여야 할 경우의 조건 2가지를 쓰시오.

해설 & 답

① 보일러와 배기통의 접합을 나사식 또는 플랜지식 등으로 하여 배기통이 보일러에서 이탈되지 아니하도록 밀폐식 보일러를 설치하는 경우
② 막을 수 없는 구조의 환기구가 외기와 직접 통하도록 설치되어 있고 그 환기구의 크기가 바닥면적 $1m^2$ 당 $300cm^2$의 비율로 계산한 면적 이상인 곳에 밀폐식 보일러를 설치하는 경우

Question 09

다음 충전 용기에 각인된 기호를 설명하시오.
(1) TP (2) W
(3) FP (4) V

해설 & 답 — Explanation & Answer

(1) TP : 내압시험압력
(2) W : 질량
(3) FP : 최고충전압력
(4) V : 용기내용적

Question 10

가연성 가스 공급시설에 설치되는 다음 물음에 대해 쓰시오.
(1) 벤트 스택의 설치높이는 얼마인가?
(2) 액화가스가 함께 방출되거나 급랭될 우려가 있는 벤트 스택에는 그 벤트 스택과 연결된 가스공급시설의 가장 가까운 곳에 설치하여야 하는 것은 무엇인가?

해설 & 답 — Explanation & Answer

(1) 폭발한계값 미만
(2) 기액분리기

Question 11

염소 용기에 설치하는 가용전의 용융온도는 얼마인가?

해설 & 답 — Explanation & Answer

65~68℃

Question 12

다음은 고압가스 충전용기 도색이다. A, B, C, D의 가스 명칭을 쓰시오.

해설 & 답

A : 아세틸렌,   B : 산소,   C : 이산화탄소,   D : 수소

Question 13

가스용 폴리에틸렌관과 금속관을 연결하는 이음관 명칭을 쓰시오.

해설 & 답

이형질 이음관

※ 기능장 실기 문제는 수험생분들의 이야기를 토대로 만들기 때문에 문제가 상이할 수 있음을 알려드립니다.

2017년도 제 61 회 필답형

Question 01
아세틸렌 다공물질 5가지를 쓰시오.

해설 & 답

① 석회석 ② 규조토 ③ 목탄
④ 탄산마그네슘 ⑤ 산화철 ⑥ 다공성플라스틱

Question 02
유전 양극법에서 양극에 사용하는 것은 무엇인지 쓰시오.

해설 & 답

마그네슘

보충 유전 양극법
① 장점
  ㉠ 시공이 단순하다.
  ㉡ 소규모 설비에는 경제적이다.
  ㉢ 다른 매설 금속체에 방해 작용이 없다.
  ㉣ 과방식의 염려가 없다.
② 단점
  ㉠ 방식 범위가 좁다.
  ㉡ 대규모 설비 시는 시설비가 많이 든다.
  ㉢ 강한 전식에는 무력
  ㉣ 전류 조절이 불가능하다.

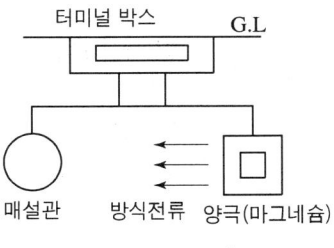

[유전 양극법]

Question 03
포스겐 생성반응식을 쓰시오.

해설 & 답

$CO + Cl_2 \rightarrow COCl_2$

Question 04
가연성가스의 발화원 6가지를 쓰시오.

해설 & 답

① 마찰 ② 정전기 ③ 열복사 ④ 전기불꽃
⑤ 자외선 ⑥ 충격파

Question 05
상용압력이란?

해설 & 답

정상적인 상태에서 작동하는 압력

Question 06

이종금속 접촉에 의한 부식방지법 4가지를 쓰시오.

해설 & 답   Explanation & Answer

① 부식 환경처리에 의한 방법
② 인히비터에 의한 방법(부식억제제에 의한 방법)
③ 피복에 의한 방법
④ 전기적인 방식법

Question 07

퓨즈 콕의 기밀 성능기준, 콕의 성능기준, 몸통 및 덮개의 재질을 쓰시오.

해설 & 답   Explanation & Answer

① 기밀 성능기준 : 35kPa
② 콕의 성능기준 : $0.588N/m^2$
③ 몸통 및 덮개의 재질 : 단조용 황동봉

Question 08

도시가스 배관공사가 완료되어 (①) (②) 시험을 하기 전에 필요에 따라서 (③)을 공기압으로 통해서 배관내의 (④) (⑤) 먼지 등을 제거하여야 한다.

해설 & 답   Explanation & Answer

① 내압   ② 기밀   ③ 불활성가스   ④ 이물질   ⑤ 용접찌꺼기

Question 09

450kg의 LNG(액비중 0.46, 메탄 90%, 에탄 10%)를 10℃의 대기압에서 기화시켰을 때 몇 m³인가?

해설 & 답

$$PV = \frac{WRT}{M}$$

$$V = \frac{WRT}{PM} = \frac{460 \times 0.082 \times (273+10)}{1\mathrm{atm} \times (16 \times 0.9 + 30 \times 0.1)} = 613.49 \mathrm{m}^3$$

Question 10

고압측 압력이 31kg/cm²인 수액기의 안쪽지름이 60cm 재료의 인장강도가 60kg/mm² 용접효율이 0.75 용기의 동판 두께는 얼마인가? (단, 부식여유 수치는 1mm이다.)

해설 & 답

$$t = \frac{PD}{200SE - 1.2P} + C$$

$$= \frac{31 \times 600}{200 \times \frac{60}{4} \times 0.75 - 1.2 \times 31} + 1 = 9.41 \mathrm{mm}$$

Question 11

배관 내용적에 따른 기밀시험 유지 시간을 ( ) 안에 쓰시오.

당해 배관의 내용적	기밀시험 압력 유지 시간
10 l 이하	(①)
10 l 초과 15 l 이하	(②)
15 l 초과	(③)

해설 & 답

① 5분 ② 10분 ③ 24분

Question 12

다단압축의 목적 3가지를 쓰시오.

해설 & 답

① 소요일량을 줄일 수 있다.　② 가스의 온도상승을 피할 수 있다.
③ 힘의 평형이 유지된다.　　　④ 이용효율이 증대한다.

Question 13

요소비료 제조 반응식을 쓰시오.

해설 & 답

$2NH_3 + CO_2 \rightarrow NH_4COONH_3$
$NH_4COONH_2 \rightarrow (NH_2)CO + H_2O$

2017년도 제 61 회 작업형

Question 01

방류둑의 성토는 수령에 대하여 (①)° 이하의 구배를 가지고 정상부 폭은 (②)cm 이상일 것

해설 & 답

① 45 ② 30

★보충 방류둑(방류제)

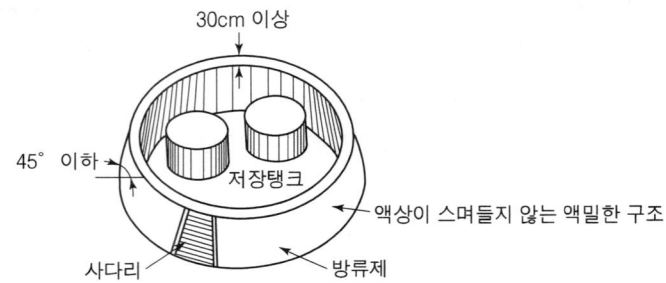

① 용량
  ㉠ 가연성(L.P.G 포함), 산소 : 1,000ton 이상
  ㉡ 독성 : 5ton 이상
  ㉢ 특정 제조시설의 가연성 가스 : 500ton
  ㉣ 액화 가스 저장탱크 : 저장 능력 상당 용적의 60%
② 방류제 내면과 그 외면 10m 이내에는 : 저장 탱크 부속 설비 이외의 것 설치 금지
③ 구조 및 기준
  ㉠ 성토는 수평에 대하여 45° 이하를 구배를 가지고 정상부 폭은 30cm 이상일 것

Question 02

다음 동영상의 명칭과 용도를 쓰시오.

해설 & 답

① 명칭 : 피그
② 용도 : 배관의 매설공사 완료 후 내압시험, 기밀시험 하기 전 피그를 공기압을 통해서 배관 내의 수분, 이물질, 먼지 등을 제거하는 것

Question 03

다음 동영상이 무엇인지 쓰고 긴급용 벤트스텍의 조작거리가 얼마인지 쓰시오.

해설 & 답

① 벤트스텍
② 긴급용 벤트스텍 조작거리 : 10m 이상

Question 04

다음 동영상을 보고 충전용기 색상을 쓰시오.

해설 & 답

① 아세틸렌 : 황색   ② 산소 : 녹색
③ 이산화탄소 : 청색   ④ 수소 : 주황

보충 암모니아 : 백색, 염소 : 갈색, 기타(LPG, Ar) : 회색

Question 05
아세틸렌 용기의 내부 물질 5가지를 쓰시오.

해설 & 답 — Explanation & Answer

① 석회석 ② 규조토 ③ 목탄 ④ 탄산마그네슘
⑤ 산화철 ⑥ 다공성 플라스틱

Question 06
가연성가스 저장탱크는 $20m^3$ 이상인 압축기와 몇 m 이상을 유지하는가?

해설 & 답 — Explanation & Answer

30m 이상

 ① 제조설비는 제조소 경계까지 20m 이상유지
② 안전구역내의 고압가스설비는 다른 안전구역 내의 고압가스 설비와 30m 이상 유지

Question 07
다음 동영상의 명칭을 쓰시오.

해설 & 답 — Explanation & Answer

① 퓨즈 콕 ② 과류차단안전장치

Question 08

도로 폭이 10m 이상인 경우 매설깊이와 중압배관일 경우 기울기는 얼마인가?

해설 & 답

① 1.2m 이상

② 기울기 : $\dfrac{1}{500} \sim \dfrac{1}{1000}$

보충
① 철도부지와 수평거리, 도로경계와 수평거리, 산이나 들, 도로 폭이 8m 미만인 경우 : 1m 이상
② 시가지외 도로 노면 밑, 인도, 보도 등 방호구조물 내 도로 폭이 8m 이상인 경우 : 1.2m 이상

Question 09

다음 주유 취급소외 캐노피 기준이다. 다음 안에 알맞은 말을 쓰시오.
(1) 캐노피 면적은 주유 취급소 공지면적의 (①)로 할 것
(2) 배관이 캐노피 내부를 통과할 경우 (②) 이상의 점검구를 설치할 것
(3) 캐노피의 외부점검이 곤란한 장소에서 배관을 설치하는 경우 (③) 이음으로 할 것
(4) 충전호스의 길이 (④)m 이내로 할 것

해설 & 답

① $\dfrac{1}{2}$ ② 1
③ 용접   ④ 5

Question 10

가스라인을 보여주며 호칭지름 20mm, 배관 총길이 500m 호칭지름 50mm일 때 300m일 때 배관 고정 장치는 몇 개를 설치하여야 하는가?

해설 & 답

① 관경이 13mm 미만 시 : 1m 마다
② 관경이 13mm 이상 ~ 33mm미만 : 2m 마다
③ 관경이 33mm 이상 : 3m 이상

$$\therefore \frac{500}{2} + \frac{300}{3} = 550개$$

Question 11

다음 괄호 안을 채우시오.

기밀시험에 사용하는 가스의 농도가 ( )% 이하에서 작동하는 가스검지기를 사용하여 당해검지기가 작동되지 않는 것으로 판정하는 방법

해설 & 답

0.2%

※ 기능장 실기 문제는 수험생분들의 이야기를 토대로 만들기 때문에 문제가 상이할 수 있음을 알려드립니다.

2017년도 제 62 회 필답형

Question 01
배관에서 발생하는 진동의 원인 4가지를 쓰시오.

해설 & 답

① 안전밸브 분출에 의한 진동
② 압축기에 의한 진동
③ 펌프에 의한 진동
④ 파이프(배관)내를 흐르는 유체의 압력 변화에 의한 진동

Question 02
물(H_2O) 27kg을 전기분해하여 산소와 수소를 제조하여 내용적 $40l$의 용기에 0℃에서 150kgf/cm² · g으로 충전한다면 제조된 가스를 모두 충전하는데 필요한 최소용기는 몇 개인가?

해설 & 답

① $Q = (P+1)V_1 = (150+1) \times 0.04 \text{m}^3 = 6.04 \text{m}^3$

② $2H_2O \rightarrow 2H_2 + O_2$
  $2 \times 18 \text{kg} \quad 2 \times 22.4 \text{m}^3 \quad 22.4 \text{m}^3$
  $27 \text{kg} \quad\quad x \quad\quad\quad x$

$x = \dfrac{27 \text{kg} \times 2 \times 22.4 \text{m}^3}{2 \times 18 \text{kg}} = 33.6 \text{m}^3 (수소)$

$x = \dfrac{27 \text{kg} \times 22.4 \text{m}^3}{2 \times 18 \text{kg}} = 16.8 \text{m}^3 (산소)$

③ 수소 $= \dfrac{33.6 \text{m}^3}{6.04 \text{m}^3} = 5.56$개 ≒ 6개

산소 $= \dfrac{16.8 \text{m}^3}{6.04 \text{m}^3} = 2.78$개 ≒ 3개   ∴ 6 + 3 = 9개

Question 03

차량에 고정된 탱크에서 저장탱크로 LPG를 이·충전하는 방법 3가지를 쓰시오.

해설 & 답

① 차압에 의한 방법
② 펌프에 의한 방법
③ 압축기에 의한 방법

Question 04

내압 방폭구조에 대해 설명하시오.

해설 & 답

① **내압 방폭구조**(d) : 용기 내부에서 가연성 가스의 폭발이 발생할 경우에 그 용기가 폭발압력에 견디고 접합면, 개구부 등을 통하여 외부의 가연성 가스에 인화되지 않도록 한 구조
② **유입 방폭구조**(o) : 용기 내부에 기름을 주입하여 불꽃, 아크 또는 고온발생 부분이 기름 속에 잠기게 함으로서 기름 면 위에 존재하는 가연성 가스에 인화되지 않도록 한 구조
③ **압력 방폭구조**(p) : 용기 내부에 보호가스를 압입하여 내부압력을 유지함으로서 가연성 가스가 용기 내부로 유입되지 않도록 한 구조
④ **본질안전 방폭구조**(ia 또는 ib) : 정상 시 및 사고 시에 발생하는 전기불꽃 아크 또는 고온발생 부분에 의해 가연성 가스가 점화되지 아니하는 것이 점화시험 기타 방법에 의해 확인된 구조
⑤ **안전증 방폭구조**(e) : 정상운전 중에 가연성 가스의 점화원이 될 전기불꽃 아크 또는 고온부분 등의 발생을 방지하기 위해 기계적, 전기적 구조상 또는 온도상승에 대해 특히 안전도를 증가시키는 구조
⑥ **특수 방폭구조**(s) : 가연성 가스에 점화를 방지할 수 있다는 것이 시험, 기타 방법에 의해 확인된 구조

Question 05

냉매설비 안의 냉매가스의 압력이 상용의 압력을 초과하는 경우 즉시 상용의 압력 이하로 되돌릴 수 있도록 설치하는 과압 안전장치의 종류 4가지를 쓰시오.

해설 & 답

① 안전밸브
② 고압차단스위치
③ 압력릴리프 밸브
④ 파열판

Question 06

열전도율이 6kcal/mh℃, 두께가 30cm이고 고온부의 온도가 500℃ 저온부의 온도가 100℃일 경우 1m²에 전달되는 열량을 계산하시오.

해설 & 답

$$Q = \frac{\lambda A \Delta t}{d} = \frac{6 \times 1 \times (500-100)}{0.3} = 8000 \text{kcal}$$

Question 07

25층인 아파트에서 1층의 가스압력이 1.7kPa일 때 25층에서의 유출 압력은 몇 kPa인가?(단, 고저 차는 80m, 가스의 비중은 0.65이다.)

해설 & 답

$H = 1.293(1-s)h = 1.293(1-0.65) \times 80 = 36.20 \text{mmH}_2\text{O}$

∴ $760 \text{mmH}_2\text{O} = 101.3 \text{kPa}$

$36.20 \text{mmH}_2\text{O} = x$

$x = \dfrac{36.20 \text{mmH}_2\text{O} \times 101.3 \text{kPa}}{760 \text{mmH}_2\text{O}} = 4.82 \text{kPa}$

Question 08 수격작용에 대해 쓰시오.

해설 & 답   Explanation & Answer

펌프에서 물 압송 시 정전 등으로 급히 펌프가 멈추거나 수량조절밸브를 급히 폐쇄할 때 관내유속이 급격히 변화하면 물에 의한 심한 압력변화가 생겨 관 벽을 치는 현상

보충

① **캐비테이션**(cavitation)
유수 중에 어느 부분의 정압이 그때 물의 온도에 해당하는 증기압 이하로 되어 물이 증발을 일으키고 수중에 용입되어 있던 공기가 낮은 압력으로 인하여 기포가 발생하는 현상으로 공동현상이라고도 한다.

㉮ 영향
   ㉠ 소음과 진동발생
   ㉡ 깃에 대한 침식
   ㉢ 양정곡선과 효율곡선의 저하

㉯ 발생조건
   ㉠ 흡입 양정이 지나치게 길 때
   ㉡ 과속으로 유량이 증대될 때
   ㉢ 흡입관 입구 등에서 마찰저항 증가시
   ㉣ 관로 내의 온도가 상승될 때

㉰ 방지대책
   ㉠ 양흡입 펌프를 사용한다.
   ㉡ 수직축 펌프를 사용하고 회전차를 수중에 잠기게 한다.
   ㉢ 펌프를 두 대 이상 설치한다.
   ㉣ 펌프의 회전수를 낮춘다.
   ㉤ 펌프의 설치위치를 낮추어 흡입양정을 짧게 한다.
   ㉥ 관지름을 크게 하고 흡입측의 저항을 최소로 줄인다.

② **수격작용**(water hammering)
펌프에서 물을 압송하고 있을 때 정전 등으로 급히 펌프가 멈추거나 수량조절 밸브를 급히 폐쇄할 때 관내 유속이 급속히 변화하면 물에 의한 심한 압력의 변화가 생겨 관벽을 치는 현상을 수격작용이라고 한다.

※ 수격작용 방지책
  ① 완폐 체크 밸브를 토출구에 설치하고 밸브를 적당히 제어한다.
  ② 관경을 크게 하고 관내 유속을 느리게 한다.
  ③ 관로에 조압수조(surge tank)를 설치한다.
  ④ 플라이 휠을 설치하여 펌프속도의 급변을 막는다.

③ 서징(surging)
펌프를 운전할 때 송출압력과 송출유량이 주기적으로 변동하여 펌프 입구 및 출구에 설치된 진공계, 압력계의 지침이 흔들리는 현상을 말하며 맥동현상이라고도 한다.
㉮ 서징현상 발생원인
  ㉠ 펌프를 운전시 주기적으로 운동, 양정, 토출량이 변화될 때
  ㉡ 수량조절 밸브가 저장탱크 뒤쪽에 있을 때
  ㉢ 배관 중에 공기탱크나 물탱크가 있을 때
㉯ 서징현상 방지책
  ㉠ 방출 밸브 등을 사용하여 펌프 속 양수량을 서어징할 때의 양수량 이상으로 증가시킨다.
  ㉡ 임펠러나 가이드 베인의 현상과 치수를 바꾸어 그 특성을 변화시킨다.
  ㉢ 관로에 불필요한 잔류공기를 제거하고 관로의 단면적 및 유속 등을 변화시킨다.

Question 09

탄화수소에서 탄소의 수가 증가하면 아래사항은 어떻게 변하는지 쓰시오.
① 폭발하한값 : (   )   ② 증기압 : (   )
③ 끓는점 : (   )   ④ 발열량 : (   )
⑤ 발화점 : (   )

① 낮아진다.   ② 낮아진다.
③ 높아진다.   ④ 증가한다.
⑤ 낮아진다.

Question 10

다음 냉동기에 사용하면 안 되는 금속을 쓰시오.

해설 & 답

① 물 : 순도 99.7% 미만의 알루미늄
② 암모니아 : 동 및 동합금
③ 염화메틸 : 알루미늄 합금
④ 프레온 : 2%를 넘는 마그네슘을 함유한 알루미늄 합금

Question 11

공기 액화분리장치에서 수분의 영향과 흡착제 2가지를 쓰시오.

해설 & 답

① **수분의 영향** : 얼음이 되어 배관의 동결 폐쇄
② **흡착제** : 활성탄, 실리카겔

Question 12

배관의 전기방식 조치기준에서 토양 중에 있는 배관의 부식방지전위, 황산염 환원 박테리아가 번식하는 토양에서의 기준 전극 자연전위와의 전위변화는 얼마인가?

해설 & 답

① 토양 중에 있는 배관의 부식방지전위 : $-0.85V$ 이하
② 황산염 환원 박테리아가 번식하는 토양 : $-0.95V$ 이하
③ 자연전위와의 전위변화 : $-300mV$ 이하

2017년도 제 62 회 작업형

Question 01

공기 액화 분리장치에서 액화산소 (①)L 중 C_2H_2의 질량이 (②)mg, 탄화수소의 탄소질량이 (③)mg 초과 시 운전을 정지하고 액화산소를 방출해야 되는가?

해설 & 답

① 5 ② 5 ③ 500

Question 02

내진설계를 하여야 하는 경우 2가지를 쓰시오.

해설 & 답

① 저장능력 1000m^3 이상인 비가연성, 비독성가스
   (액화가스의 경우 10000kg)
② 저장능력 500m^3 이상인 가연성, 독성가스(액화가스의 경우 5000kg)
③ 동체부 높이가 5m 이상인 탑류
④ 지지구조물 및 기초와 이들의 연결부

보충 내진설계 제외대상 : ① 지하에 설치되는 시설
② 저장능력 3t 미만인 저장탱크 혹은 가스홀더

Question 03

다음 동영상의 명칭을 쓰시오.

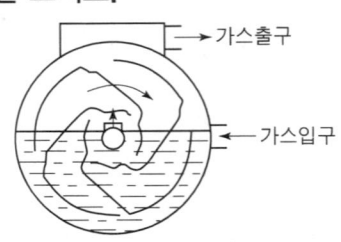

해설 & 답

습식가스미터

Question 04

LNG 저장시설에서 설치되는 물분무장치의 수원은 물분무장치 등을 동시에 몇 분 이상 연속하여 방수할 수 있는 물이 저장된 수원에 접속해야 하는가?

해설 & 답

30분

Question 05

공기보다 비중이 가벼운 도시가스 공급시설로서 공급시설이 지하에 설치된 경우의 통풍구를 쓰시오.

해설 & 답

① 통풍구조는 환기구를 2방향 이상 분산하여 설치할 것
② 배기구는 천정면 가까이 설치할 것
③ 흡입구 및 배기구의 관지름은 100mm 이상으로 하되 통풍이 양호하도록 할 것
④ 배기가스 방출구는 지면에서 3m 이상의 높이에 설치하되 화기가 없는 안전한 장소에 설치할 것

Question 06

다음 동영상의 명칭과 용도를 쓰시오.

해설 & 답

① 명칭 : 피그
② 용도 : 배관의 매설공사 완료 후 내압시험, 기밀시험 하기 전 피그를 공기압을 통해서 배관 내의 이물질, 수분, 먼지 등을 제거하는 것

Question 07

동영상에서 아세틸렌 용기를 보여주며 이 용기를 폭발성의 위험한 가스로서 희석제를 첨가해야 하는데 종류 4가지를 쓰시오.

해설 & 답

① 메탄 ② 일산화탄소 ③ 에틸렌 ④ 질소

Question 08

도로 폭이 6m인 도로에 도시가스배관을 매설 시 매설 깊이는 얼마인가?

해설 & 답

1m 이상

보충 철도경계와 수평거리, 도로경계와 수평거리, 산이나 들 도로 폭이 8m 미만 시 : 1m 이상

Question 09

저장능력 200Ton인 LNG 저압지하식 저장탱크의 외면과 사업소 경계까지 유지하여야 하는 안전거리는 몇 m 이상으로 하여야 하는가?

해설 & 답

안전거리 $= C\sqrt[3]{143000 \times W} = 0.24\sqrt[3]{143000 \times 200} = 73.395 = 73.40m$

여기서, W(Ton) : 저장능력 톤, C(정수) : 0.24(저압지하식 저장탱크)

보충
① 액화 천연가스 저장설비 및 처리설비는 그 외면으로부터 사업소 경계까지 50m 이상거리 또는 안전거리 산식에 의한 거리 중 큰 쪽과 동등 이상의 거리를 유지할 것.

$L = C \cdot \sqrt[3]{143,000\,W}$

여기서, L : 유지거리[m], W : 저장탱크는 저장능력의 제곱근[ton]
C : 정수 저압지하식 저장탱크 0.24, 그 밖에 처리설비 0.576

② 액화석유가스 저장설비 및 처리설비는 그 외면으로부터 제1종 및 제2종 보호시설까지 30m 이상거리 유지
③ 고압인 가스공급시설은 통로·공지 등으로 구획된 안전구역 내에 설치하되 그 면적은 2만m^2 미만일 것
④ 안전구역 내의 고압인 가스공급시설은 그 외면으로부터 그 안전구역에 인접하는 다른 안전구역 내에 있는 고압인 공급시설과 30m 이상의 거리 유지
⑤ 가스공급시설은 그 외면으로부터 그 제조소의 경계와 20m 이상의 거리 유지
⑥ 액화천연가스의 저장탱크는 그 외면으로부터 처리능력이 20만m^3 이상인 압축기와 30m 이상 거리 유지

Question 10

가스용 PE관을 융착이음 하고자 한다. 종류 3가지를 쓰시오.

해설 & 답

① 소켓 융착이음
② 맞대기 융착이음
③ 새들 융착이음

※ 기능장 실기 문제는 수험생분들의 이야기를 토대로 만들기 때문에 문제가 상이할 수 있음을 알려드립니다.

2018년도 제 63 회 필답형

Question 01

내용적 25000*l*인 액화산소저장탱크와 내용적 30m³인 압축산소용기가 배관으로 연결된 경우 총 저장능력은?(단, 액화산소비중량 1.14g/*l*, 산소의 최고충전압력은 15MPa이다.)

해설 & 답

① 액화산소(W) = $0.9dV_2$ = $0.9 \times 1.14 \times 25000$ = 25650kg
② 압축산소(Q) = $(P+1)V_1$ = $(150+1) \times 30\text{m}^3$ = 4530m³

Question 02

역화방지밸브와 역류방지밸브 설치할 것 3가지를 쓰시오.

해설 & 답

① 역화방지밸브
  ㉠ 가연성가스를 압축하는 압축기와 오토클레이브와의 사이
  ㉡ C_2H_2의 고압 건조기와 충전용교체밸브 사이
  ㉢ 수소화염 또는 산소, 아세틸렌 화염사용시설
  ㉣ 아세틸렌 충전용지관

② 역류방지밸브
  ㉠ 가연성가스 압축기와 유 분리기와의 사이
  ㉡ 가연성가스를 압축하는 압축기와 충전용주관과의 사이
  ㉢ 암모니아, 메탄올의 합성탑이나 정제탑과 압축기 사이
  ㉣ 독성가스 감압설비 뒤의 배관

Question 03

회전피스톤 바깥지름이 80mm, 그 두께가 150mm, 실린더의 안지름이 200mm, 회전수가 360rPM인 회전식 압축기의 시간당 피스톤 압출량(m³/h)은?

해설 & 답

$$V = \frac{\pi}{4}(D^2 - d^2) \times t \times R \times 60$$
$$= 0.785(0.2^2 - 0.08^2) \times 0.15 \times 360 \times 60 = 85.46 \, \text{m}^3/\text{h}$$

Question 04

프로판가스와 부탄가스를 액화한 혼합물이 30℃에서 프로판과 부탄의 몰비가 4 : 1로 되었다면 이 용기 내의 압력은 몇 atm인가?(단, 30℃에서 프로판 증기압 8000mmHg, 부탄 증기압 3000mmHg이다.)

해설 & 답

① 프로판
$$= \frac{4}{5} \times 8000 \text{mmHg} = 6400 \text{mmHg} \div 760 \text{mmHg}/1\text{atm} = 8.42 \text{atm}$$

② 부탄 $= \frac{1}{5} \times 3000 \text{mmHg} = 600 \text{mmHg} \div 760 \text{mmHg}/1\text{atm} = 0.789 \text{atm}$

Question 05

부피가 1.5l의 용기에 50℃에서 1몰의 기체가 존재 시 반데르바알스 식을 사용하여 압력을 구하시오.(단, a : 3.6, b : 4.28×10⁻²이다.)

해설 & 답

$$\left(P + \frac{n^2 a}{V^2}\right)(V - nb) = nRT$$

$$P = \frac{nRT}{(V-nb)} - \left(\frac{n^2 a}{V^2}\right) = \frac{1 \times 0.082 \times (273 + 50)}{(1.5 - 1 \times 4.28 \times 10^{-2}) - \left(\frac{3.6 \times 1^2}{1.5^2}\right)}$$

$$= 16.576 \, \text{atm}$$

Question 06

 스프링식 안전밸브의 작동압력을 쓰시오.

해설 & 답　　　　　　　　　　　　　　　　Explanation & Answer

① 0.7MPa 미만 시 : ±0.02MPa
② 0.7MPa 이상 시 : ±0.3%

Question 07

 오토클레이브의 정의를 쓰고, 종류 4가지를 쓰시오.

해설 & 답　　　　　　　　　　　　　　　　Explanation & Answer

① 정의 : 고온, 고압 하에서 화학적인 합성반응을 위한 고압반응 가마(솥)
② 종류 : ㉠ 교반형 ㉡ 가스 교반형 ㉢ 회전형 ㉣ 진탕형

Question 08

 CO_2의 제거 3가지와 용도 3가지를 쓰시오.

해설 & 답　　　　　　　　　　　　　　　　Explanation & Answer

① 제법
　㉠ 석회석을 가열 분해시켜 제조($CaCO_3 \rightarrow Ca + CO_2 \uparrow$)
　㉡ 코크스 연소 시 발생하는 가스 속에서 발생($C + O_2 \rightarrow CO_2$)
　㉢ 일산화탄소 전화반응의 부산물($CO + H_2O \rightarrow CO_2 + H_2$)
② 용도
　㉠ 드라이아이스 제조　　㉡ 소화제로 이용
　㉢ 탄산수 사이다 등의 청량제에 이용
　㉣ 요소($(NH_2)_2CO$)의 원료에 쓰이며 소다회 제조에 쓰인다.

Question 09

가연성가스 제조설비의 정전기제거 조치기준 3가지를 쓰시오.

Explanation & Answer

① 접지를 한다.
② 공기를 이온화한다.
③ 상대습도를 70% 이상으로 한다.

Question 10

다음 가스를 화학식으로 쓰시오.
(1) 메틸에틸에테르   (2) 메틸아민
(3) 프로필알콜   (4) 에틸아세테이트

Explanation & Answer

(1) $CH_3OC_2H_5$ (2) CH_3NH_2
(3) C_3H_7OH (4) $CH_3COOC_2H_5$

Question 11

안전장치의 종류 중 급격한 압력상승과 독성가스에 사용하며 부식성 유체나 괴상물질을 함유한 유체에도 사용가능한 것은?

Explanation & Answer

파열판식 안전밸브

Question 12

다층진공단열법의 특징 3가지를 쓰시오.

해설 & 답

① 단열층이 어느 정도 압력에 견디므로 내 층의 지지력이 있다.
② 고진공 단열법과 큰 차이 없는 50mm의 두께로 고진공 단열법보다 좋은 효과를 얻을 수 있다.
③ 최고의 단열성능을 얻으려면 10^{-5}Torr 정도의 높은 진공도를 필요로 한다.
④ 단열층 내의 온도분포가 복사전열의 영향으로 저온부분일수록 온도분포가 급하다. 이것을 저온 단열법으로서 열용량이 적으므로 유이하다.

※ 기능장 실기 문제는 수험생분들의 이야기를 토대로 만들기 때문에 문제가 상이할 수 있음을 알려드립니다.

2018년도 제 63 회 작업형

Question 01

전기방식법의 종류 4가지를 쓰시오.(부식되는 동영상 보여주며)

해설 & 답   Explanation & Answer

① 강제배류법 ② 유전양극법
③ 선택배류법 ④ 외부전원법

Question 02

다음은 탄산가스 용기 사진이다. 물음에 답하시오.(탄산가스용기 동영상 보여주며)

① C :   P :   S :
② 제조방법에 의한 용기 명칭
③ 이음매 없는 용기는 최고충전압력의 (   )배 이상을 곱한 수의 압력을 가할 때 항복을 일으키지 아니하는 두께
④ 최대두께와 최소두께의 차이는 평균 두께의 얼마인가?

해설 & 답   Explanation & Answer

① C : 0.55% 이하, P : 0.04% 이하, S : 0.05% 이하
② 이음매 없는 용기
③ 1.7
④ 20% 이하

Question 03

도시가스 배관 설치 시 표시 및 간격을 쓰시오.(도로바닥 라인 마크 동영상 보여주며)

Explanation & Answer

① 표시 : 라인마크
② 간격 : 50m

Question 04

퓨즈 콕의 기밀시험 압력은 몇 kPa인가?(퓨즈 콕 동영상 보여주며)

Explanation & Answer

35kPa

Question 05

충전용기 그림에서의 다음 뜻하는 것은 무엇인가?(충전용기 동영상 보여주며)

① W   ② AG
③ TP   ④ AP
⑤ LG

Explanation & Answer

① W : 용기질량   ② AG : 아세틸렌가스를 충전하는 용기 부속품
③ TP : 내압시험압력   ④ AP : 기밀시험압력
⑤ LG : 액화석유가스 외의 가스를 충전하는 용기 부속품

Question 06

가스 지하매설 배관의 재료 2가지를 쓰시오.(매설배관 동영상 보여주며)

해설 & 답

① PE관
② PLP관
③ 분말융착식 PE관

Question 07

액화석유가스 충전기 보호재 재질과 높이를 쓰시오.(액화석유가스 충전기 보호재 동영상 보여주며)

해설 & 답

① **재질** : 두께 12cm의 철근콘크리트
② **높이** : 80A 이상의 강관제와 45cm 이상

Question 08

다음 동영상의 명칭은 무엇이며 설치높이 기준을 쓰시오.(벤트스텍 동영상 보여주며)

해설 & 답

① **명칭** : 벤트스텍
② **설치기준** : ㉠ 가연성가스 : 착지농도가 폭발하한계값 미만
㉡ 독성가스 : 착지농도가 TLV-TWA 기준농도값 미만

Question 09

다음 동영상은 폴리에틸렌관 밸브이다. 다음에 답하시오.(폴리에틸렌관밸브 동영상 보여주며)
① 개폐용 핸들 열림표시   ② 표시사항

해설 & 답

① 시계바늘 반대방향
② ㉠ 제조년월 및 호칭지름   ㉡ 개폐방향
   ㉢ 상당 SDR값   ㉣ 재질
   ㉤ 최고사용압력   ㉥ 제조자명 또는 약호

Question 10

압축설비 확보공간과 공간 확보 제외사항을 쓰시오.(압축설비 동영상 보여주며)

해설 & 답

① 확보공간 : 1m 이상
② 제외대상 : 압축가스설비가 밀폐형구조물 안에 설치된 경우로서 유지, 보수를 위한 문 또는 창문이 설치된 경우

Question 11

교량하부의 배관과 지지대를 보여주면서 지지대의 설치간격은 몇 m인가?(교량하부 동영상 보여주며)

해설 & 답

16m

※ 기능장 실기 문제는 수험생분들의 이야기를 토대로 만들기 때문에 문제가 상이할 수 있음을 알려드립니다.

2018년도 제 64 회 필답형

Question 01

공기 액화분리기 복식정류탑에서 먼저 분리되는 가스와 나오는 부분은?

해설 & 답

① 질소 ② 상부정류탑

Question 02

최근 반도체산업, 태양전지산업에서 각광받고 있는 신소재물질로 특이한 냄새가 나는 무색의 기체이고 녹는점이 영하 187.4℃, 비점은 약 -112℃이고, 1% 이하는 불연성, 3% 이상은 공기 중에서 자연발화하며 독성가스로 분류되는 것은?

해설 & 답

모노실란(SiH_4)

Question 03

다음 보기를 보고 산소/질소 분류공정을 차례대로 나열하시오.

[보기] ① 열교환기   ② 냉각기   ③ 산소/질소 분류기
       ④ 압축 공기분류기   ⑤ 펌프   ⑥ 충전
       ⑦ 압축기   ⑧ 드라이어

해설 & 답

⑦ → ⑧ → ② → ① → ④ → ③ → ⑤ → ⑥

Question 04

다음 가스의 시험지명 및 변색상태를 쓰시오.
(1) Cl_2
(2) C_2H_2
(3) CO
(4) HCN

해설 & 답

(1) Cl_2 : KI전분지, 청색
(2) C_2H_2 : 염화제1동착염지, 적색
(3) CO : 염화파라듐지, 흑색
(4) HCN : 질산구리벤젠지, 청색

Question 05

소형 저장탱크 충전 시 주의사항 3가지를 쓰시오.

해설 & 답

① 과 충전이 되지 않도록 한다.
② 충전 중엔 정지 및 화기 접촉주의
③ 충전 전 정전기불꽃 방지를 위해 접지선을 접지한다.

Question 06
냉동기의 이코노마이저의 역할을 설명하시오.

해설 & 답

고온, 고압의 가스를 저온, 저압의 가스와 열 교환시키는 장치

Question 07
핫 태핑에 대하여 설명하시오.

해설 & 답

가스, 유류, 증기 및 온수 등을 공급중단 없이 분기작업, 교체작업 및 보수작업을 위한 천공작업(Tapping) 또는 천공 및 차단작업

Question 08
지름이 15cm인 관에서 직경이 30cm인 돌연 확대 관으로 유량 0.2m³/sec로 흐를 때 손실수두는?

해설 & 답

$$V_1 = \frac{Q}{A} = \frac{0.2}{0.785 \times 0.15^2} = 11.32 \text{m/sec}$$

$$V_2 = \frac{Q}{A} = \frac{0.2}{0.785 \times 0.3^2} = 2.83 \text{m/sec}^2$$

$$\therefore HL = \frac{(V_1 - V_2)^2}{2g} = \frac{(11.32 - 2.83)^2}{2 \times 9.8} = 3.68 \text{m}$$

Question 09

도시가스 공급설비 5가지를 쓰시오.

해설 & 답

① 정압기 ② 압송기 ③ 공급관
④ 가스홀더 ⑤ 가스발생설비

Question 10

C_2H_2의 위험성을 쓰시오

해설 & 답

동, 은, 수은 등과 반응하여 폭발성 화합물질인 동아세틸라이드 생성

Question 11

용기 내의 기체압력이 20℃에서 5kg/cm²였다. 40℃로 온도상승 시 압력은 몇 mmHg인가?(대기압은 1kg/cm²로 한다.)

해설 & 답

$$\frac{P_1 V_1}{T_1} = \frac{P_2 V_2}{T_2} \qquad P_2 = \frac{P_1 \times T_2}{T_1} = \frac{5 \times (273+40)}{(273+20)} = 5.34 \text{kg/cm}^2$$

∴ $1\text{kg/cm}^2 = 760\text{mmHg}$

$5.34\text{kg/cm}^2 = x$

$$x = \frac{5.34\text{kg/cm}^2 \times 760\text{mmHg}}{1\text{kg/cm}^2} = 4058.4\text{mmHg}$$

Question 12

고압가스제조설비에서 가연성가스를 대기 중으로 폐기하는 방법과 폐기할 때 주의사항을 쓰시오.

해설 & 답   Explanation & Answer

① **플레어스텍** : 플레어스텍 바로 밑의 지표면에 미치는 복사열이 4000kcal/m²h 이하가 되도록 할 것
다만, 출입이 통제되어 있는 지역은 그러하지 아니한다.

② **벤트스텍**
  ㉠ 방출된 가스의 착지농도가 가연성가스인 경우에는 폭발 하한계값 미만이 되도록 충분한 높이로 할 것
  ㉡ 가연성가스의 벤트스텍에는 정전기 또는 낙뢰 등에 의하여 착화된 경우에는 소화할 수 있는 조치를 할 것

※ 기능장 실기 문제는 수험생분들의 이야기를 토대로 만들기 때문에 문제가 상이할 수 있음을 알려드립니다.

2019년도 제 65 회 필답형

Question 01
몰드방폭구조(m)에 대하여 설명하시오.

해설 & 답

스파크나 열로 인해 폭발성 분위기를 점화시킬 수 있는 부품이 작동 또는 설치조건에서 분진층이나 폭발성 분위기의 점화를 방지하기 위해 컴파운드나 기타 비금속용기로 점착하여 완전히 둘러싸인 방폭구조

Question 02
안지름이 100mm인 관에 비중이 0.8인 기름이 평균속도 4m/s로 흐를 때 질량유량은 얼마인가?

해설 & 답

$$Q(\text{kg/s}) = \gamma \times A \times V$$
$$= 0.8 \times 1000 \text{kg/m}^3 \times 0.785 \times 0.1^2 \times 4\text{m/s}$$
$$= 25.12 \text{kg/s}$$

Question 03. 갈비닉 부식에 대해 설명하시오.

해설 & 답

두 이종금속이 용액 속에 담구어지게 되면 전위차가 존재하게 되고 따라서 이들 사이에 전자의 이동이 일어난다. 그리하여 귀전위(noble potential)를 가진 금속의 부식속도는 감소되고 활성전위(active potential)를 가진 금속의 부식 속도는 촉진된다. 즉 전자는 음극이고 후자는 양극이 된다. 이러한 형태의 부식을 갈바닉 부식 또는 이종금속 간의 부식이라고 한다.

Question 04. 탄소강에서 발생하는 저온취성에 대해 설명하시오.

해설 & 답

① 강의 온도가 상온 이하로 내려가면 재질이 매우 여리게 되고 충격, 피로 등에 대한 저항이 감소하는 성질
② 어느 온도 이하에서 거의 연성을 나타내지 않고 약간의 에너지로 파손하는 현상

Question 05. 방진 기초에 대하여 설명하시오.

해설 & 답

기계의 진동을 막기 위하여 바닥과 옆면에 고무, 금속, 용수철, 코르크 따위를 깔아 놓은 것

Question 06
지역 정압기의 종류 4가지를 쓰시오.

해설 & 답

① 레이놀드식 정압기   ② 피셔식 정압기
③ 엑셀플로우식 정압기   ④ KRF식 정압기

Question 07
도시가스 이송 시 경우에 따라 부스터(booster)를 설치하여야 한다. 이에 따른 부속설비 2가지와 설치이유를 설명하시오.

해설 & 답

① 부속설비 : ㉠ 온도계 ㉡ 압력계
② 설치이유 :
  ㉠ 온도계 : • 부스터 출구의 가스온도 측정
    • 강제 윤활장치를 가지는 경우 윤활유의 온도 측정
  ㉡ 압력계 : • 부스터 입구 및 출구의 가스압력 측정
    • 강제 윤활장치를 가지는 경우 윤활유의 압력 측정

Question 08
내용적 $2m^3$의 용기에 20℃, 5atm의 상태로 공기가 충전되어 있다. 같은 압력상태에서 공기의 온도가 50℃일 경우 공기의 질량은 얼마인가? (단, 공기의 분자량은 29이다.)

해설 & 답

① $PV = \dfrac{WRT}{M} \Rightarrow W = \dfrac{PVM}{RT} = \dfrac{5 \times 2000 \times 29}{0.082 \times (273+20)} = 12070.26g$

② 50℃ 상태의 공기 질량

$W = \dfrac{PVM}{RT} = \dfrac{5 \times 2000 \times 29}{0.082 \times (273+50)} = 10949.18g$

∴ 제거할 공기 질량 = 12070.26 - 10949.18 = 1121.26g = 1.12kg

Question 09

도시가스 안전관리 수준 평가기준 중 평가항목 4가지를 쓰시오.

해설 & 답

① 안전교육 훈련 및 홍보
② 운영관리
③ 시설관리
④ 비상사태
⑤ 가스사고

Question 10

빌트인(built-in) 연소기를 연소기와 호르연결부에서의 누출을 확인할 수 있도록 설치하는 것이 원칙이지만 확인할 수 없는 경우의 구조를 쓰시오.

해설 & 답

호스 단면적 이상의 점검구를 연소기와 호스 연결부 부근에 설치한다.

Question 11

과열압축 냉동기의 사이클을 설명하시오.

해설 & 답

건포화사이클로 작동하는 냉동기에서 증발기를 나간 건포화증기가 압축기로 흡입되는 도중 열을 흡수하여 과열증기 상태로 압축기에 들어가 작동되는 냉동기이다.

Question 12

다음 괄호 안에 알맞은 내용을 넣으시오.

(1) 배기구를 바닥면에 접하여 환기구 (①) 방향 이상 분산 설치
(2) 배기구를 천정으로부터 (②)cm 이내에 설치
(3) 배기구 및 흡입구 관지름은 (③)mm 이상으로 하되 통풍이 양호한 것으로 할 것
(4) 배기가스 방출구는 지면으로부터 (④)m 이상 착화원이 없는 안전한 장소에 설치할 것

해설 & 답

① 2   ② 30   ③ 100   ④ 3

※ 기능장 실기 문제는 수험생분들의 이야기를 토대로 만들기 때문에 문제가 상이할 수 있음을 알려드립니다.

2019년도 제 66 회 필답형

Question 01
고압가스안전관리법에서 초저온 용기의 정의를 쓰시오.

해설 & 답

−50℃ 이하인 액화가스를 충전하기 위한 용기로서 단열재로 피복하거나 냉동설비 등으로 냉각하는 등의 방법으로 용기 내의 가스온도가 상용의 온도를 초과하지 않도록 한 용기

보충 초저온저장탱크 : −50℃ 이하인 액화가스를 저장하기 위한 저장탱크로 단열재로 피복하거나 냉동설비 등으로 냉각하는 등의 방법으로 저장탱크 내의 가스온도가 상용의 온도를 초과하지 않도록 한 용기

Question 02
저장탱크 및 처리설비를 실내에 설치하는 기준 4가지를 쓰시오.

해설 & 답

① 저장탱크에 설치한 안전밸브는 지상 5m 이상의 높이에 방출구가 있는 가스방출관을 설치할 것
② 저장탱크 및 부속시설에는 부식방지 도장을 할 것
③ 저장탱크의 정상부와 저장탱크실 천정과의 거리는 60cm 이상으로 할 것
④ 저장탱크실 및 처리설비실을 설치한 주위에는 경계표지를 할 것
⑤ 저장탱크를 2개 이상 설치하는 경우에는 저장탱크실을 각각 구분하여 설치할 것
⑥ 저장탱크실과 처리설비실은 각각 구분하여 설치하고 강제통풍시설을 갖출 것
⑦ 저장탱크실 및 처리설비실은 천정, 벽 및 바닥의 두께가 30cm 이상인 철근콘크리트로 만든 실로서 방수처리가 된 것일 것

Question 03

도시가스사업법에 규정된 안전관리자의 종류 5가지를 쓰시오.

해설 & 답 — Explanation & Answer

① 안전점검원　② 안전관리원
③ 안전관리책임자　④ 안전관리부총괄자
⑤ 안전관리총괄자

Question 04

반드시 용접이음으로 하여야 하는 도시가스 공급배관 3가지를 쓰시오.

해설 & 답 — Explanation & Answer

① 지하매설배관(PE관 제외)
② 최고사용압력이 중압 이상인 노출배관
③ 최고사용압력이 저압으로서 호칭지름이 50A 이상의 노출배관

Question 05

펌프의 양액 불능 원인 4가지를 쓰시오.

해설 & 답 — Explanation & Answer

① 흡입 양정이 지나치게 클 때
② 흡입측 여과기의 막힘
③ 캐비테이션 발생시
④ 흡입관로 중에 에어포켓이나 공기가 침입했을 때
⑤ 펌프 내의 공기를 빼지 않은 경우

Question 06

불활성화 작업 중 스위프 퍼지란 무엇인지 쓰시오.

해설 & 답

한 쪽에서는 불활성가스를 주입하고 반대쪽에서는 가스를 방출하는 작업을 반복하는 것으로 대형 저장탱크 등에 사용한다.

Question 07

압력이 190kPa이고 전 부피가 0.4m³, 정압팽창 후 부피가 0.6m³ 증가한 내부에너지가 210kJ일 때 팽창에 필요한 열량은 얼마인가?

해설 & 답

$W = P(V_2 - V_1) +$ 내부에너지증가량
$= 190 + 101.325(0.6 - 0.4) + 210 = 268.27 \text{kJ}$

Question 08

특수방폭구조에 대하여 설명하시오.

해설 & 답

내압방폭구조, 유입방폭구조, 압력방폭구조, 본질안전증방폭구조, 안전증방폭구조 이외의 방폭구조로서 가연성가스에 점화를 방지할 수 있다는 것이 시험, 기타의 방법에 의해 확인된 구조

Question 09

수요자에게 액화석유가스를 공급시 체적판매방법으로 공급하여야 하나 중량판매방법으로 공급할 수 있는 경우 5가지를 쓰시오.

해설 & 답

① 내용적이 30L 미만의 용기로 액화석유가스를 사용하는 경우
② 옥외에서 이동하면서 액화석유가스를 사용하는 경우
③ 단독주택에서 액화석유가스를 사용하는 경우
④ 6개월 이내의 기간 동안 액화석유가스를 사용하는 경우
⑤ 산업용, 선박용, 농·축산용으로서 액화석유가스를 사용하거나 그 부대시설에서 액화석유가스를 사용하는 경우
⑥ 주택 외의 건축물 중 영업장의 면적이 40m² 이하인 곳에서 액화석유가스를 사용하는 경우

Question 10

내용적이 500L인 초저온용기 200kg을 12시간 방치 후 190kg이 남았다. 외기온도는 20℃일 때 이 용기의 침입열량을 계산하고 단열성능시험의 합격, 불합격을 판정하시오. (단, 기화잠열은 213526J/kg이고 액화산소의 비점은 -183℃이다.)

해설 & 답

$$Q = \frac{W \cdot q}{H \cdot \Delta t \cdot V} = \frac{(200-190) \times 213526}{12 \times (20-(-183)) \times 500}$$
$$= 1.753 \fallingdotseq 1.75 \text{J/L} \cdot \text{h} \cdot \text{℃}$$

보충 초저온용기의 단열성능시험 합격기준

내용적	침입열량	
1000L 미만	0.0005kcal/Lh℃ 이하	2.09J/Lh℃ 이하
1000L 이상	0.002kcal/Lh℃ 이하	8.37J/Lh℃ 이하

Question 11

압력이 180kPa인 공기가 배관의 안지름이 20cm, 평균속도는 0.2m/s, 온도는 20℃일 때 질량유량(g/s)을 계산하시오.

해설 & 답

밀도 $= \dfrac{P}{RT} = \dfrac{180 + 101.325}{0.082 \times (273 + 20)} = 11.709 \text{kg/m}^3 = 11.71 \text{kg/m}^3$

질량유량 $= \rho \times A \times V$
$= 11.71 \text{kg/m}^3 \times 0.785 \times 0.2^2 \times 0.2 \text{m/s}$
$= 0.0735 \text{kg/s} \times 1000 \text{g/kg} = 73.54 \text{g/s}$

Question 12

전 1차 공기식 버너의 특징을 4가지 쓰시오.

해설 & 답

① 역화가 발생하기 쉽다.
② 버너를 어느 방향으로도 설치가 가능하다.
③ 고온의 노 내부에 버너설치가 불가능하다.
④ 구조가 복잡하고 가격이 비싸다.
⑤ 압력 조정기가 필요하다.

※ 기능장 실기 문제는 수험생분들의 이야기를 토대로 만들기 때문에 문제가 상이할 수 있음을 알려드립니다.

2020년도 제 67 회 필답형

Question 01

고압가스 제조시설에 설치하는 내부반응 감시장치의 종류를 3가지 쓰시오.

해설 & 답

① 온도감시장치
② 유량감시장치
③ 압력감시장치

Question 02

물 27kg을 전기분해하여 수소와 산소를 제거하여 각각을 내용적 40L의 용기에다 0℃, 15MPa·g까지 충전하려면 용기는 최소한 몇 개가 필요한가?

해설 & 답

① $2H_2O \rightarrow 2H_2 + O_2$
   2×18kg 2×22.4m^3
   27kg x $x = \dfrac{27\text{kg} \times 2 \times 22.4\text{m}^3}{2 \times 18\text{kg}} = 33.6\text{m}^3$

② $2H_2O \rightarrow 2H_2 + O_2$
   2×18kg 22.4m^3
   27kg x $x = \dfrac{27\text{kg} \times 22.4\text{m}^3}{2 \times 18\text{kg}} = 16.8\text{m}^3$

③ $Q = (10P+1)V_1 = (10 \times 15 + 1) \times 0.04\text{m}^3 = 6.04\text{m}^3/$개

∴ 수소 : $\dfrac{33.6\text{m}^3}{6.04\text{m}^3/\text{개}} = 5.56$개 → 6개

  산소 : $\dfrac{16.8\text{m}^3}{6.04\text{m}^3/\text{개}} = 2.78$개 → 3개   총 9개가 필요하다.

Question 03
설정압력 및 상용압력의 정의를 쓰시오.

해설 & 답

① **설정압력** : 안전밸브의 설계상 정한 분출압력 또는 분출개시압력으로서 명판에 표시된 압력
② **상용압력** : TP 및 AP의 기준이 되는 압력으로서 사용상태에서 해당설비 등의 각 부에 작용하는 최고사용압력

Question 04
아보가드로 법칙, 보일의 법칙, 샬의 법칙 등을 이용하여 이상기체 상태방정식 $PV=nRT$를 증명하시오.

해설 & 답

① 보일의 법칙 : 온도가 일정할 때 압력은 부피에 반비례한다.
$$P = \frac{1}{V}$$
② 샬의 법칙 : 압력이 일정할 때 온도와 부피는 비례한다.
$$V = T$$
③ 보일-샬의 법칙 : 기체의 체적은 절대온도에 비례하고 압력에 반비례한다.
$$V = \frac{T}{P}$$
④ 이상기체 상태방정식

보일-샬의 법칙 $V = \dfrac{T}{P}$

아보가드로 법칙 $V = n$(부피는 몰 수에 비례)

두 법칙을 합치면 $V = \dfrac{nTk}{P}$ (k는 기체상수이고 R이라고 표시)

∴ $R = \dfrac{PV}{nT}$, $PV = nRT$

기체상수$(R) = \dfrac{1\text{atm} \times 22.4\text{L}}{1\text{mol} \times (273+0)} = 0.082\text{L} \cdot \text{atm/mol} \cdot \text{K}$이다.

Question 05

도시가스 배관 중 지하에 매설하는 배관 3가지를 쓰시오.

해설 & 답   Explanation & Answer

① 가스용 폴리에틸렌관
② 폴리에틸렌 피복강관
③ 분말용착식 폴리에틸렌 피복강관

Question 06

산소저장설비의 저장능력에 따라 보호시설과 유지해야 하는 안전거리이다. 빈 칸에 알맞은 숫자를 쓰시오.

저장능력	제1종 보호시설	제2종 보호시설
1만 이하	①	8m
1만 초과 2만 이하	14m	②
2만 초과 3만 이하	③	11m
3만 초과 4만 이하	18m	④
4만 초과	⑤	14m

해설 & 답   Explanation & Answer

① 12m ② 9m ③ 16m ④ 13m ⑤ 20m

 안전거리

저장능력 압축가스(m³) 액화가스(kg)	독성·가연성		산소		기타(질소)	
	1종	2종	1종	2종	1종	2종
1만 이하	17m	12m	12m	8m	8m	5m
1만 초과 2만 이하	21m	14m	14m	9m	9m	7m
2만 초과 3만 이하	24m	16m	16m	11m	11m	8m
3만 초과 4만 이하	27m	18m	18m	13m	13m	9m
4만 초과	30m	20m	20m	14m	14m	10m

Question 07

독성가스 중 그 설비로부터 독성가스가 누출될 경우 이때 누설된 독성가스의 제독조치 방법 3가지를 쓰시오.

해설 & 답

① 플레어스텍에서 안전하게 연소시키는 방법
② 흡착제로 흡착 제거하는 방법
③ 물 또는 흡수제로 흡수 또는 중화시키는 방법

Question 08

초저온저장탱크와 저온저장탱크를 설명하고 사용할 수 있는 재료 2가지를 쓰시오.

해설 & 답

① **초저온저장탱크** : -50℃ 이하인 액화가스를 저장하기 위한 저장탱크로서 단열재로 피복하거나 냉동설비 등으로 냉각하는 등의 방법으로 저장탱크 내의 가스온도가 상용의 온도를 초과하지 않도록 한 것을 말한다.
② **저온저장탱크** : 액화가스를 저장하기 위한 탱크로서 단열재로 피복하거나 냉동설비 등으로 냉각하는 등의 방법으로 저장탱크 내의 가스온도가 상용의 온도를 초과하지 않도록 한 것 중 초저온저장탱크와 가연성가스 저온저장탱크를 제외한 것을 말한다.
③ **재료** : ㉠ 9% 니켈강
　　　　 ㉡ 동 및 동합금강
　　　　 ㉢ 알루미늄 합금강
　　　　 ㉣ 18-8 스테인리스강

Question 09

액화가스를 원심펌프로 이송시 기동순서를 다음 보기에서 찾아서 열거하시오.

〈보기〉 ① 전동기 스위치를 켠다.
② 가스를 제거한다.
③ 토출밸브를 서서히 연다.
④ 흡입밸브를 연다.

해설 & 답

④ → ② → ① → ③

Question 10

다음 설명하는 가스명칭을 보기에서 찾아 쓰시오.

〈보기〉 H_2 Cl_2 NH_3 C_2H_4

① 기체 중에서 가장 가벼운 기체이고 탈탄작용을 일으킨다.
② 물 1cc에 800cc가 용해되며, 누설시 적색 리트머스시험지를 청색으로 변화시킨다.
③ 물에는 녹지 않고 알코올, 에테르에 잘 녹는다.
④ 황록색 기체이며 LC50인 경우 293ppm이다.

해설 & 답

① 수소(H_2)   ② 암모니아(NH_3)   ③ 에틸렌(C_2H_4)   ④ 염소(Cl_2)

※ 기능장 실기 문제는 수험생분들의 이야기를 토대로 만들기 때문에 문제가 상이할 수 있음을 알려드립니다.

2020년도 제 68 회 필답형

Question 01

LPG 저장탱크를 지하에 설치할 때 저장탱크실은 레드믹스 콘크리트(ready-mixed concrete)를 사용하여 시공하여야 하는데 이때 재료의 규격에 해당하는 항목 5가지를 쓰시오.

해설 & 답

① 슬럼프(slump) : 120~150mm
② 공기량 : 4% 이하
③ 물-결합재비 : 50% 이하
④ 설계강도 : 21MPa 이상
⑤ 굵은골재의 최대치수 : 25mm

Question 02

지하에 정압기실을 설치시 고려할 사항 5가지를 쓰시오.

해설 & 답

① 정압기는 설치 후 2년에 1회 이상 분해점검을 실시하고 1주일에 1회 이상 작동상황점검을 실시할 것
② 지하에 설치 시 정압기 시설의 조작을 안전하고 확실하게 하기 위해 조명도는 150lx로 할 것
③ 입구 및 출구에는 가스차단장치를 설치할 것
④ 정압기 입구에는 수분 및 불순물 제거장치를 설치할 것
⑤ 정압기실은 통풍장치 및 침수방지 조치를 할 것
⑥ 정압기 출구에는 가스압력을 측정, 기록할 수 있는 장치를 설치할 것

Question 03. 직동식 정압기를 구성하는 것 3가지를 쓰고 설명하시오.

해설 & 답 *Explanation & Answer*

① **메인밸브** : 조정밸브라 하며 가스의 유량을 밸브의 열린 정도에 의해 직접 조정하는 부분
② **다이어프램** : 2차압력을 감지하여 그 2차압력의 변동을 메인밸브에 전달하는 부분
③ **스프링** : 조정되어야 할 압력(2차압력)을 설정하는 부분

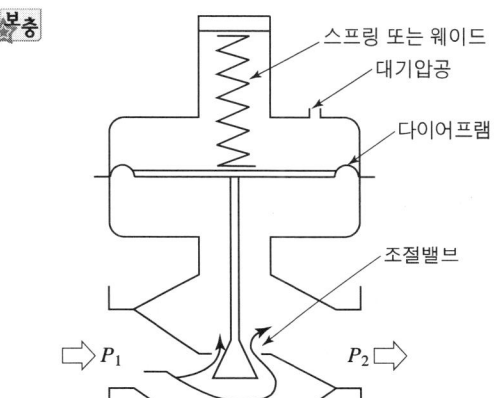

[직동식 정압기의 구조]

① 2차측 압력이 설정압력인 경우(평형상태) : 다이어프램에 작용하는 2차압력과 스프링의 힘이 같기 때문에 메인밸브가 움직이지 않고 가스가 메인밸브를 통과하여 2차측으로 들어간다.
② 2차측 압력이 설정압력 이상인 경우 : 2차측 가스 사용량이 감소하면 2차압력이 설정압력 이상으로 상승하는데 이 경우 다이어프램을 위로 밀어 올리는 힘이 스프링의 힘보다 커져서 다이어프램에 직결된 메인밸브를 위로 움직여 가스의 흐름을 제한하고 2차압력을 낮아지게 하여 2차압력을 설정압력으로 만든다.
③ 2차측 압력이 설정압력 이하인 경우 : 2차측 가스 사용량이 증가하면 2차압력이 설정압력 이하로 감소하는데 이 경우 다이어프램을 위로 밀어 올리는 힘이 스프링의 힘보다 약해져 다이어프램에 직결된 메인밸브를 아래로 움직여 밸브의 열림을 크게 하고 가스의 흐름을 증가시켜 2차압력을 설정압력까지 회복하도록 작동한다.

Question 04

금속라이너 압력용기 제조공정 중 금속라이너의 항복점을 초과하는 압력을 가하여 영구소성 변형을 일으키는 것을 무엇이라 하는가?

해설 & 답

자기처리(auto-freetage)

Question 05

냉열발전시스템을 설명하시오.

해설 & 답

액화천연가스가 기화할 때 방출되는 냉열에너지를 이용한 발전으로 냉열 그 자체로는 에너지량이 적어 수증기를 만들 수 없으므로 적은 에너지로도 즉시 수증기를 만들 수 있는 특수한 열매체를 사용

Question 06

공기보다 가벼운 도시가스 정압기실 통풍구조 4가지를 쓰시오.

해설 & 답

① 배기구는 천정면으로부터 30cm 이내
② 통풍구조는 환기구를 2방향 이상 분산 설치
③ 배기가스 방출구는 지면에서 3m 이상 설치하되 화기가 없는 안전한 장소에 설치
④ 흡입구 및 배기구의 관지름은 100mm 이상으로 하되 통풍이 양호하도록 할 것

아세틸렌 충전작업에 대한 다음 ( ) 안에 알맞은 내용을 쓰시오.

(1) 습식아세틸렌 발생기 표면온도는 (①)℃ 이하로 유지한다.
(2) 아세틸렌을 2.5MPa 압력으로 압축 시 메탄, 일산화탄소, 에틸렌, 질소 등의 (②) 첨가한다.
(3) 아세틸렌을 용기에 충전 시 충전 중의 압력은 2.5MPa 이하로 하고 충전 후의 압력은 15℃에서 (③)MPa 이하로 될 때까지 정치하여 둔다.
(4) 아세틸렌을 용기에 충전 시 다공도가 (④)%가 되도록 한 후 아세톤이나 DMF을 고루 침윤시킨 후 충전한다.

해설 & 답

① 70   ② 희석제   ③ 1.5   ④ 75% 이상 92% 미만

아세틸렌가스의 분해폭발반응식을 쓰고 설명하시오.

해설 & 답

① 반응식 : $C_2H_2 \rightarrow 2C + H_2$
② 가압, 충격 등에 의해 아세틸렌이 탄소와 수소로 분해하여 일어나는 폭발이다.

보충 아세틸렌 폭발
① 산화폭발 : $C_2H_2 + 2.5O_2 \rightarrow 2CO_2 + H_2O$
② 분해폭발 : $C_2H_2 \rightarrow 2C + H_2 + 54.2\text{kcal}$
③ 화합폭발 : $C_2H_2 + 2Cu \rightarrow Cu_2C_2 + H_2$
$C_2H_2 + 2Ag \rightarrow Ag_2C_2 + H_2$
$C_2H_2 + 2Hg \rightarrow Hg_2C_2 + H_2$

Question 09

내용적 2m³의 용기 속에 절대압력으로 600kPa, 80℃의 상태로 공기와 메탄이 혼합되어 있을 때 메탄의 질량은 얼마인가? (단, 과잉공기계수(공기비)는 1.2이다.)

해설 & 답

① $CH_4 + 2O_2 \rightarrow CO_2 + 2H_2O$

A(실제 공기량 몰수) $= m \times A_o = 1.2 \times \dfrac{2}{0.21} = 11.43 \text{mol}$

② 메탄의 몰분율(%) $= \dfrac{\text{성분기체몰수}}{\text{전체몰수}} \times 100 = \dfrac{1}{1+11.43} \times 100$

$= 8.045\% = 8.05\%$

③ 메탄의 질량 : $PV = GRT$에서

$G = \dfrac{PV}{RT} = \dfrac{600 \times (2 \times 0.0805)}{\dfrac{8.314}{16} \times (273+80)} = 0.526 = 0.53 \text{kg}$

Question 10

어느 냉동장치에서 20℃ 물을 -10℃의 얼음으로 만드는데 물 1톤당 50kWh의 동력이 소요되었을 때 성적계수는 얼마인가? (단, 얼음의 융해잠열 80kcal/kg, 비열은 0.5kcal/kg이다.)

해설 & 답

① 20℃ 물 → 0℃ 물

$Q_1 = G_1 \cdot C_1 \cdot \Delta t_1 = 1000 \times 1 \times (20-0) = 20000 \text{kcal}$

② 0℃ 물 → 0℃ 얼음

$Q_2 = G_2 \cdot \gamma_2 = 1000 \times 80 = 80000 \text{kcal}$

③ 0℃ 얼음 → -10℃ 얼음

$Q_3 = G_3 \cdot C_3 \cdot \Delta t_3 = 1000 \times 0.5 \times (0-(-10)) = 5000 \text{kcal}$

④ $Q = Q_1 + Q_2 + Q_3 = 20000 + 80000 + 5000 = 105000 \text{kcal}$

∴ 성적계수 $= \dfrac{Q(\text{냉동능력})}{Aw(\text{압축일량})} = \dfrac{105000}{50 \times 860} = 2.44$

Question 11

질량비로 C : 84%, H : 16%인 탄화수소의 분자량이 112일 때, 완전연소에 필요한 산소몰수를 구하시오. (단, C의 원자량은 12, H의 원자량은 1이다.)

해설 & 답 — Explanation & Answer

① 탄소의 수 $= \dfrac{\text{탄화수소분자량} \times \text{탄소질량비}}{\text{탄소원자량}} = \dfrac{112 \times 0.84}{12}$
$= 7.84 = 8$개

② 산소의 수 $= \dfrac{112 \times 0.16}{1} = 17.92 = 18$개

∴ 분자식은 C_8H_{18}(옥테인＝옥탄)

③ 완전연소반응식 : $C_8H_{18} + 12.5O_2 \rightarrow 8CO_2 + 9H_2O$

※ 기능장 실기 문제는 수험생분들의 이야기를 토대로 만들기 때문에 문제가 상이할 수 있음을 알려드립니다.

2021년도 제 69 회 필답형

Question 01

공업용 용기에 충전하는 가스의 종류에 따른 용기 종류를 쓰시오.
① 이산화탄소
② 산소
③ 질소
④ 염소
⑤ 아세틸렌

해설 & 답

① 이산화탄소 : 청색
② 산소 : 녹색
③ 질소 : 회색
④ 염소 : 갈색
⑤ 아세틸렌 : 황색

보충 충전용기 도색 및 문자 색상

<u>청</u><u>탄</u><u>산</u> <u>산</u><u>녹</u>에서 <u>황</u><u>아</u><u>체</u> 안주삼아 <u>수</u><u>주</u>잔 높이 들고 <u>백</u><u>암</u><u>산</u> 바라보니
　①　②　　　③　　　　④　　　　　⑤
<u>염소</u>는 <u>갈색</u>으로 보이고 <u>쥐</u>들은 <u>기타</u>를 치더라.
　　⑥　　　　　　　　⑦

① 탄산가스 : 청색 ② 산소 : 녹색 ③ 아세틸렌 : 황색
④ 수소 : 주황 ⑤ 암모니아 : 백색 ⑥ 염소 : 갈색
⑦ 기타 : 쥐색(회색)

Question 02

체적비로 메탄 40%, 수소 40%, 일산화탄소 20%의 혼합가스의 공기 중 폭발하한계값은 얼마인가?

해설 & 답 — Explanation & Answer

$$\frac{100}{L} = \frac{V_1}{L_1} + \frac{V_2}{L_2} + \frac{V_3}{L_3} + \cdots\cdots + \frac{V_n}{L_n}$$

$$\frac{100}{L} = \frac{40}{5} + \frac{40}{4} + \frac{20}{12.5}$$

$$\frac{100}{L} = 19.6 \quad \therefore \quad L = \frac{100}{19.6} = 5.10\%$$

Question 03

냉동설비에 설치하는 계측설비에 대한 다음 물음에 답하시오.
(1) 냉동능력 20톤 이상의 냉동설비에 설치하는 압력계는?
(2) 가연성가스 또는 독성가스를 냉매로 사용하는 수액기에 설치할 수 없는 액면계는?

해설 & 답 — Explanation & Answer

(1) 부르동관 압력계
(2) 환형유리관식 액면계

Question 04

고압가스설비에 설치되는 과압안전장치의 분출원인이 화재인 경우 안전밸브의 수량에 관계없이 최고 허용사용압력의 얼마로 하여야 하는가?

해설 & 답 — Explanation & Answer

121% 이하

보충 과압안전장치 축적압력
(1) 분출원인이 화재가 아닌 경우
  ① 안전밸브를 1개 설치한 경우의 안전밸브의 축적압력은 최고 허용사용압력의 110% 이하로 한다.
  ② 안전밸브를 2개 이상 설치한 경우의 안전밸브의 축적압력은 최고 허용사용압력의 116% 이하로 한다.

Question 05

부취제의 구비조건 5가지를 쓰시오.

해설 & 답

① 독성 및 가연성이 아닐 것
② 도관을 부식시키지 말 것
③ 토양에 대한 투과성이 클 것
④ 보통 존재하는 냄새와 명확히 구별될 것
⑤ 가스관이나 가스미터에 흡착되지 않을 것
⑥ 극히 낮은 농도에서도 냄새가 확인될 수 있을 것

보충 부취제의 종류
① THT(테트라히드로티오펜) : 석탄가스 냄새
② TBM(터시어리부틸메르캅탄) : 양파 썩는 냄새
③ DMS(디메틸썰파이드) : 마늘 썩는 냄새

Question 06

어느 냉동장치로 20℃, 1톤의 물을 -10℃의 얼음으로 만드는데 물 1톤 당 50kW의 동력이 소요되었을 때 성적계수는 얼마인가? (단, 얼음의 융해잠열 336kJ/kg, 얼음의 비열 2.1kJ/kg · ℃이다.)

해설 & 답

① 20℃물 → 0℃물
 $Q_1 = G_1 \times C_1 \times \Delta t_1 = 1000\text{kg} \times 4.2 \times (20-0) = 84000\text{kJ}$

② 0℃물 → 0℃얼음
 $Q_2 = G_2 \times \gamma_2 = 1000\text{kg} \times 336\text{kJ/kg} = 336000\text{kJ}$

③ 0℃얼음 → -10℃얼음
 $Q_3 = G_3 \times \gamma_3 \times \Delta t_3 = 1000\text{kg} \times 2.1 \times (0-(-10)) = 21000\text{kJ/kg}$

∴ 제거해야 할 합계 열량(total) $Q = Q_1 + Q_2 + Q_3$
$= 84000 + 336000 + 21000$
$= 441000\text{kJ}$

∴ 성적계수(COP) $= \dfrac{Q}{Aw} = \dfrac{441000}{50 \times 860 \times 4.2} = 2.44$

오토(otto) 사이클에서 압축비가 6에서 8로 변경되었을 때 열효율은 몇 % 증가하는가?

해설 & 답

① 오토사이클의 열효율 $= 1 - \left(\dfrac{1}{\epsilon}\right)^{k-1} \times 100$

∴ 압축비가 6인 경우의 열효율 $= 1 - \left(\dfrac{1}{6}\right)^{1.4-1} \times 100 = 51.16\%$

압축비가 8인 경우의 열효율 $= 1 - \left(\dfrac{1}{8}\right)^{1.4-1} \times 100 = 56.47\%$

② 열효율 증가 $= 56.47 - 51.16 = 5.31\%$

도시가스 배관을 용접접합에 의하여 이음하는 것에 대한 내용 중 (   ) 안에 알맞은 용어를 넣으시오.

(1) 배관 등의 용접방법은 (   ) 또는 이와 동등 이상의 강도를 갖는 용접방법으로 한다.
(2) 배관 상호의 길이 이음매는 외주방향에서 원칙적으로 (   ) 이상 떨어지게 한다.
(3) 배관의 용접은 (   )을 사용하며 가운데서부터 정확하게 위치를 맞춘다.
(4) 배관의 두께가 다른 배관의 맞대기 이음에서는 배관 두께가 완만히 변화하도록 길이 방향의 기울기를 (   )로 한다.

해설 & 답

(1) 아크용접   (2) 지그(jig)
(3) 50mm   (4) $\dfrac{1}{3}$ 이상

Question 09

고압가스안전관리법상 중간검사를 받아야 하는 공정 5가지를 쓰시오.

해설 & 답

① 저장탱크를 지하에 매설하기 직전의 공정
② 방호벽 또는 저장탱크의 기초 설치 공정
③ 내진설계 대상 설비의 기초 설치 공정
④ 한국가스안전공사가 지정하는 부분의 비파괴 시험을 하는 공정
⑤ 가스설비 또는 배관의 설치가 완료되어 기밀시험 또는 내압시험을 할 수 있는 상태의 공정

Question 10

염소의 제법 중 클로로 알칼리 공정의 반응식을 쓰고 설명하시오.

해설 & 답

① 반응식 : $2NaCl + 2H_2O \rightarrow 2NaOH + H_2 + Cl_2$
② 설명 : 염소의 공업적 제법으로 NaCl(소금=염화나트륨)을 전기분해에 의해 제조하는 것으로 음극에서는 수소기체가 발생하며 그 주위에서 NaOH가 생기고 양극에서는 염소기체가 생성된다.

Question 11

액화가스 배관은 사용하지 않을 때 액화가스가 충만한 상태로 밸브를 닫아 놓으면 대단히 위험하다. 그 이유와 조치방법을 설명하시오.

해설 & 답

① 이유 : 액봉상태가 되어 배관 주변의 온도가 상승하면 액화가스가 팽창하여 압력이 상승하여 배관이 파열된다.
② 조치방법 : 가스배관을 사용하지 않을 경우에는 필요한 밸브를 닫고 배관 내부의 액화가스를 드레인밸브를 통하여 배출시키거나 액화가스가 액봉상태로 되는 경우에는 배관에 안전밸브를 설치한다.

Question 12

가스비중이 0.55인 도시가스를 아파트 층수가 30층인 곳에 공급했을 때 압력상승은 몇 Pa인가? (단, 아파트 1개 층의 높이는 2.5m, 공기의 밀도 1.293kg/m³, 중력가속도는 9.8m/s²이다.)

해설 & 답

$H = 1.293(S-1)h = 1.293(0.55-1) \times (30 \times 2.5) \times 9.8 = -427.65 \text{Pa}$

∴ 427.65Pa 상승

보충
① 가스비중이 1보다 작은 가스는 입상관에서 손실압력을 계산하면 "−"값이 나오며, "−"값은 공기보다 가벼운 가스이기 때문에 압력이 상승되는 것을 의미
② 입상관에서의 압력손실(H) = $1.293(S-1)h$에 의하여 계산되는 최종값의 단위는 mmH₂O이다.
③ 단위 : $1N = \text{kg} \cdot \text{m/s}^2$
   $\text{kg/m}^2 \times \text{m/s}^2 = \text{kg} \cdot \text{m/m}^2 \cdot \text{s}^2 \rightarrow \text{N/m}^2 = \text{Pa}$

※ 기능장 실기 문제는 수험생분들의 이야기를 토대로 만들기 때문에 문제가 상이할 수 있음을 알려드립니다.

2021년도 제 69 회 작업형

Question 01

가스자동차단 장치를 구성한 것에서 지시하는 것의 명칭과 기능을 쓰시오.

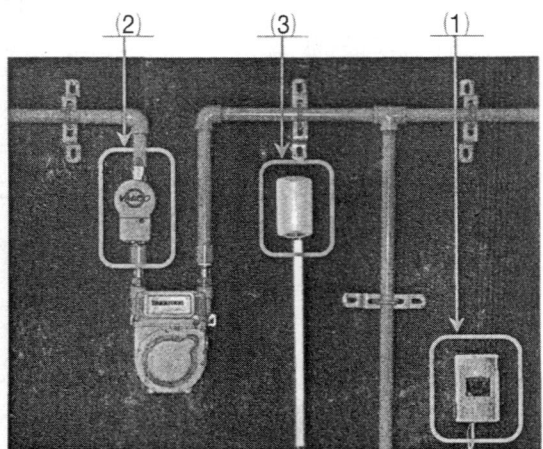

해설 & 답

(1) **제어부** : 차단부에 자동차단신호를 보내는 기능, 차단부를 원격 개폐할 수 있는 기능 및 경보기능을 가진 것
(2) **차단부** : 제어부로부터 보내진 신호에 따라 가스의 유무를 개폐하는 기능을 가진 것
(3) **검지부** : 누출된 가스를 검지하여 제어부로 신호를 보내는 기능을 가진 것

Question 02

시가지 외의 지역에 설치하는 표지판에 대한 물음에 답하시오.

(1) 설치간격은 얼마인가?
(2) 크기(치수)는 얼마인가?

해설 & 답

(1) 500mm 이내
(2) 가로 200mm 이상 세로 150mm 이상

Question 03

다음 동영상에서 보여주는 압력계의 명칭과 용도를 쓰시오.

해설 & 답

① 명칭 : 자유피스톤식 압력계(=부유피스톤식 압력계=분동식 압력계)
② 용도 : 탄성식 압력계의 점검 및 눈금교정

Question 04

가스용 폴리에틸렌관 매설에 대한 다음 물음에 답하시오.
(1) PE관을 매설하는 도로폭이 12m 이상일 경우 매설깊이는 얼마인가?
(2) 도로가 평탄할 경우 배관의 기울기는 얼마인가?

해설 & 답

(1) 1.2m 이상
(2) $\dfrac{1}{500} \sim \dfrac{1}{1000}$

보충 도로폭이 8m 미만시 : 1m 이상
도로폭이 8m 이상시 : 1.2m 이상

Question 05

방류둑 성토의 기울기는 수평에 대하여 (①)도 이하로 하며 성토 윗부분의 폭은 (②)cm 이상으로 한다.

해설 & 답

① 45
② 30

보충 방류둑 설치
① 가연성, 산소 : 1000ton 이상
② 독성 : 5ton 이상
③ 암모니아를 사용하는 수액기 내용적 : 10000L 이상

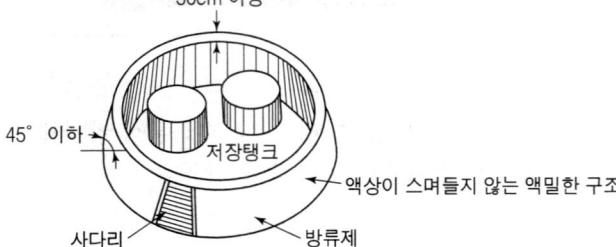

Question 06

공기보다 비중이 가벼운 도시가스 정압기실을 지하에 설치할 때 통풍구조를 쓰시오.

해설 & 답　　　　　　　　　　　　　　　　　Explanation & Answer

① 통풍기능(구조) 면적합계가 바닥면적 $1m^2$ 당 $300cm^2$ 이상으로 할 것
② 통풍구조는 환기구를 2방향 이상 분산하여 설치할 것
③ 배기구는 천정면으로부터 30cm 아래로 할 것
④ 1개 환기구 면적을 $2400cm^2$ 이하로 할 것
⑤ 배기가스 방출구는 지면에서 3m 이상의 높이에 설치할 것

보충 강제통풍장치를 설치할 것
① 통풍능력이 바닥면적 $1m^2$ 마다 $0.5m^3/min$ 이상으로 할 것
② 배기구는 바닥면 가까이 설치할 것
③ 배기가스 방출구는 지면에서 5m 이상의 높이에 설치할 것

Question 07

LPG 자동차 용기 충전소에 대한 물음에 답하시오.
(1) 충전기 충전호스 길이는 얼마인가?
(2) 충전기 상부에 설치하는 캐노피의 면적은 얼마인가?

해설 & 답　　　　　　　　　　　　　　　　　Explanation & Answer

(1) 5m 이내
(2) 공지면적 $\frac{1}{2}$ 이하

Question 08

다음 보기에서 설명하는 방폭구조는 무엇인지 쓰시오.

> 용기 내부에 절연유를 주입하여 불꽃, 아크 또는 고온발생부분이 기름 속에 잠기게 함으로써 기름면 위에 존재하는 가연성가스에 인화되지 않도록 한 구조

(1) 방폭구조의 명칭을 쓰시오.
(2) 방폭구조의 표시방법을 쓰시오.

해설 & 답

(1) 유입방폭구조
(2) O

 ① 내압방폭구조(d) : 방폭전기기기의 용기 내부에서 가연성가스의 폭발이 발생할 경우 그 용기가 폭발압력에 견디고 접합면, 개구부 등을 통하여 외부의 가연성가스가 인화되지 않도록 한 구조
② 압력방폭구조(p) : 용기 내부에 보호가스를 압입하여 내부의 압력을 유지함으로써 가연성가스가 용기 내부로 유입되지 않도록 한 구조
③ 안전증방폭구조(e) : 정상운전 중에 가연성가스의 점화원이 될 전기불꽃, 아크 또는 고온 부분 등의 발생을 방지하기 위하여 기계적, 전기적 구조상 또는 온도상승에 대하여 특히 안전도를 증가시킨 구조

Question 09

가스용 폴리에틸렌 및 밸브에 대한 물음에 답하시오.

(1) 가스용 폴리에틸렌관의 SDR값이 11, 17, 21일 경우 최고사용압력은?
(2) 가스용 폴리에틸렌 밸브의 사용조건 중 온도와 압력을 쓰시오.

해설 & 답

(1) ① SDR 11 : 0.4MPa 이하
② SDR 17 : 0.25MPa 이하
③ SDR 21 : 0.2MPa 이하
(2) ① 온도 : -29℃ 이상 35℃ 이하
② 압력 : 0.4MPa 이하

Question 10

다음 보여주는 충전용기를 보고 물음에 답하시오.

"A" 용기   "B" 용기 (노랑)   "C" 용기 (초록)   "D" 용기 (파랑)   (빨강)

(1) "A"용기의 최고충전압력을 쓰시오.
(2) "B"용기에 충전하는 가스를 품질검사할 때 충전압력 기준을 쓰시오.
(3) "C"용기에 충전하는 가스명칭을 쓰시오.
(4) "D"용기에 충전하는 가스의 품질검사 시약과 순도(%)를 쓰시오.

해설 & 답

(1) 15℃에서 최고압력
(2) 35℃에서 11.8MPa 이상
(3) 이산화탄소
(4) ① 시약 : 피로갈롤, 하이드로설파이드
   ② 순도 : 98.5% 이상

Question 11

가연성가스 공급시설에 설치되는 벤트스텍에 대한 물음에 답하시오.

(1) 액화가스가 함께 방출되거나 급냉될 우려가 있는 벤트스텍에는 그 벤트스텍과 연결된 가스공급시설의 가장 가까운 곳에 설치하여야 하는 것은 무엇인가?
(2) 설치높이는 착지농도 기준으로 얼마인가?

해설 & 답

(1) 기액분리기
(2) 폭발하한계값 미만

※ 기능장 실기 문제는 수험생분들의 이야기를 토대로 만들기 때문에 문제가 상이할 수 있음을 알려드립니다.

2021년도 제 70 회 필답형

Question 01

포스겐 제조설비에서 가스가 누출될 경우 그 가스로 인한 중독을 방지하기 위하여 보유하여야 할 제독제 2가지와 보유량을 쓰시오.

해설 & 답

① 소석회, 360kg 이상
② 가성소다, 390kg 이상

보충 독성가스 종류 및 제독제 보유량

가스의 종류	제독제	보유량
염소	소석회	620kg 이상
	가성소다	670kg 이상
	탄산소다	870kg 이상
포스겐	소석회	360kg 이상
	가성소다	390kg 이상
황화수소	가성소다	1140kg 이상
	탄산소다	1500kg 이상
시안화수소	가성소다	250kg 이상
아황산가스	물	다량
	가성소다	530kg 이상
	탄산소다	700kg 이상
암모니아, 산화에틸렌, 염화메탄	다량의 물	

Question 02
저장탱크에 설치된 긴급차단장치의 동력원 4가지를 쓰시오.

해설 & 답

① 액압 ② 기압 ③ 전기 ④ 스프링

Question 03
수성가스 제조 반응식을 쓰시오.

해설 & 답

$CO + H_2O \rightarrow CO_2 + H_2$

Question 04
코제너레이션(CO generation)을 설명하시오.

해설 & 답

열병합 발전으로 하나의 에너지원으로부터 두 가지 이상의 유용한 에너지(전기에너지, 열에너지)를 생산해 낼 수 있는 시스템으로 원동기의 종류에 따라 가스터빈 열병합발전, 디젤엔진 열병합발전, 스팀터빈 열병합발전, 복합발전 열병합발전 시스템으로 분류할 수 있다.

Question 05

고압가스 제조시설에 설치하는 인터록(inter-lock) 기구의 목적을 쓰시오.

해설 & 답

안전확보를 위한 주요부분에 설비가 잘못 조작되거나 정상적인 제조를 할 수 없는 경우에 자동으로 원재료의 공급을 차단시키기 위해 설치한다.

Question 06

시안화수소(HCN)를 용기에 충전할 때에 대한 다음 물음에 답하시오.
(1) 순도는 얼마인가?
(2) 안전제 종류 2가지를 쓰시오.

해설 & 답

(1) 98% 이상
(2) 오산화인, 염화칼슘, 인산, 아황산가스, 동, 황산

Question 07

황(S) 1kg을 완전연소시키는데 필요한 이론산소량과 이론공기량을 구하시오.

해설 & 답

$$S + O_2 \rightarrow SO_2$$
32kg   32kg   64kg
1kg x

$x = \dfrac{1\text{kg} \times 32\text{kg}}{32\text{kg}} = 1\text{kg/kg}$ (이론산소량)

이론공기량 $A_o = \dfrac{1}{0.232} = 4.31\text{kg/kg}$

Question 08

20℃의 질소가 들어있는 압축기를 100kPa에서 600kPa까지 $PV^{1.4} = C$에 따라 가역과정으로 압축 시 소요일량(kJ/kg)은 얼마인가? (단, 질소의 기체상수 R은 0.298kJ/kg·K이다.)

해설 & 답

① 온도와 압력 관계식 : $\dfrac{T_2}{T_1} = \left(\dfrac{P_2}{P_1}\right)^{\frac{k-1}{k}}$

$T_2 = \left(\dfrac{P_2}{P_1}\right)^{\frac{k-1}{k}} \times T_1 = \left(\dfrac{600+101.325}{100+101.325}\right)^{\frac{1.4-1}{1.4}} \times (273+20)$

$= 400.54K$

② 압축소요일량 계산

$W = \dfrac{1}{k-1} \times R \times (T_1 - T_2) = \dfrac{1}{1.4-1} \times 0.298 \times (273+20-400.54)$

$= -80.11 kJ/kg$

Question 09

다음 ( ) 안에 알맞은 용어를 쓰시오.

기체가 액체에 녹는 용해도의 경우에는 일반적으로 온도상승에 대하여 (①) 한다. 또 온도가 일정한 경우에는 일정량의 액체에 용해하는 기체의 무게는 그 (②)에 비례하고 혼합기체이면 (③)에 비례한다. 이 관계를 헨리의 법칙이라 한다.

해설 & 답

① 감소   ② 압력   ③ 분압

Question 10

BOG(boil off gas)에 대하여 설명하시오.

해설 & 답

LNG 저장시설에서 자연입열에 의하여 기화된 가스로 증발가스라 한다. 처리방법에는 발전용, 압축기 기동용으로 사용하며, 대기로 방출하여 연소하는 방법이 있다.

Question 11

파일럿 정압기에서 언로딩형과 로딩형으로 분류되는 작동압력에 따른 차이점을 설명하시오.

해설 & 답

로딩형 : 베인정압기를 구동하는 1차측 압력을 제한하여 메인밸브를 작동시킨다.
언로딩형 : 베인정압기를 구동하여 2차측 압력을 제한하여 메인밸브를 작동시킨다.

Question 12

액화석유가스의 안전관리 및 사업법에서 규정하고 있는 액화석유가스 집단공급사업의 정의를 쓰시오.

해설 & 답

액화석유가스를 일반의 수요에 따라 배관을 통하여 연료로 공급하는 사업

※ 기능장 실기 문제는 수험생분들의 이야기를 토대로 만들기 때문에 문제가 상이할 수 있음을 알려드립니다.

2021년도 제 70 회 작업형

Question 01

압축천연가스(CNG) 충전소에 대한 내용이다. 다음 내용에 맞는 답을 쓰시오.
(1) 처리설비, 저장설비, 충전설비 및 압축가스설비는 차도와 유지해야 할 거리는?
(2) 충전설비는 도로경계까지 유지해야할 거리는?
(3) 압축가스설비 외면으로부터 사업소경계까지 안전거리는?

해설 & 답 / Explanation & Answer

(1) 5m 이상
(2) 5m 이상
(3) 10m 이상

Question 02

방폭전기기기의 명판에 표시된 'Ex d Ⅱc' 기호에 대한 내용 중 ( ) 안에 맞는 내용을 쓰시오.
(1) d : ( ) 방폭구조
(2) Ⅱc : ( )등급

해설 & 답 / Explanation & Answer

(1) 내압
(2) 폭발

Question 03

다음은 공기액화분리장치에 대한 내용이다. 물음에 답하시오.

(1) 산소, 수소, 아세틸렌의 품질검사 합격 순도는 얼마인가?
(2) 동, 암모니아 시약을 이용한 산소의 품질검사법의 명칭을 쓰시오.
(3) 산소용기 안의 가스충전압력은 35℃에서 얼마인가?
(4) 이 장치에 설치된 액화산소통 내의 액화산소 5L 중 탄화수소의 탄소질량이 몇 mg을 넘을 때 공기액화분리장치의 운전을 정지하고 액화산소를 방출해야 하는가?

해설 & 답 — Explanation & Answer

(1) 산소 : 99.5% 이상
  수소 : 98.5% 이상(피롤카롤 또는 하이드로설파이드 시약의 오르자트법)
  아세틸렌 : 98% 이상(발연황산시약의 오르자트법, 브롬시약의 뷰렛법, 질산은시약의 정성시험에 합격할 것)
(2) 오르자트법
(3) 11.8MPa 이상
(4) 액화산소 5L 중 C_2H_2의 질량 : 5mg 초과시
  탄화수소의 탄소질량 : 500mg 초과시
  공기액화분리장치의 운전을 정지하고 액화산소 방출

Question 04

정압기실에 설치된 가스누출검지 경보장치에 대한 물음에 답하시오.

(1) 검지부 설치기준을 쓰시오.
(2) 검지부 설치 제외 장소 4가지를 쓰시오.

해설 & 답 — Explanation & Answer

(1) 검지부 설치기준 : 바닥면 둘레 20m에 대하여 1개 이상의 비율
(2) 검지부 설치 제외 장소
  ① 주위 온도 또는 복사열에 의한 온도가 40℃ 이상이 되는 곳
  ② 설비 등에 가려져 누출가스의 유통이 원활하지 못한 곳
  ③ 중기, 기름, 물방울이 섞여 연기 등이 직접 접촉될 우려가 있는 곳
  ④ 차량 그 밖의 작업 등으로 인하여 경보기가 파손될 우려가 있는 곳

Question 05

다음 동영상에서 보여주는 가스용품에 대하여 답하시오.

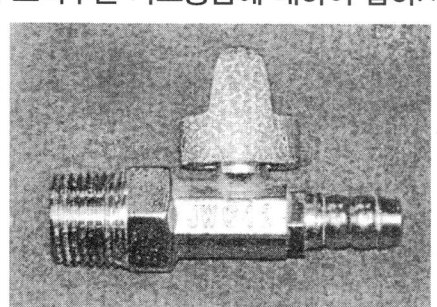

(1) 내부에 설치된 안전기구의 명칭과 정의를 쓰시오.
(2) 작동성능 3가지를 쓰시오.

해설 & 답

(1) ① 명칭 : 과류차단기구
    ② 정의 : 표시유량 이상의 가스량이 통과되었을 경우 가스유로를 차단하는 장치
(2) 작동성능
    ① 유량성능   ② 토크성능
    ③ 내충격성능   ④ 내정하중 성능

Question 06

도시가스배관이 횡으로 설치된 경우 호칭지름에 따른 고정장치의 최대 지지간격을 쓰시오.

해설 & 답

100A	150A	200A	300A	400A	500A	600A
8m	10m	12m	16m	19m	22m	25m

Question 07

액화석유가스용 세이프로 커플링에 대해 다음 물음에 답하시오.
(1) 역할을 쓰시오.
(2) 커플링은 가스의 흐름에 지장이 없도록 합산 유효면적은 얼마로 하여야 하는지 쓰시오.

해설 & 답

(1) LPG 자동차용기 충전호스에 설치되는 것으로 일정 강도 이상의 인장력이 작용시 자동으로 분리되어 유로를 폐쇄시켜 액화석유가스가 누출되는 사고를 방지한다.
(2) $0.5cm^2$ 이상

Question 08

가스도매사업 제조소 시설기준 중 액화천연가스의 저장설비와 처리설비는 그 외면으로부터 사업소경계까지 유지해야 할 거리는 $L = C \times \sqrt[3]{143000W}$ 계산식에서 얻은 거리 이상을 유지하여야 한다. 다음 물음에 답하시오.
(1) 계산식 중 "W"의 의미를 단위를 포함하여 쓰시오.
(2) 압축기, 응축기, 펌프 및 기화장치에서 유지하여야 할 거리를 적용받지 않는 1일 처리능력은 얼마인가?

해설 & 답

(1) 저장탱크는 저장능력(톤)의 제곱근, 그밖의 것은 그 시설안의 액화천연가스의 질량(톤)
(2) $52500m^3$ 이하

Question 09

다음은 도시가스 정압기실이다. 다음 물음에 답하시오.

(1) 지시하는 기기의 명칭을 쓰시오.
(2) 정압기실의 조명도는 얼마인가?
(3) 정압기 분해점검은?

해설 & 답

(1) 자기압력기록계
(2) 150룩스 이상
(3) 2년에 1회 이상

Question 10

다음 물음에 답하시오.
(1) 불꽃이 적황색으로 되어 연소되는 현상을 쓰시오.
(2) (1)번의 현상이 발생되는 원인 2가지를 쓰시오.

해설 & 답

(1) 엘로우팁
(2) ① 1차공기량 부족 시
　　② 불꽃이 저온 물체 접촉 시

제 3 부 기출문제

Question 11

다음 충전용기를 보고 답하시오.

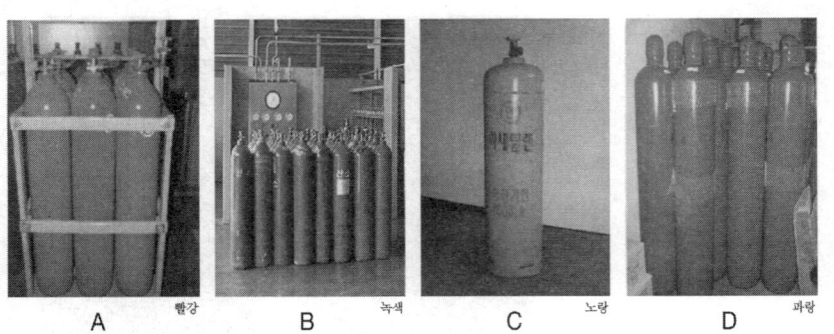

A 빨강 B 녹색 C 노랑 D 파랑

(1) 충전구 나사가 오른나사인 용기를 쓰시오.
(2) 상온에서 액화가능한 가스가 충전되는 용기를 쓰시오.
(3) 아세틸렌의 분해 반응식을 쓰시오.
(4) 탄산가스의 밀도는 얼마인지 쓰시오.

Explanation & Answer

(1) B, D
(2) D
(3) $C_2H_2 \rightarrow 2C + H_2$
(4) 밀도 = $\dfrac{44g}{22.4L}$ = 1.96g/L

※ 기능장 실기 문제는 수험생분들의 이야기를 토대로 만들기 때문에 문제가 상이할 수 있음을 알려드립니다.

2022년도 제 71 회 필답형

Question 01
열역학 제0법칙을 설명하시오.

해설 & 답

두 개의 물체가 또 다른 물체와 서로 열평형을 이루고 있으면 그 두 물체는 서로 열평형이 되었다고 함

Question 02
바닥넓이가 80m², 높이가 3m인 저장소 내에 표준상태에서 프로판가스가 9kg 누출되었을 때 폭발위험이 있는지 여부를 계산에 의해 판별하시오.

해설 & 답

① $PV = GRT$에서

$$V = \frac{GRT}{P} = \frac{9 \times \frac{8.314}{44} \times 273}{101.325 \text{kPa}} = 4.58 \text{m}^3$$

② 체적비 $= \dfrac{\text{누출된 프로판 체적}}{\text{저장소 체적}} \times 100 = \dfrac{4.58}{80 \times 3} \times 100 = 1.90\%$

③ 폭발여부판단 : 프로판의 폭발범위는 2.1~9.5%이므로 하한값에 도달하지 않으므로 폭발의 위험이 없다.

Question 03

고압가스안전관리법령에 따른 고압가스제조허가의 종류 4가지를 쓰시오.

해설 & 답

① 고압가스일반제조
② 고압가스특정제조
③ 고압가스충전
④ 냉동제조

Question 04

일산화탄소와 염소를 활성탄을 촉매로 하여 반응시키면 생성물질과 반응식을 쓰시오.

해설 & 답

① 생성물질 : 포스겐($COCl_2$)
② 반응식 : $CO + Cl_2 \rightarrow COCl_2$

Question 05

도시가스 사용시설의 입상관 밸브는 지면으로부터 1.6m 이상 2m 이내에 설치하도록 되어 있는데 부득이 1.6m 미만 또는 2m를 초과하는 경우가 있다. 이 경우에 해당하는 조건을 각각 쓰시오.

해설 & 답

(1) 1.6m 미만으로 설치할 수 있는 조건 : 보호상자 내에 설치
(2) 2.0m를 초과하여 설치할 수 있는 조건
   ① 원격으로 차단이 가능한 전동밸브 설치
   ② 입상관 밸브 차단을 위한 전용계단을 견고하게 고정 설치한다.

Question 06

PE관(가스용 폴리에틸렌관)은 노출배관으로 사용하지 않는 것이 원칙이지만 어떤 조치를 하면 노출하여 시공할 수 있는지 쓰시오.

해설 & 답

① 지면에서 30cm 이하로 노출하여 시공하는 경우
② 금속관을 사용하여 보호조치를 한 경우

Question 07

GHP(가스히트펌프)를 구성하는 기기 4가지를 쓰시오.

해설 & 답

① 압축기 ② 응축기
③ 팽창밸브 ④ 증발기
⑤ 사방밸브

Question 08

880mmHg는 몇 bar에 해당하는지 계산하시오.

해설 & 답

$1.01325 \text{bar} = 760 \text{mmHg}$
$x = 880 \text{mmHg}$
$x = \dfrac{1.01325 \times 880}{760 \text{mmHg}} = 1.173 \text{bar}$

Question 09

염화에틸(CH_3Cl)을 냉매로 사용하는 냉동장치에서 사용할 수 없는 금속재료를 쓰시오.

해설 & 답

알루미늄합금

보충 암모니아 : 동 및 동합금 사용금지
프레온 : Mg 및 Mg를 20% 함유한 알루미늄합금 사용금지

Question 10

가연성액화가스 저장탱크에서 발생되는 BLEVE(블레비) 현상과 예방대책 4가지를 쓰싱오.

해설 & 답

(1) BLEVE(Boiling Liquid Expanding Vapor Explosion)
비등액체 팽창증기폭발로 가연성액체 저장탱크 주변에서 화재가 발생하여 기상부의 탱크가 국부적으로 가열되면 그 부분의 강도가 약해져 탱크가 파열되는 현상으로 이때 내부의 액화가스가 급격히 유출·팽창되어 화구(fire ball)를 형성하여 폭발하는 형태를 말함

(2) **예방대책**
① 저장탱크 상부와 주변에 물분무장치(스프링클러, 소화전)을 설치하여 화재시 저장탱크와 주변을 냉각시킨다.
② 저장탱크 외부를 단열재로 피복하여 주변에서 화재발생시 열 영향을 적게 받도록 한다.
③ 저장탱크 외부는 열전도도가 좋지 않은 금속으로 하여 내부로 열이 잘 전달되지 않도록 한다.
④ 저장탱크 내부에 열전도도가 좋지 않은 금속으로 하여 내부로 열이 잘 전달되지 않도록 한다.

Question 11

배관용 탄소강관을 나사이음으로 연결 시 부싱을 사용하는데 그 이유를 쓰시오.

해설 & 답

지름이 서로 다른 배관을 연결하기 위하여

Question 12

질량비로 C 84%, H 16%인 탄화수소의 분자량이 114.25일 때 완전연소에 필요한 공기 몰(mol) 수를 계산하시오. (단, C의 원자량 12, H의 원자량 1.008이고 공기 중 산소의 체적비율은 21%이다.)

해설 & 답

(1) 탄화수소 중 탄소 및 수소의 개수 계산

① 탄소의 수 = $\dfrac{\text{탄화수소 분자량} \times \text{탄소질량비}}{\text{탄소의 원자량}} = \dfrac{114.25 \times 0.84}{12}$

$= 7.9975 ≒ 8$

② 수소의 수 = $\dfrac{\text{탄화수소 분자량} \times \text{수소질량비}}{\text{수소의 원자량}} = \dfrac{114.25 \times 0.16}{1.008}$

$= 18.13$

∴ 탄화수소의 분자기호는 C_8H_{18}(옥탄) 이다.

(2) 옥탄(C_8H_{18})의 완전연소반응식

$C_8H_{18} + 12.5O_2 \rightarrow 8CO_2 + 9H_2O$

(3) 이론공기량 몰(mol) 수

$A_o = \dfrac{O_o}{0.21} = \dfrac{12.5}{0.21} = 59.52 \text{mol}$

※ 기능장 실기 문제는 수험생분들의 이야기를 토대로 만들기 때문에 문제가 상이할 수 있음을 알려드립니다.

2022년도 제 71 회 작업형

Question 01

용기에 의한 액화석유가스 저장소에 대한 기준이다. ( ) 안에 알맞은 내용을 쓰시오.

(1) 1개수 환기구 면적은 (   )cm² 이하로 한다.
(2) 자연환기설비의 환기구의 통풍가능 면적 합계는 바닥면적 1m²마다 (   )cm²의 비율로 계산한 면적 이상으로 한다.
(3) 실외 저장소 주위의 경계 울타리와 용기보관장소 사이에는 (   )m 이상의 거리를 유지한다.
(4) 저장설비는 (   )으로 하지 않는다.

해설 & 답

(1) 2400
(2) 300
(3) 20
(4) 용기집합식

Question 02

매설된 배관에 부식을 방지하는 전기방식법의 종류 4가지를 쓰시오.

해설 & 답

① 강제배류법
② 유전양극법(희생양극법)
③ 선택배류법
④ 외부전원법

Question 03

다음 ( ) 안에 알맞은 내용을 쓰시오.

공기액화분리기에 설치된 액화산소통 안의 액화산소 (①)L 중 아세틸렌의 질량 (②)mg 또는 탄화수소의 탄소질량이 (③)mg을 넘을 때에는 그 공기액화분리기의 운전을 중지하고 액화산소를 방출할 것

해설 & 답

① 5   ② 5   ③ 500

Question 04

아세틸렌 충전용기에 대한 설명이다. ( ) 안에 알맞은 내용을 쓰시오.

(1) 충전용기에 다공물질 및 용제를 충전하는 것은 아세틸렌의 (   )을 방지하기 위해서이다.
(2) 용기에 채우는 다공물질이 고형일 경우에는 아세톤 또는 디메틸포름아미드를 충전한 다음 용기벽을 따라 용기직경의 (   ) 또는 (   )mm를 초과하는 틈이 없도록 할 것
(3) 내용적이 10L 이하 용기에 다공물질의 다공도가 83% 이상 90% 미만일 때 아세톤 최대 충전량은 (   ) 이하로 한다.
(4) 용기 동판의 최대 두께와 최소 두께와의 차이는 평균두께의 (   ) 이하로 한다.
(5) 다공물질의 다공도는 다공물질을 용기에 충전한 상태로 20℃에서 아세톤, DMF 또는 (   )의 흡수량으로 측정한다.

해설 & 답

(1) 분해폭발
(2) $\frac{1}{200}$, 3
(3) 38.5%
(4) 10%
(5) 물

Question 05

도시가스 매설배관의 전기방식에 대한 다음 ( ) 안에 알맞은 답을 하시오.
(1) 토양 중에 있는 배관의 방식전위 상한값은 방식전류가 순간 흐르지 않는 상태에서 기준전극으로 (①) 이하로 한다.
(2) 방식전류가 흐르는 상태에서 자연전위와의 전위변화는 (②)mV 이하이어야 한다.
(3) 전기방식전위측정을 실시하는 기준전극은 (③)이다.

해설 & 답

① −0.85V ② −300 ③ 포화황산동

Question 06

도시가스를 사용하는 연소기에서 황염이 발생하는 이유 3가지를 쓰시오.

해설 & 답

① 1차 공기량 부족으로 불완전 연소가 되는 경우
② 불꽃이 저온의 물체에 접촉 시
③ 연소반응이 충분한 속도로 진행되지 않을 때

Question 07

도시가스 매설배관의 누설을 탐지하는 검출기에 대한 물음에 답하시오.
(1) 이 검출기의 명칭을 영문약자로 쓰시오.
(2) 이 검출기로 가스를 분석 시 사용되는 가스 명칭을 쓰시오.
(3) 이 검출기로 검지가 불가능한 가스 1가지를 쓰시오.
(4) 이 검출기의 구조적인 단점을 1가지를 쓰시오.

해설 & 답

(1) FID
(2) 수소(H_2)
(3) 이산화탄소, 수소, 산소, 아황산가스
(4) 무기가스나 물에 거의 응답하지 않음

Question 08

방폭전기기기의 방폭구조의 종류 5가지를 쓰시오.

해설 & 답

① 내압방폭구조　② 유입방폭구조
③ 압력방폭구조　④ 본질안전방폭구조
⑤ 안전증방폭구조　⑥ 특수방폭구조

Question 09

주거용 가스보일러 설치기준에 대한 ( ) 안에 알맞은 숫자를 쓰시오.

① 터미널이 설치된 곳의 좌우 또는 상하의 돌출물과의 이격거리는 ( )m 이상이 되도록 한다.
② 배기통 및 연돌의 터미널에는 새, 쥐 등 직경 ( )cm 이상인 물체가 통과할 수 없는 방조망을 설치한다.

해설 & 답

① 1.5　② 6

Question 10

LPG 자동차용 충전기(디스펜서) 충전호스 기준 4가지를 쓰시오.

해설 & 답

① 충전호스 길이는 5m 이내일 것
② 가스주입기는 원터치형으로 할 것
③ 충전호스에 정전기 제거장치를 설치할 것
④ 충전호스에 과도한 인장력이 가해졌을 때 충전기와 가스주입기가 분리될 수 있는 안전장치를 설치할 것

Question 11

퓨즈콕 구조에 대한 설명 중 ( ) 안에 알맞은 용어를 쓰시오.

① 콕은 닫힌 상태에서 (   )이 없이는 열리지 아니하는 구조로 한다.
② 콕을 완전히 열었을 때의 핸들의 방향을 유로의 방향과 (   )인 것으로 한다.
③ 퓨즈콕은 가스유로를 (   )로 개폐하고 (   )가 부착된 것으로 한다.
④ 콕의 핸들 등을 회전하여 조작하는 것은 핸들의 회전각도를 90°나 180°로 규제하는 (   )을 갖추어야 한다.

해설 & 답 *Explanation & Answer*

① 예비적 동작
② 평행
③ 볼, 과류차단안전기구
④ 스토퍼

Question 12

내압방폭구조 폭발등급 분류기준에서 각 번호에 알맞은 내용을 쓰시오.

최대안전틈새(mm)	0.9 이상	0.5 초과 0.9 미만	0.5 이하
가연성가스의 폭발등급	①	②	③
방폭전기기기의 폭발등급	④	⑤	⑥

해설 & 답 *Explanation & Answer*

① A ② B ③ C
④ ⅡA ⑤ ⅡB ⑥ ⅡC

※ 기능장 실기 문제는 수험생분들의 이야기를 토대로 만들기 때문에 문제가 상이할 수 있음을 알려드립니다.

2022년도 제 72 회 필답형

Question 01

다음 독성가스의 제독제 종류를 1가지씩 만 쓰시오.
(1) 포스겐
(2) 황화수소
(3) 암모니아, 산화에틸렌, 염화메탄
(4) 염소
(5) 아황산가스

해설 & 답

(1) **포스겐** : ① 가성소다 ② 소석회
(2) **황화수소** : ① 가성소다 ② 탄산소다
(3) **암모니아, 산화에틸렌, 염화메탄** : 다량의 물
(4) **염소** : ① 소석회 ② 가성소다 ③ 탄산소다
(5) **아황산가스** : ① 물 ② 가성소다 ③ 탄산소다

Question 02

고압가스안전관리법에서 규정하고 있는 저장탱크의 정의를 쓰시오.

해설 & 답

고압가스를 충전, 저장하기 위하여 지상 또는 지하에 고정 설치된 탱크로서 저장능력이 3톤 이상인 탱크

> **보충 소형저장탱크**
> 액화석유가스를 저장하기 위하여 지상 또는 지하에 고정 설치된 탱크로서 그 저장능력이 3톤 미만인 탱크

Question 03
배관에 설치되는 스트레이너(여과기)의 역할을 쓰시오.

해설 & 답

유체 중에 포함된 이물질을 제거하기 위하여

Question 04
서모스탯(thermostat) 검지기의 측정원리를 쓰시오.

해설 & 답

가스와 공기의 열전도도가 다른 것을 이용한 것

Question 05
도시가스 사용시설 중 가스계량기를 설치할 수 없는 곳 3가지를 쓰시오.

해설 & 답

① 방, 거실   ② 주방   ③ 공동주택의 대피공간

보충 다음 장소에는 설치하지 않음
① 진동의 영향을 받는 장소
② 석유류 등 위험물을 저장하는 장소
③ 수전실, 변전실 등 고압전기설비가 있는 장소
④ 부식성가스가 체류하는 곳

Question 06

프로판 40톤(T=25℃), 수소 20톤(T=−50℃), 아세틸렌 40톤(T=20℃)이 저장되어 있는 고압가스 특정제조시설의 안전구역 내 고압가스설비의 연소열량(kcal)을 주어진 표를 이용하여 계산하시오. (단, T는 상용온도를 말한다.)

[상용온도(℃)에 따른 k의 수치]

프로판	상용온도	10 미만	10 이상 40 미만	40 이상 70 미만	70 이상 100 미만
	k	180000	316000	489000	731000
수소	상용온도	전 온도에 대하여			
	k	2750000			
아세틸렌	상용온도	10 미만	10 이상 40 미만	40 이상	
	k	848000	1250000	1760000	

해설 & 답

① 저장설비 안에 2종류 이상의 가스가 있는 경우에는 각각의 가스량(톤)을 합산한 양

② 합산한 가스량(톤)
$Z = W_A + W_B + W_C = 40 + 20 + 40 = 100$톤

③ 연소열량(Q)
$= \left(\dfrac{k_A W_A}{Z} \times \sqrt{Z}\right) + \left(\dfrac{k_B W_B}{Z} \times \sqrt{Z}\right) + \left(\dfrac{k_C W_C}{Z} \times \sqrt{Z}\right)$
$= \left(\dfrac{316000 \times 40}{100} \times \sqrt{100}\right) + \left(\dfrac{2750000 \times 20}{100} \times \sqrt{100}\right)$
$\quad + \left(\dfrac{1250000 \times 40}{100} \times \sqrt{100}\right)$
$= 6539000 \text{kcal}$

Question 07. 도시가스공급시설의 UAF에 대하여 설명하시오.

해설 & 답

UAF(Un-Accounted For Gas)는 일반 도시가스사업자가 가스도매사업자로부터 공급받은 가스량과 수요자에게 판매한 가스량과의 차이로 미계량가스 또는 미설명가스라 한다.

Question 08. 액화천연가스 저장탱크에서 발생하는 roll over 현상을 쓰시오.

해설 & 답

저장탱크 또는 화물탱크에서 서로 다른 밀도의 LNG층들이 갑자기 혼합되어 LNG가 빠르게 기화되는 현상

Question 09. 자동제어계에서 정특성과 동특성의 차이점에 대하여 설명하시오.

해설 & 답

정특성은 시간에 관계없는 정적인 특성으로 출력이 안정되어 있을 때의 일정한 관계를 유지
동특성은 시간적인 동작의 특성으로 입력을 변화시켰을 때 출력이 변화되어 편차(offset)가 발생한다.

Question 10

열역학 제3법칙에 대하여 설명하시오.

해설 & 답 — Explanation & Answer

어떤 방법으로도 절대온도 0K에 도달할 수 없다는 법칙

Question 11

50℃, 7kgf/cm² 상태의 산소의 밀도(kgf · s²/m⁴)는 얼마인지 계산하시오.

해설 & 답 — Explanation & Answer

$$밀도(\rho) = \frac{P}{RT} \times \frac{1}{g} = \frac{7 \times 10^4}{\frac{848}{32} \times (273+50)} \times \frac{1}{9.8}$$

$$= 0.83 \text{kgf} \cdot \text{s}^2/\text{m}^4$$

보충 별해 : SI단위로 계산

$$밀도(\rho) = \frac{P}{RT} \times \frac{1}{g} = \frac{\frac{7}{1.0332} \times 101.325}{\frac{8.314}{32} \times (273+50)} \times \frac{1}{9.8}$$

$$= 0.83 \text{kgf} \cdot \text{s}^2/\text{m}^4$$

Question 12

펌프에서 캐비테이션(Cavitation) 현상이 일어나지 않을 한도의 최대 흡입양정을 유효흡입양정(NPSH)라 한다. 펌프가 정상운전할 수 있는 NPSH의 조건과 공식을 쓰시오.

Explanation & Answer

① 조건 : 유효흡입양정과 필요흡입양정이 같은 조건이면 캐비테이션이 발생하기 시작하는 단계가 되므로 캐비테이션이 발생하지 않으면서 정상운전할 수 있는 조건은 유효흡입양정이 필요흡입양정보다 커야 하며 일반적으로 필요흡입양정의 1.3배의 조건을 만족하도록 한다.

② 공식 : $NPSH = H_a - H_P - H_S - H_L$

여기서, $NPSH$: 유효흡입양정(m)
H_a : 대기압수두(m)
H_P : 포화수증기압수두(m)
H_S : 흡입실양정(m)
H_L : 흡입측 배관 내의 마찰손실수두

보충 캐비테이션 발생원인과 방지방법

(1) 발생원인 : ① 과속으로 유량증대 시
② 관로 내의 온도 상승 시
③ 흡입양정이 지나치게 클 때
④ 흡입관 마찰저항 증대 시

(2) 방지법 : ① 흡입양정을 짧게 한다.
② 펌프를 두 대 이상 설치한다.
③ 펌프의 설치위치를 낮춘다.
④ 회전수를 줄인다.(유속을 줄인다)
⑤ 관경을 크게 한다.
⑥ 임펠러를 액 중에 완전히 잠기게 한다.

※ 기능장 실기 문제는 수험생분들의 이야기를 토대로 만들기 때문에 문제가 상이할 수 있음을 알려드립니다.

2022년도 제 72 회 작업형

Question 01
액화천연가스시설에서 내진설계 대상에서 제외되는 경우 2가지를 쓰시오.

해설 & 답

① 지하에 설치되는 시설
② 저장능력이 3톤(압축가스의 경우 $300m^3$) 미만인 저장탱크 또는 가스홀더

Question 02
가스용 폴리에틸렌관(PE관)에 대한 다음 물음에 답하시오.
(1) SDR을 구하는 계산식을 쓰시오.
(2) 최고사용압력이 0.3MPa일 때 SDR값은 얼마인가?

해설 & 답

(1) $SDR = \dfrac{D}{t}$ (여기서, D : 바깥지름, t : 최소 두께)

(2) SDR 11 이하 : 0.4MPa 이하
　 SDR 17 이하 : 0.25MPa 이하
　 SDR 21 이하 : 0.2MPa 이하
　 ∴ SDR 11

Question 03

최고사용압력이 고압 또는 중압인 배관에서 (①)에 합격된 배관은 통과하는 가스를 시험가스를 사용 시 가스농도가 (②)% 이하에서 작동하는 가스검지를 사용한다.

해설 & 답

① 방사선 투과시험
② 0.2

Question 04

다기능 가스안전계량기의 구조에 대한 설명이다. ( ) 안에 알맞은 내용을 쓰시오.

① 차단밸브가 작동한 후에는 ( )을 하지 않는 한 열리지 않는 구조이어야 한다.
② 사용자가 쉽게 조작할 수 없는 ( ) 있는 것으로 한다.

해설 & 답

① 복원조작
② 테스트 차단기능

Question 05

호칭지름 25mm와 16mm 배관이 각각 50m 설치될 때 고정장치는 몇 개가 필요한가?

해설 & 답

배관의 고정 : ① 관경이 13mm 미만 : 1m 마다
② 관경이 13mm 이상 33mm 미만 : 2m 마다
③ 관경이 33mm 이상 : 3m 마다

∴ 고정장치수 = $\dfrac{배관길이}{설치간격} = \dfrac{50+50}{2} = 50$개

06 교량에 설치된 도시가스배관의 호칭지름별 고정장치 지지간격은 얼마인가?

해설 & 답 Explanation & Answer

① 150A : 10m   ② 300A : 16m
③ 400A : 19m   ④ 600A : 25m

보충 호칭지름별 지지간격

호칭지름	지지간격	호칭지름	지지간격
100A	8m	400A	19m
150A	10m	500A	22m
200A	12m	600A	25m
300A	16m		

07 도시가스 배관을 지하에 매설 시 시공하는 보호판에 대하여 다음 물음에 답하시오.
(1) 보호판의 설치위치를 쓰시오.
(2) 보호판을 설치하는 이유 2가지를 쓰시오.

해설 & 답 Explanation & Answer

(1) 배관정상부에서 30cm 이상의 높이
(2) ① 배관을 도로밑에 매설하는 경우
    ② 중압 이상의 배관을 매설하는 경우
    ③ 규정된 매설깊이를 확보하지 못했을 경우

Question 08

도로에 매설되는 폴리에틸렌 피복강관(PLP관)에 대한 다음 물음에 대해 쓰시오.
(1) 내압시험을 물로 할 때 압력 기준을 쓰시오.
(2) 기밀시험을 공기 또는 불활성기체로 할 때 압력기준을 쓰시오.

해설 & 답

(1) 최고사용압력의 1.5배 이상
(2) 최고사용압력의 1.1배 또는 8.4kPa 중 높은 압력

Question 09

가스도매사업의 가스시설 중 배관 등의 용접부에 실시하는 비파괴시험에 대한 내용이다. 다음을 쓰시오.
(1) 용접부에 실시할 수 있는 비파괴시험의 종류를 모두 쓰시오.
(2) (1)번의 검사를 실시하기 곤란한 곳에 대신할 수 있는 비파괴시험은 무엇인지 쓰시오.

해설 & 답

(1) ① 방사선 투과시험 ② 육안검사
(2) ① 초음파 탐상시험 ② 자분 탐상시험

Question 10

아세틸렌 충전용기에 각인된 기호를 설명하시오.

해설 & 답

① W : 밸브 및 부속품을 포함하지 아니한 용기의 질량(kg)
② TW : 용기질량에 다공물질, 용제 밸브의 질량을 합한 질량

Question 11

공기보다 비중이 가벼운 도시가스 정압기실이 지하에 설치될 때 통풍구조 기준 4가지를 쓰시오.

해설 & 답

① 배기구는 천장면으로부터 30cm 이내에 설치한다.
② 흡입구 및 배기구의 관지름은 100mm 이상으로 하되 통풍이 양호하도록 한다.
③ 배기가스 방출구는 지면에서 3m 이상의 높이에 설치하되 화기가 없는 안전한 장소에 설치한다.
④ 통풍구조는 환기구를 2방향 이상으로 분산하여 설치한다.

Question 12

매설된 도시가스배관의 전기방식 중 선택배류법, 희생양극법, 외부전원법의 경우 전위 측정용 터미널 설치간격은?

해설 & 답

① 선택배류법 : 300m 이내
② 희생양극법(유전양극법) : 300m 이내
③ 외부전원법 : 500m 이내

※ 기능장 실기 문제는 수험생분들의 이야기를 토대로 만들기 때문에 문제가 상이할 수 있음을 알려드립니다.

2023년도 제 73 회 필답형

Question 01
LNG 기화장치 중 중간매체식 기화기에 대해 쓰시오.

해설 & 답

물기나 화염 등에 의해 열매체를 가열하고 이 가열된 열매체가 LNG와 열교환하여 재가스화 하는 방법으로 열매체로는 프로판, 펜탄(C_5H_{12}) 등의 유체를 쓴다.

보충 개방형 기화기(Open Rock Vaporizer, 오픈랙 기화기) : 수직으로 여러개 병렬 연결된 Al 합금제의 핀 튜브에 펌프로 LNG를 액체상태로 유입시킨 후 튜브 외부에서 분무되는 바닷물로 기화하는 방식

Question 02
도시가스 사업법에 규정하고 있는 본관의 정의를 쓰시오.

해설 & 답

가스도매사업의 경우에는 도시가스제조사업소(액화천연가스 인수기지를 포함한다)의 부지 경계에서 정압기지의 경계까지 이르는 배관
※ 일반도시가스사업의 경우에는 도시가스제조사업소의 부지 경계 또는 가스도매사업자의 가스시설 경계에서 정압기까지 이르는 배관

Question 03

독성가스 제조설비에서 독성가스가 누출된 경우 누설된 독성가스의 제독조치방법 4가지를 쓰시오.

해설 & 답

① 연소설비(플레어스텍 등)에서 안전하게 연소시키는 방법
② 흡착제로 흡착 제거하는 방법
③ 물 또는 흡수제로 흡수 또는 중화하는 방법
④ 저장탱크 주위에 설치된 유도구에 의하여 집액구, 피트 등에 고인 액화가스를 펌프 등의 이송설비를 이용하여 안전하게 제조설비로 반송하는 조치

Question 04

헨리의 법칙을 쓰시오.

해설 & 답

일정량의 용매에 용해되는 기체의 질량은 압력에 비례한다.
① 적용가스 : 산소, 수소, 질소, 이산화탄소
② 비적용가스 : 이산화황, 염화수소, 황화수소, 암모니아

Question 05

Hazard와 Risk에 대해 쓰시오.

해설 & 답

① Hazard : 사고를 유발할 수 있는 잠재적인 위험요인으로 회피할 수 없지만 저감이 가능한 요소를 정성적인 의미이다.
② Risk : 위험요소가 사고로 될 수 있는 확률 또는 사고시에 위험한 결과를 가져올 수 있는 가능성으로 정량적인 의미이다.

Question 06

조건이 같은 상태에서 어떤 화합물의 확산속도가 질소의 2/3라고 할 때 이 화합물의 분자량은 얼마인가?

해설 & 답

그레이엄의 확산속도법칙

$$\frac{U_1}{U_2} = \sqrt{\frac{M_2}{M_1}}$$

$$\therefore \frac{U_1^2}{U_2^2} = \frac{M_2}{M_1}$$ 여기서 속도는 주어지지 않았으므로 1m/s로 한다.

$$M_2 = U_1^2 \times M_1 U_2^2 = \frac{1^2 \times 28}{\left(1 \times \frac{2}{3}\right)^2} = 63(Si_2H_6, 디실란)$$

Question 07

에탄(C_2H_6) 10kg을 연소시켰더니 135,000kcal의 열이 발생하고 탄소 1kg을 연소시키면 8,100kcal의 열이 발생시 수소 1kg을 연소시킬 때 발생하는 열량은 몇 kcal인가?

해설 & 답

① 에탄 중의 탄소질량비율 = $\frac{12 \times 2}{30} \times 100 = 80\%$

② 에탄 중의 수소질량비율 = $\frac{6}{30} \times 100 = 20\%$

③ 에탄 10kg 중 탄소질량 = $10 \times 0.8 = 8kg$
　　　　　　수소질량 = $10 \times 0.2 = 2kg$

④ 수소 1kg의 열량 계산
　$(8 \times 8,100) + (2 \times x) = 135,000$
　$(2 \times x) = 135,000 - (8 \times 8,100)$
　$x = \frac{135,000 - (8 \times 8,100)}{2} = 35,100 kcal$

Question 08

파열판식 안전밸브의 특징 4가지를 쓰시오.

해설 & 답 Explanation & Answer

① 구조가 간단하고 취급이 쉽다.
② 압력상승속도가 큰 곳에 적합하여 중합반응 우려가 큰 곳에 적합
③ 스프링식 안전밸브와 같은 밸브시트 누설은 없다.
④ 슬러지 부식성 유체에 적합하다.
⑤ 작동 후 새로운 것으로 교환

Question 09

도시가스나 액화석유가스에 부취제를 첨가하는 이유를 쓰시오.

해설 & 답 Explanation & Answer

LPG, 도시가스 등은 냄새가 없기 때문에 누설이 되었을 때 냄새를 인지할 수 없기 때문에 냄새가 나는 부취제를 첨가하여 가스 누출 시 사람이 쉽게 감지할 수 있도록 하여 폭발사고 등을 방지하기 위하여

 (1) **부취제의 구비조건**
　① 독성 및 가연성이 아닐 것
　② 도관 내의 상용온도에서 응축되지 말 것
　③ 도관을 부식시키지 말 것
　④ 토양에 대한 투과성이 클 것
　⑤ 보통 존재하는 냄새와 명확히 구별될 것
　⑥ 가스관이나 가스미터에 흡착되지 말 것
　⑦ 연소 후 유해한 냄새가 나지 말 것
　⑧ 극히 낮은 농도에서도 냄새를 확인할 수 있을 것

(2) **부취제의 종류**
　① THT(테트라히드로티오펜) – 석탄가스 냄새
　② TBM(터시어리부틸메르캅탄) – 양파썩는 냄새
　③ DMS(디메칠썰파이드) – 마늘냄새

(3) **냄새농도 측정방법**
　① 오티미터법
　② 냄새주머니법
　③ 주사기법
　④ 무취실법

Question 10

대형가스사고를 방지하기 위하여 오래된 고압가스 제조시설의 가동을 중지한 후 가스안전관리 전문기관이 정기적으로 첨단장비와 기술을 이용하여 잠재적 위험요소와 원인을 찾아내고 그 제거방법을 제시하는 것을 무엇이라고 하는지 쓰시오.

해설 & 답

정밀안전점검

Question 11

부피로 헥산 2%, 부탄 8%, 공기 90%의 조성을 가지는 혼합기체의 폭발범위를 구하고 폭발가능성을 판단하시오. (단, 공기 중에서 헥산과 부탄의 폭발범위는 1.1~1.8%, 1.8~8.4% 이다.)

해설 & 답

르샤틀리에 법칙

$$\frac{100}{L} = \frac{V_1}{L_1} + \frac{V_2}{L_2} + \frac{V_3}{L_3} + \cdots\cdots + \frac{V_n}{L_n}$$

여기서 가연성가스가 차지하는 체적은 $(2+8) = 10\%$ 이므로

$$\frac{10}{L} = \frac{V_1}{L_1} + \frac{V_2}{L_2}$$

① 혼합가스 폭발범위 하한값 = $\frac{10}{L} = \frac{2}{1.1} + \frac{8}{1.8}$

$$\frac{10}{L} = 6.26 \quad L = \frac{10}{6.26} = 1.579 ≒ 1.6\%$$

② 혼합가스 폭발범위 상한값 = $\frac{10}{L} = \frac{2}{1.8} + \frac{8}{8.4}$

$$\frac{10}{L} = 2.06 \quad L = \frac{10}{2.06} = 4.85\%$$

∴ 혼합가스 중 가연성가스의 체적비가 10%로 혼합가스 폭발범위가 1.6~4.85%이므로 폭발가능성이 없다.

Question 12

아세틸렌 제조시 사용 불가능한 재질을 쓰고 이 이유를 반응식을 써서 설명하시오.

해설 & 답

(1) 사용 불가능한 재질 : 동 또는 구리

(2) 반응식 : $C_2H_2 + 2Cu \rightarrow \underline{Cu_2C_2} + H_2$
동아세틸라이드

(3) 이유 : 폭발성 물질인 동아세틸라이드를 생성하기 때문에

보충 화합반응 : $C_2H_2 + 2Cu \rightarrow Cu_2C_2 + H_2$
$C_2H_2 + 2Ag \rightarrow Ag_2C_2 + H_2$
$C_2H_2 + 2Hg \rightarrow Hg_2C_2 + H_2$

※ 기능장 실기 문제는 수험생분들의 이야기를 토대로 만들기 때문에 문제가 상이할 수 있음을 알려드립니다.

2023년도 제 73 회 작업형

Question 01

다음 동영상에서 제시되는 용기에 대한 물음에 답하시오.

(1) 제조방법에 의한 용기명칭을 쓰시오.
(2) 이 용기는 최고충전압력에 얼마의 수치를 곱한 수치 이상의 압력에서 항복을 일으키지 않는 두께이어야 하는가?
(3) 이 용기의 동체의 최대두께와 최소두께의 차이는 평균두께의 몇 % 이하로 하여야 하는가?
(4) 이 용기를 강으로 제조시 탄소함유량은 얼마인가?

해설 & 답

(1) 이음매없는 용기
(2) FP×1.7
(3) 10%
(4) 0.55% 이하(인 : 0.04, 황 : 0.05% 이하)

Question 02

가스용 폴리에틸렌관(PE관)을 융착이음하는 방법 3가지를 쓰시오.

해설 & 답 — Explanation & Answer

① 맞대기 융착이음
② 소켓 융착이음
③ 새들 융착이음

Question 03

공기보다 비중이 가벼운 도시가스 정압기실이 지하에 설치될 때 통풍구조에 대한 물음에 답하시오.

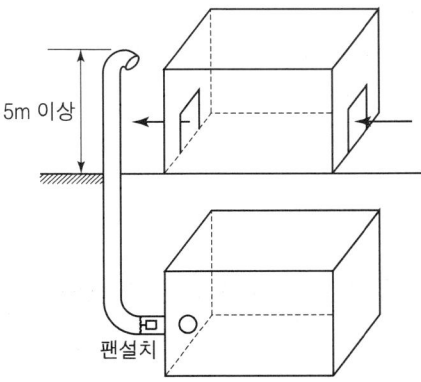

(1) 배기가스 방출구 높이는 지면에서 몇 m 이상인가?
(2) 흡입구 및 배기구의 관지름은 얼마인가?
(3) 통풍구의 크기는 $1m^2$ 당 얼마로 하는가?
(4) 1개 환기구 면적은 몇 cm^2 이하인가?

해설 & 답 — Explanation & Answer

(1) 3m   (2) 100mm
(3) 300cm   (4) 2400cm^2

Question 04

도시가스 배관을 도로에 매설 시 다음 동영상으로 보고 답하시오.

(1) 다음 동영상의 명칭을 쓰시오.
(2) 도시가스 배관이 직선으로 매설 시 설치간격은 몇 m인가?
(3) 종류 2가지를 쓰시오.(단 금속제는 제외)
(4) 라인마크가 설치된 것으로 간주할 수 있는 경우에는 밸브 박스 또는 배관 직상부에 설치된 (   )이 라인마크 설치기준에 적합한 기능을 갖도록 설치된 기능

해설 & 답

(1) 라인마크
(2) 50m
(3) 스티커형 라인마크, 네일형 라인마크
(4) 전위측정용 터미널

Question 05

방폭전기기기 명판에 표시된 기호를 보고 해당 방폭구조를 쓰시오.

ExP

해설 & 답

압력방폭구조 : 용기 내부에 보호가스(N_2)를 압입하여 내부의 압력을 유지함으로써 용기 외부의 가연성가스가 용기 내부로 유입되지 않도록 한 구조

Question 06

호칭지름 400A인 도시가스배관을 교량에 설치 시 다음 물음에 답하시오.

(1) 배관재료는 무엇인지 쓰시오.
(2) 고정장치 지지간격은 몇 m인가?
(3) 지지대 U볼트 등의 고정장치와 배관 사이에 조치해야 할 사항

해설 & 답

(1) 강재
(2) 19m
(3) 고무판, 플라스틱 등 절연물질을 삽입한다.

보충 호칭지름

100A : 8m   400A : 19m
150A : 10m 500A : 22m
200A : 12m 600A : 25m
300A : 16m

Question 07

밀폐식 보일러 자연급배기식의 급배기통의 설치기준에 대한 ( ) 안에 알맞은 숫자를 쓰시오.

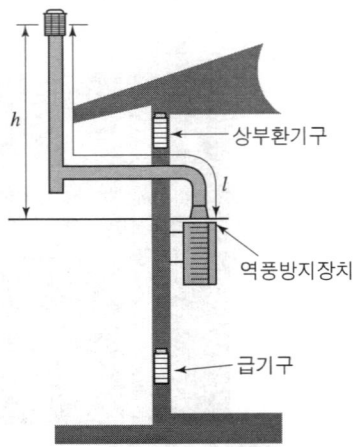

① 급배기통은 전방 ( ) 이내에 장애물이 없는 장소에 설치한다.
② 급배기통과 상방향 건축물 돌출물과의 이격거리는 ( ) 이상으로 한다.
③ 급배기통은 좌우 또는 상하에 설치된 돌출물 간의 거리가 ( ) 미만인 곳에는 설치하지 않는다.
④ 급배기통의 높이는 바닥면 또는 지면으로부터 ( ) 위쪽에 설치한다.

해설 & 답

① 150m
② 250mm
③ 1500mm
④ 150mm

Question 08

액화가스가 저장된 저장시설에 설치된 방류둑 성토의 기울기는 (①)도 이하로 하며, 성토 위부분의 폭은 (②)cm 이상으로 하고 방류둑 용량은 액화산소인 경우 (③)%, 수액기 내용적은 (④)%로 한다.

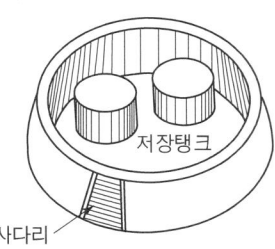

해설 & 답

① 45 ② 30 ③ 60 ④ 90

Question 09

비파괴 검사법 중 자분탐상법에 대해 다음 물음에 답하시오.
(1) 이 검사법의 원리를 쓰시오.
(2) 이 검사법의 장점 2가지를 쓰시오.
(3) 이 검사법의 단점 2가지를 쓰시오.

해설 & 답

(1) 피검사물이 자화한 상태에서 표면에 가까운 손상에 의해 생기는 누설 자속을 사용하여 결함을 검출하는 방법
(2) ① 검사속도가 매우 빠르다.
  ② 검사비용이 비교적 저렴하다.
  ③ 장비가 간편하여 이동이 쉽다.
  ④ 육안으로 검지할 수 없는 결함을 검지할 수 있다.
(3) ① 종료 후 탈지처리가 필요하다.
  ② 내부결함 검출이 불가능하다.
  ③ 비자성체에는 적용이 불가하다.
  ④ 전원이 필요하다.

Question 10

다음 동영상에 대해 쓰시오.
(1) 명칭을 쓰시오.
(2) 안전기구의 역할을 쓰시오.
(3) 작동성능 3가지를 쓰시오.

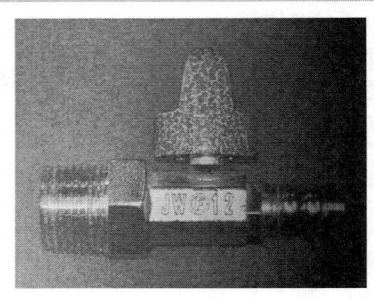

해설 & 답

(1) 과류차단안전기구
(2) 표시 유량 이상의 가스량이 통과되었을 때 가스유로를 차단하는 장치
(3) ① 유량 성능 ② 내충격 성능 ③ 내정하중 성능
    ④ 토크 성능 ⑤ 스토퍼강도 성능

Question 11

액화석유가스용 세이프티카플링에 대한 다음 물음에 답하시오.
(1) 기능을 쓰시오.
(2) 세이프티커플링 가스의 흐름에 지장이 없도록 합산 유효면적은 얼마로 하여야 하는가?

해설 & 답

(1) 액화석유가스 자동차용기 충전호스에 설치되는 것으로 일정 강도 이상의 인장력이 작용 시 자동으로 분리됨과 동시에 유로를 폐쇄시켜 액화석유가스가 누출되는 사고를 방지하는 역할
(2) $0.5 m^2$

Question 12

아세틸렌 충전용기에 대한 내용이다. ( ) 안에 알맞은 답을 쓰고 물음에 답하시오.

(1) 최고 충전압력은 (①)MPa이고, (②)℃에서 용기에 충전할 수 있는 가스의 압력 중 최고압력이다.
(2) 아세틸렌의 희석제에는 (①), (②), (③), (④)가 있다.
(3) 아세틸렌의 용제에는 (①), (②)가 있다.
(4) 용기에 부착된 가용전식 안전밸브의 용융온도는?
(5) 내력과 인장강도의 비를 무엇이라 하는가?

해설 & 답

(1) ① 1.5   ② 15
(2) ① 메탄   ② 일산화탄소   ③ 에틸렌   ④ 질소
(3) ① 아세톤   ② DMF
(4) 105±5℃
(5) 내력비

※ 기능장 실기 문제는 수험생분들의 이야기를 토대로 만들기 때문에 문제가 상이할 수 있음을 알려드립니다.

2023년도 제 74 회 필답형

Question 01

도시가스사업법에 대한 액화가스의 정의를 쓰시오.

해설 & 답

상용온도 또는 35℃에서 압력이 0.2MPa 이상 압력인 것

 압축가스 : 상용의 온도 또는 35℃에서 압력이 1MPa 이상인 것

Question 02

도시가스사업법에 정한 저압, 중압, 고압에 대한 내용 중 ( ) 안에 알맞은 내용을 넣으시오.

(1) 저압이란 (①)MPa 미만의 압력을 말한다. 다만 액화가스가 기화되고 다른 물질과 혼합되지 아니하는 경우에는 0.01MPa 미만의 압력을 말한다.
(2) 중압이란 (②)MPa 이상 (③)MPa 미만의 압력을 말한다. 다만 액화가스가 기화되고 다른 물질과 혼합되지 아니하는 경우에는 (④)MPa 이상 (⑤)MPa 미만의 압력을 말한다.
(3) 고압이란 1MPa 이상의 압력(⑥)를 말한다.

해설 & 답

① 0.1 ② 0.1 ③ 1 ④ 0.01 ⑤ 0.2 ⑥ 게이지

Question 03
도시가스시설에 설치하는 정압가스의 기능 3가지를 쓰시오.

해설 & 답 — Explanation & Answer

① 도시가스 압력을 사용처에 맞게 낮추는 감압기능
② 2차측의 압력을 허용범위 내의 압력으로 유지하는 정압기능
③ 가스의 흐름이 없을 때는 밸브를 완전히 폐쇄하여 압력 상승을 방지하는 폐쇄기능

Question 04
저온장치의 단열에 사용되는 글라스울, 세라믹파이버 등을 이용하는 진공단열법에서 단열공간을 진공으로 하는 이유를 쓰시오.

해설 & 답 — Explanation & Answer

단열공간의 공기를 제거하여 진공으로 하면 공기에 의한 열전달을 차단할 수 있기 때문에

 진공단열법 : ① 다층진공단열법 ② 고진공단열법 ③ 분말진공단열법

Question 05
고압가스 이음매 없는 용기의 재검사 항목 3가지를 쓰시오.

해설 & 답 — Explanation & Answer

① 내압검사
② 외관검사
③ 음향검사

Question 06

포스겐의 합성반응식과 가수분해반응식을 쓰시오.

해설 & 답

① 합성반응식 : $CO + Cl_2 \xrightarrow{\text{활성탄}} COCl_2$

② 가스분해반응식 : $COCl_2 + H_2O \rightarrow CO_2 + 2HCl$

Question 07

3%의 묽은 과산화수소에 촉매로 이산화망간을 가하면 산소를 얻을 수 있는데 이때 반응식과 이산화망간의 역할을 쓰시오.

해설 & 답

① 반응식 : $2H_2O_2 + MnO_2 \rightarrow MnO_2 + 2H_2O + O_2 \uparrow$

② 역할 : 과산화수소가 분해될 때 활성도를 높여 산소가 쉽게 발생하는 역할을 한다.

Question 08

안지름이 100cm인 배관에 유속이 3m/s로 밀도가 600kg/m³인 LPG가 이송시 다음 2가지 단위로 계산하시오.

(1) kg/s (2) N/s

해설 & 답

(1) kg/s : $G = \rho \cdot V \cdot A = 600 \times 3 \times \dfrac{3.14}{4} \times 1^2 = 1413 \text{kg/s}$

(2) N/s : $F = G(m) \times a(\text{중력가속도})$
$= 1413 \text{kg/s} \times 9.8 \text{m/s}^2 = 13847.4 \text{N/s}$

※ $1N = 1 kg \cdot m/s^2$

Question 09

프로필렌을 이론공기량으로 혼합하여 완전연소시 혼합 기체 중 프로필렌의 농도는 몇 vol%인가? (단, 공기 중 산소의 체적은 21%이다)

해설 & 답

① 프로필렌의 완전연소반응식
  $1C_3H_6 + 4.5O_2 \rightarrow 3CO_2 + 3H_2O$

② 피로필렌 농도(몰수적용) $= \dfrac{1}{1+A_o} \times 100 = \dfrac{1}{1+\dfrac{4.5}{0.21}} \times 100$

  $= 4.46\%$

보충

프로필렌 농도 $= \dfrac{\text{프로필렌 몰수}}{\text{프로필렌 몰수} + A_o} \times 100$

$A_o(\text{이론공기량}) = \dfrac{O_o(\text{이론산소량})}{0.21}$

Question 10

고온, 고압에서 일산화탄소를 사용하는 장치에 Fe, Ni, Co를 사용시 영향을 쓰시오.

해설 & 답

철족의 급속(Fe, Ni, Co)과 반응하여 금속카보닐을 생성하여 침탄의 원인이 된다.

보충
Fe + 4CO → Fe(CO)$_4$ 철카보닐
Ni + 5CO → Nu(CO)$_5$ 니켈카보닐

Question 11. 전기방식법 중 강제배류법을 설명하시오.

해설 & 답

배류법과 외부전원법을 혼합한 전기방식법으로 전철이 운행되는 시간에는 배류법으로 부식을 방지하고 전철이 운행되지 않는 시간에는 외부전원법으로 부식을 방지하는 전기방식법

Question 12. 물의 전기분해법에서 음극과 양극의 비는 얼마인가?

해설 & 답

$2H_2O \rightarrow 2H_2 + O_2$
　　　　　(-극)　(+극)
∴ 2 : 1

※ 기능장 실기 문제는 수험생분들의 이야기를 토대로 만들기 때문에 문제가 상이할 수 있음을 알려드립니다.

2023년도 제 74 회 작업형

Question 01

다음은 공기액화분리장치이다. 물음에 답하시오.

(1) 산소의 품질검사 합격순도는 얼마인가?
(2) 품질검사시 산소용기 만의 가스충전압력은 35℃에서 얼마인가?
(3) 이 장치에 설치된 액화산소통 안의 액화산소 5L 중 아세틸렌의 질량 (①)mg, 탄화수소의 탄소질량 (②)mg을 초과시 공기액화분리장치 운전을 정지하고 액화산소 방출
(4) 동, 암모니아 시약을 이용하여 산소의 품질검사를 하는 검사법을 쓰시오.
(5) 공기액화분리장치의 세척제를 쓰시오.

해설 & 답

(1) 99.5% 이상
(2) 11.8MPa 이상
(3) ① 0.5 ② 500
(4) 오르자트법
(5) 사염화탄소

Question 02

다음은 LPG 자동차용 충전기(disperser)이다. 충전기의 충전호스 기준에 대해 4가지를 쓰시오.

해설 & 답

① 가스주입기를 원터치형으로 할 것
② 충전호스 길이는 5m 이내일 것
③ 충전호스에 정전기 제거장치를 할 것
④ 충전호스에 과도한 인장력이 가해졌을 때 충전기와 가스주입기가 분리될 수 있는 안전장치를 설치할 것

Question 03

아세틸렌 용기에 각인된 기호 중 "TW"의 의미를 단위까지 포함하여 쓰시오.

해설 & 답

아세틸렌 용기 질량에 다공물질, 용제, 밸브질량을 합한 질량

고정식 압축도시가스 자동차 충전시설에 대한 내용이다. 다음을 쓰시오.

(1) 충전설비는 도로경계까지 유지해야 할 거리는 얼마인가?
(2) 압축가스설비 외면으로부터 사업소 경계까지 안전거리는 얼마인가?
(3) 저장설비, 처리설비, 압축가스설비 및 충전설비는 철도와 유지해야 할 거리는 얼마인가?

해설 & 답

(1) 5m 이상
(2) 10m 이상
(3) 30m 이상

LPG 용기 보관장소에 자연환기설비를 설치 시 기준 4가지를 쓰시오.

해설 & 답

① 환기구의 통풍가능 면적의 합계는 바닥면적 $1m^2$ 당 $300cm^3$의 비율로 계산한 면적 이상으로 하고 1개소 면적은 $2400cm^2$ 이하로 한다.
② 환기구는 가로의 길이를 세로의 길이보다 길게 한다.
③ 환기구는 바닥면에 접하고 외기에 면하게 설치한다.
④ 사방을 방호벽 등으로 설치할 경우 환기구의 방향은 2방향 이상으로 분산 설치한다.

Question 06

제시되는 유량계는 (①)전후에서 (②)가 발생되고 이것을 (③) 원리에 적용해 유량을 측정하는 것이다. ( ) 안에 알맞은 말을 쓰시오.

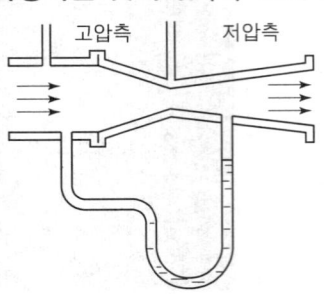

해설 & 답

① 오리피스   ② 압력차이   ③ 베르누이

Question 07

교량 및 횡으로 설치된 도시가스배관의 호칭지름별 고정장치 지지간격은 각각 얼마인가?

(1) 150A
(2) 200A
(3) 400A
(4) 500A

해설 & 답

(1) 10m   (2) 12m   (3) 19m   (4) 22m

 호칭지름별 지지간격

호칭지름	지지간격	호칭지름	지지간격
100A	8m	400A	19m
150A	10m	500A	22m
200A	12m	600A	25m
300A	16m		

Question 08

도시가스 매설배관용으로 사용하는 가스용 폴리에틸렌관의 SDR값이 각각 11, 17, 21일 때 사용할 수 있는 가스압력은 얼마인가?

해설 & 답

① SDR11 : 0.4MPa 이상
② SDR17 : 0.25MPa 이상
③ SDR21 : 0.2MPa 이상

Question 09

LNG 저장탱크에 설치하는 물분무장치에 대한 물음에 답하시오.

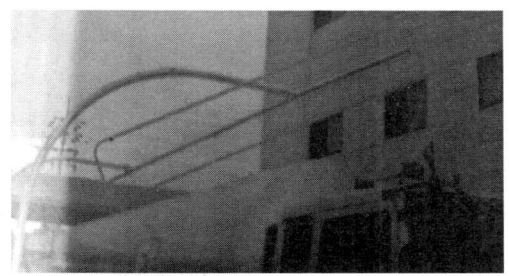

(1) 조작스위치의 위치는 당해 저장탱크 외면으로부터 얼마나 떨어진 위치에 설치하는지 쓰시오.
(2) 저장탱크 주위 몇 m 이내에는 분무장치의 물 차단밸브를 원거리 개폐가 가능한 구조로 해야 되는지 쓰시오.
(3) 물이 저장된 수원에 접속된 경우 방수량 시간은 얼마인지 쓰시오.
(4) 저장탱크 표면적 1m² 당 분무능력은 얼마인지 쓰시오.

해설 & 답

(1) 15m 이상
(2) 5m 이상
(3) 60분 이상
(4) 5L/min 이상

Question 10

방폭전기기기에 표시된 내용에 대하여 설명하시오.
(1) Ex (2) P
(3) ⅡB (4) T₄

해설 & 답

(1) 방폭구조
(2) 압력 방폭구조
(3) 내압 방폭전기기기의 폭발등급
(4) 방폭전기기기의 온도등급
   (가연성가스와 발화온도범위는 135℃ 초과 200℃ 이하)

Question 11

다기능가스 안전계량기의 작동성능 5가지를 쓰시오.

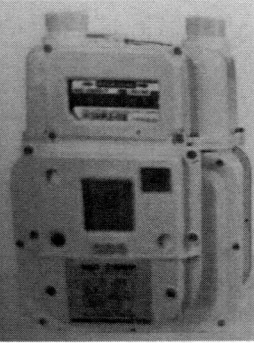

해설 & 답

① 미소누출검지 성능
② 미소사용유량 등록 성능
③ 연소사용시간 차단 성능
④ 증가유량 차단 성능
⑤ 합계유량 차단 성능
⑥ 압력저하 차단 성능

Question 12

도로 및 공동 주택 등의 부지안에 도로에 도시가스 배관을 매설하는 경우에 설치하는 라인마크 모양 3가지와 종류 3가지를 쓰시오.

해설 & 답

(1) 라인마트 모양 : ① 직선방향 ② 양방향 ③ 일방향
　　　　　　　　 ④ 삼방향 ⑤ 135° 방향 ⑥ 관말지점

(2) 종류 : ① 금속제 라인마크
　　　　　② 스티커형 라인마크
　　　　　③ 네일형 라인마크

※ 기능장 실기 문제는 수험생분들의 이야기를 토대로 만들기 때문에 문제가 상이할 수 있음을 알려드립니다.

2024년도 제 75 회 필답형

Question 01

도시가스 정압기실에서 안전관리자가 상주하는 곳에 통보할 수 있는 감시장치의 종류 3가지를 쓰시오.

해설 & 답

① 가스누출검지 통보설비
② 출입문 개폐 통보장치
③ 이상압력 통보설비

Question 02

1atm, 25℃ 상태의 공기 280m³를 190atm, −120℃로 압축시키면 체적은 몇 L가 되는지 계산하시오. (단, 공기는 이상기체로 한다)

해설 & 답

보일-샬의 법칙

$$\frac{P_1 \times V_1}{T_1} = \frac{P_2 \times V_2}{T_2}$$

$$V_2 = \frac{P_1 \times V_1 \times T_2}{T_1 \times P_2} = \frac{1 \times 280 \times (273 + (-120))}{(273 + 25) \times 190} = 0.75662 \text{m}^3$$

∴ $V_2 = 0.75662 \text{m}^3 \times 1000 \text{L/m}^3 = 756.62 \text{L}$

Question 03

배관에서 발생하는 진동의 원인 5가지를 쓰시오.

해설 & 답

① 안전밸브 분출에 의한 진동
② 관내를 흐르는 유체의 압력변화에 의한 진동
③ 관의 굴곡에 의해 생기는 힘의 영향
④ 펌프, 압축기에 의한 영향
⑤ 바람, 지진 등에 의한 영향

Question 04

고압가스 제조설비에 플레어스텍을 설치하는 목적을 쓰시오.

해설 & 답

긴급이송설비에 의해 이송되는 가연성가스를 대기 중에 분출하면 공기와 혼합하여 폭발성 혼합기체가 형성될 수 있으므로 파이로트버너로 점화 연소시켜 처리함

Question 05

수소 2g과 산소 16g이 혼합된 가스의 압력이 18atm일 때 수소의 분압은 몇 atm 인가?

해설 & 답

수소의 분압 = 전압 × $\dfrac{성분기체몰수}{전몰수}$ = $18 \times \dfrac{\frac{2}{2}}{\frac{2}{2}+\frac{16}{32}}$ = 12atm

산소의 분압 = $18 \times \dfrac{\frac{16}{32}}{\frac{2}{2}+\frac{16}{32}}$ = 6atm

Question 06

산소와 천연메탄을 수송할 때에는 압축기와 충전용지관 사이에 (　　) 를 설치하여야 한다.

(1) ( ) 안에 알맞은 기기의 명칭을 쓰시오.
(2) 이 기기를 사용하는 목적을 쓰시오.

해설 & 답

(1) 수취기
(2) 가스 중의 수분제거

Question 07

가스가 통하는 부분에 직접 액체를 옮겨 넣는 가스발생설비와 가스정제설비에 반드시 필요한 공통설비가 무엇인지 쓰시오.

해설 & 답

역류방지장치

Question 08

도시가스사업법에서 정한 고압의 정의를 쓰시오.

해설 & 답

1MPa 이상의 압력(게이지압력)을 말한다. 단, 액체상태의 액화가스는 고압으로 본다.

Question 09

다음 시설 중 방호벽을 설치해야 할 곳을 1개씩 쓰시오.
(1) 가스도매사업 정압기지
(2) 액화석유가스 충전시설
(3) 특수고압가스 사용시설

해설 & 답 — Explanation & Answer

(1) 지상에 설치하는 정압기실 벽
(2) 지상에 설치된 저장탱크와 가스충전장소와의 사이
(3) 고압가스의 저장량이 300kg(압축가스의 경우에는 $1m^3$, 5kg으로 본다) 이상인 용기 보관실의 벽

Question 10

냉동장치의 팽창밸브에 대한 물음에 답하시오.
(1) 역할을 쓰시오.
(2) 대표적으로 쓰이는 밸브 종류 2가지를 쓰시오.

해설 & 답 — Explanation & Answer

(1) 고온, 고압의 냉매액을 증발기에서 증발하기 쉽게 저온, 저압으로 교축팽창시키고 증발기로 공급되는 냉매유량을 조절
(2) 모세관, 감온팽창밸브, 정압팽창밸브

Question 11

일반 열처리 방법 중 하나인 불림의 종류 3가지를 쓰시오.

해설 & 답 — Explanation & Answer

① 이중 불림 ② 2단 불림 ③ 보통 불림 ④ 항온 불림

※ 기능장 실기 문제는 수험생분들의 이야기를 토대로 만들기 때문에 문제가 상이할 수 있음을 알려드립니다.

2024년도 제 75 회 작업형

Question 01

공기액화분리장치에서 액화산소통 안의 액화산소가 15L일 때 운전을 중지하고 액화산소를 방출해야 하는데 아세틸렌 질량 (①)mg, 탄화수소의 탄소질량이 (②)mg 이 초과 시이다.

해설 & 답

① 15 ② 1500

Question 02

다음 방폭전기기기에 대한 물음에 답하시오.
(1) 방폭전기기기의 용기 내부에서 가연성가스의 폭발이 발생할 경우 그 용기가 폭발압력에 견디고 접합면 개구부등을 통하여 외부의 가연성가스에 인화되지 않도록 하는 구조의 명칭을 쓰시오.
(2) 가연성가스의 폭발등급 기준을 쓰시오.

해설 & 답

(1) 내압방폭구조
(2) 가연성가스의 폭발등급
  ① A등급 : 최대안전틈새 범위가 0.9mm 이상
  ② B등급 : 최대안전틈새 범위가 0.5mm 초과 0.9mm 이상
  ③ C등급 : 최대안전틈새 범위가 0.5mm 이하

Question 03

다음 아세틸렌 충전용기에 대한 물음에 답하시오.
(1) 용기 동판의 최대 두께와 최소 두께와의 차이는 평균두께의 몇 %인가?
(2) 아세틸렌 충전용 지관의 재질을 쓰시오.
(3) 내압시험압력을 쓰시오.
(4) 기밀시험압력을 쓰시오.
(5) 최고충전압력을 쓰시오.

해설 & 답 — Explanation & Answer

(1) 10% 이하
(2) 탄소함유량이 0.1% 이하의 강
(3) 최고충전압력의 3배
(4) 최고충전압력의 1.8배
(5) 15℃에서 용기에 충전할 수 있는 가스의 압력 중 최고압력

Question 04

LPG 자동차용기충전소에 대한 내용이다. 다음을 쓰시오.
(1) 충전기 형식은?
(2) 충전기 상부에 설치된 것으로 내부로 배관이 통과할 때 설치하여야 하는 것은?
(3) 충전기 상부에 설치하는 것의 명칭과 면적은?
(4) 인장력이 작용하였을 때 분리시켜주는 기기는?
(5) 충전기 충전호스 길이와 그 끝부분에 설치하여야 할 것은?

해설 & 답 — Explanation & Answer

(1) 원터치형
(2) 점검구
(3) 캐노피, 공지면적의 1/2 이하
(4) 세이프티커플링
(5) 5m, 정전기제거 장치

Question 05

라인마크에 대한 다음 물음에 답하시오.
(1) 비개착공법에 의하여 배관을 지하에 매설하는 그 시점과 종점 사이에 설치하는 라인마크 설치간격은 몇 m인가?
(2) 매설되는 배관이 직선일 때 설치간격은 몇 m인가?

해설 & 답   **Explanation & Answer**

(1) 10m 이내
(2) 50m 이내

Question 06

시가지 외의 지역에 설치하는 도시가스 표지판에 대한 물음에 답하시오.
(1) 설치간격을 쓰시오.
(2) 가로 및 세로 치수를 쓰시오.

해설 & 답   **Explanation & Answer**

(1) 500m 이내
(2) ① 가로 200mm 이상
    ② 세로 150mm 이상

Question 07

도시사스 배관을 지하에 매설할 때 다음 물음에 답하시오.
(1) 보호판의 두께는?
(2) 보호판에 구멍을 뚫는 이유를 쓰시오.
(3) 되메움 작업시 침상재료는 배관하단부에서부터 배관상단 얼마까지 포설하는가?

해설 & 답   **Explanation & Answer**

(1) 4mm 이상
(2) 누출된 가스가 지면으로 확산되도록 하기 위하여
(3) 30cm

Question 08

맞대기 융착이음을 하는 가스용 폴리에틸렌관의 두께가 30mm일 때 비드폭의 최소치($B_{\min}$)와 최대치($B_{\max}$)를 구하시오.

해설 & 답

① $B_{\min} = 3 + 0.5t = 3 + 0.5 \times 30 = 18\text{mm}$
② $B_{\max} = 5 + 0.75t = 5 + 0.75 \times 30 = 27.5\text{mm}$

Question 09

도시가스사용시설에 설치된 기기 중 지시하는 것에 대한 물음에 답하시오.

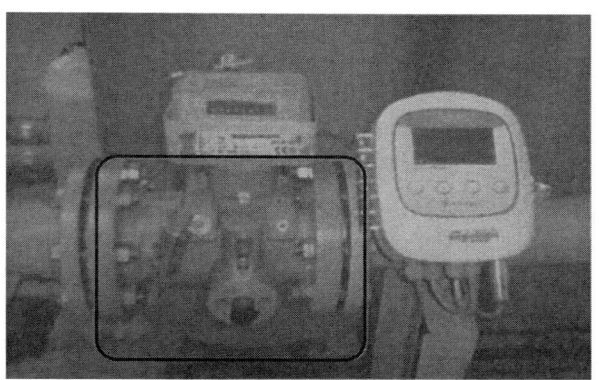

(1) 다음 지시하는 유량계의 명칭을 쓰시오.
(2) 장·단점 1가지씩 쓰시오.

해설 & 답

(1) 터빈식 유량계
(2) ① 장점 : ㉠ 고압 및 저압에서도 정도가 우수하다.
　　　　　　㉡ 압력손실이 적다.
　　　　　　㉢ 측정범위가 넓다.
　　② 단점 : ㉠ 필터설치후의 유지관리가 필요하다.
　　　　　　㉡ 가격이 비싸다.

Question 10

충전용기 밸브 몸체에 각인된 AG, TP, V, TW, W를 각각 설명하시오.

해설 & 답

① AG : 아세틸렌가스를 충전하는 용기 부속품
② TP : 내압시험압력(MPa)
③ V : 용기 내용적(L)
④ TW : 아세틸렌 용기질량에 다공물질, 용제, 밸브 질량을 합한 질량(kg)
⑤ W : 밸브의 질량(kg)

Question 11

가스누출경보 자동차단장치이다. 지시하는 것의 명칭을 쓰시오.

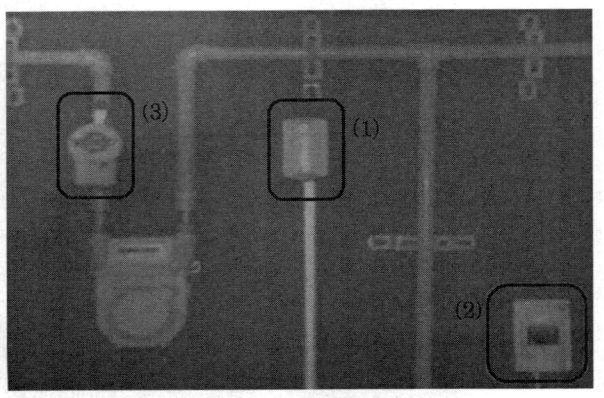

해설 & 답

(1) **검지부** : 누출된 가스를 검지하여 제어부로 신호를 보내는 기능을 가진 것
(2) **제어부** : 차단부를 원격 개폐할 수 있는 기능 및 경보기능을 가진 것
(3) **차단부** : 제어부로부터 보내진 신호에 따라 가스의 유로를 개폐하는 기능을 가진 것

※ 기능장 실기 문제는 수험생분들의 이야기를 토대로 만들기 때문에 문제가 상이할 수 있음을 알려드립니다.

2024년도 제 76 회 필답형

Question 01
가스저장설비에 설치되는 방파판의 설치목적을 쓰시오.

해설 & 답

저장설비에 충전된 액화가스의 액면요동 방지

Question 02
다음 물질의 제독제의 종류를 쓰시오.
(1) 염소 :
(2) 아황산가스 :
(3) 포스겐 :
(4) 황화수소 :
(5) 암모니아, 산화에틸렌 :

해설 & 답

(1) 염소 : ① 소석회 ② 가성소다 ③ 탄산소다
(2) 아황산가스 : ① 물 ② 가성소다 ③ 탄산소다
(3) 포스겐 : ① 가성소다 ② 소석회
(4) 황화수소 : ① 가성소다 ② 탄산소다
(5) 암모니아, 산화에틸렌 : 다량의 물

Question 03

가스배관 설계시 고려하는 압력손실의 종류 4가지를 쓰시오.

해설 & 답

① 입상배관에 의한 압력손실
② 가스미터, 콕 등에 의한 압력손실
③ 엘보우, 티 등 배관부속품에 의한 압력손실
④ 직선배관에 의한 압력손실

Question 04

액화석유가스사업자가 설치공사 또는 변경공사를 할 때 공정별로 허가관청의 안전성확인을 받아야 하는 공정 4가지를 쓰시오.

해설 & 답

① 저장탱크를 지하에 매설하기 직전의 공정
② 한국가스안전공사가 지정하는 부분의 비파괴시험을 하는 공정
③ 방호벽 또는 지상형 저장탱크의 기초 설치공정과 방호벽(철근콘크리트제 방호벽이나 콘크리트블록제 방호벽의 경우에만 해당한다)의 벽 설치공정
④ 배관을 지하에 설치하는 경우로서 한국가스안전공사가 지정하는 부분을 매몰하기 직전의 공정

Question 05

수소자동차 충전소를 다음과 같이 분류 시 각각 설명하시오.
(1) On-site 방식
(2) Off-site 방식

해설 & 답

(1) On-site 방식 : 수소를 천연가스에서 추출하거나 수전해설비를 이용하여 자체적으로 생산하여 자동차에 충전하는 수소 충전소이다.
(2) Off-site 방식 : 수소를 파이프라인이나 튜브트레일러를 이용하여 외부로부터 공급받아 자동차에 충전하는 수소 충전소이다.

Question 06

도시가스 특정가스 사용시설에 설치된 연소기구가 〈보기〉의 조건과 같을 때 월사용예정량을 구하고 안전관리자 선임여부를 판단하시오.

〈보기〉 10000kcal/h 15대, 50000kcal/h 3대, 35000kcal/h 3대

해설 & 답 — Explanation & Answer

① 월사용예정량 계산 :

$$Q = \frac{(A \times 240) + (B \times 90)}{11000}$$

여기서 산업용으로 사용하는 연소기는 없으므로

$$Q = \frac{[(10000 \times 15) + (50000 \times 3) + (35000 \times 3)] \times 90}{11000} = 3313.63 \, \text{m}^3$$

② 안전관리자 선임기준은 월사용예정량 4000m³를 초과하지 않으므로 안전관리 책임자를 선임하지 않아도 된다.

Question 07

고압가스안전관리법 적용을 받는 고압가스의 종류 및 범위에 대한 규정 중 ( )에 알맞은 내용을 쓰시오.

(1) 상용의 온도 또는 15℃에서 압력이 (   )을 초과하는 아세틸렌가스
(2) 상용의 온도 또는 35℃에서 압력이 (   ) 이상인 액화가스
(3) 액화시안화수소, 액화브롬화메탄, 액화산화에틸렌은 상용의 온도 또는 35℃에서 압력이 (   )을 초과하는 가스
(4) 압축가스는 상용의 온도 또는 35℃에서 압력이 (   )이고 압력은 (   ) 이상인 가스

해설 & 답 — Explanation & Answer

(1) 0Pa
(2) 0.2MPa
(3) 0Pa
(4) 게이지압력, 1MPa

Question 08

내용적이 30m³의 저장탱크에 대기압상태의 공기가 들어있는 곳을 질소가스로 치환시키기 위해 게이지압력이 5kgf/cm²으로 압입한 후 공기와 질소가 충분히 혼합되었을 때 가스 방출관 밸브를 열어 대기압상태로 하였다. 이때 저장탱크 내부에 잔류하는 산소농도는 몇 vol%인가? (단, 대기압은 1kgf/cm², 공기 중 산소 농도는 21%이다.)

해설 & 답

① 공학단위 압축가스 저장능력 : $Q = (P+1)V = (5+1) \times 30 = 180 \text{m}^3$
② 산소량 = 저장탱크 내용적 × 산소농도 = $180 \times 0.21 = 37.8 \text{m}^3$
③ 산소농도 = $\dfrac{37.8}{100} \times 100 = 37.8\%$

Question 09

직동식 정압기에서 ① 2차측 압력이 일정할 때와 ② 2차측 압력이 설정압력보다 높을 때의 작동원리를 쓰시오.

해설 & 답

① **2차측 압력이 일정할 때** : 다이어프램에 작용하는 2차 압력과 스프링의 힘이 같기 때문에 메인밸브가 움직이지 않고 가스가 메인밸브를 통과하여 2차측으로 들어간다.
② **2차측 압력이 설정압력 이상일 때** : 2차측 가스 사용량이 감소하면 2차 압력이 설정압력 이상으로 상승하는데 이 경우 다이어프램을 위로 밀어 올리는 힘이 스프링의 힘보다 커져서 다이어프램에 직결된 메인밸브를 위로 움직여 가스의 흐름을 제한하고 2차 압력을 낮아지게 하여 2차 압력을 설정압력으로 만든다.

보충 **2차측 압력이 설정압력 이하일 때** : 2차측의 가스 사용량이 증가하면 2차압력이 설정압력 이하로 감소하는데 이 경우 다이어프램을 위로 밀어 올리는 힘이 스프링의 힘보다 약해져 다이어프램에 직결된 메인밸브를 아래로 움직여 밸브의 열림을 크게 하고 가스의 흐름을 증가시켜 2차압력을 설정압력까지 회복하도록 작동한다.

Question 10

고압가스 냉동제조기준에서 냉매가스 등이 불연성가스인 경우 온도과 상승방지조치란 무엇인지 쓰시오.

해설 & 답 — Explanation & Answer

내구성이 있는 불연재료로 간극없이 피복함으로써 화기의 영향을 감소시켜 그 표면의 온도가 화기가 없는 경우의 온도보다 10℃ 이상 상승하지 아니하도록 한 조치를 말한다.

Question 11

회전수가 1200rpm, 유량 15m³/min, 양정이 21m인 3단원심펌프에서 비교회전도를 구하시오.

해설 & 답 — Explanation & Answer

비교회전도

$$N_s = \frac{N\sqrt{Q}}{\left(\frac{H}{n}\right)^{3/4}} = \frac{1200 \times \sqrt{15}}{\left(\frac{21}{3}\right)^{3/4}} = 1079.95 \, \mathrm{m^3/min \cdot m \cdot rpm}$$

※ 기능장 실기 문제는 수험생분들의 이야기를 토대로 만들기 때문에 문제가 상이할 수 있음을 알려드립니다.

2024년도 제 76 회 작업형

Question 01

플레어스텍에서 역화 및 혼합폭발을 방지하기 위한 시설 또는 방법 5가지를 쓰시오.

해설 & 답

① Flame arrester의 설치
② Vapor seal의 설치
③ Molecular seal의 설치
④ Purge gas(N2, off gas)의 지속적인 주입
⑤ Liquid seal 설치

Question 02

도시가스 사용시설에 설치된 가스미터에 대한 내용이다. 다음 물음에 답하시오.
(1) 절연전선, 전기점멸기, 전기계량기와의 유지거리를 쓰시오.
(2) 가스미터의 설치 높이를 쓰시오.
(3) 화기와의 우회거리는 몇 m 이상인지 쓰시오.
(4) 감도유량이란 무엇인지 쓰시오.

해설 & 답

(1) 절연전선 : 10cm 이상
   전기점멸기 : 30cm 이상
   전기계량기 : 60cm 이상
(2) 지면으로부터 1.6m 이상 2m 이내
(3) 2m 이상
(4) 가스미터가 작동하는 최소 유량

Question 03

도시가스 매설 배관에 대한 다음 물음에 답하시오.
(1) 도로가 평탄할 경우 배관의 기울기는?
(2) 배관 매설시 도로폭이 15m일 때 매설 깊이는 몇 m 이상인가?

해설 & 답

(1) 1/500~1/1000
(2) 1.2m 이상

Question 04

가스용 폴리에틸렌관의 다음 물음에 답하시오.
(1) 가스용 폴리에틸렌관의 압력을 쓰시오.
(2) 가스용 폴리에틸렌관의 SDR값이 11 이하, 17 이하, 21 이하일 때 최고사용압력을 쓰시오.

해설 & 답

(1) 0.4MPa 이하
(2) 11 이하 : 0.4MPa 이하
    17 이하 : 0.25MPa 이하
    21 이하 : 0.2MPa 이하

Question 05

가스용 폴리에틸렌관과 금속관을 연결할 때 사용하는 배관의 명칭을 영문 약자로 쓰시오.

해설 & 답

TF(Transition Fitting) : 이형질 이음관

Question 06

메탄에 대한 다음 물음에 답하시오.
(1) 비점을 쓰시오.
(2) 비체적을 구하시오.(m^3/kg)
(3) 공기에 대한 비중을 구하시오.
(4) 밀도를 구하시오.(kg/m^3)

해설 & 답

(1) $-162℃$
(2) $\dfrac{22.4}{16} = 1.4$
(3) $\dfrac{16}{29} = 0.55$
(4) $\dfrac{16}{22.4} = 0.71$

Question 07

가스용 폴리에틸렌관을 지하에 매설시 로케이팅와이어를 설치하는 목적을 쓰시오.

해설 & 답

배관의 매설위치를 지상에서 탐지 및 관의 유지관리를 위하여

Question 08

LPG 저장탱크의 안전밸브를 쓰고 방출구 위치는 지상에서 몇 m 이상 떨어져 설치하는지 쓰시오.

해설 & 답

① 스프링식 안전밸브
② 5m 이상

Question 09

정압기실에 설치하는 가스누출경보기에 대한 내용이다. 물음에 답하시오.
(1) 검지부 설치제외 장소 4가지를 쓰시오.
(2) 검지부의 수는 바닥면 둘레 몇 m에 대하여 1개 이상의 비율로 설치하는가?

Explanation & Answer

(1) ① 주위온도 또는 복사열에 의한 온도가 40℃ 이상이 되는 곳
② 설비 등에 가려져 누출가스의 유통이 원활하지 못한 곳
③ 차량 그 밖의 작업 등으로 인하여 경보기가 파손될 우려가 있는 곳
④ 기름, 증기, 물방울이 섞인 연기 등이 직접 접촉될 우려가 있는 곳
(2) 20m

Question 10

다음 물음에 답하시오.
(1) 통풍구의 크기는 1m²마다 (①)의 비율로 계산한 면적 이상
(2) 배기통의 가로길이는 (②)m 이하일 것
(3) 배기통의 굴곡부수는 (③)개소 이내일 것
(4) 가스보일러의 배기통을 접합하는 방법 3가지를 쓰시오.

Explanation & Answer

(1) ① 300cm² 이상
(2) ② 5
(3) ③ 4
(4) 나사식, 플랜지식, 리브식

Question 11

LPG 용기에 대한 다음 물음에 답하시오.
(1) 적색으로 된 밸브의 명칭을 쓰시오.
(2) 이 용기의 구조와 사용원리를 쓰시오.

해설 & 답

(1) 사이펀 용기
(2) 액화석유가스의 기체와 액체를 공급할 수 있도록 제조된 용기로서 기화기만 설치되어 있는 시설에만 사용할 수 있는 용기이다. 용기내부에는 가운데 부분에 부착된 밸브(적색 핸들밸브)와 연결된 작은관이 용기아래 부분까지 연결되어 있어 용기 내부의 압력에 의해 사이펀 작용으로 내부의 LPG 액체가 공급된다.

※ 기능장 실기 문제는 수험생분들의 이야기를 토대로 만들기 때문에 문제가 상이할 수 있음을 알려드립니다.

가스기능장 실기 기출문제 총정리

초판 발행   2024년 2월 15일
개정2판 발행   2025년 2월 10일

지은이 ▪ 최갑규
펴낸이 ▪ 홍세진
펴낸곳 ▪ 세진북스

주소 ▪ (우)10207 경기도 고양시 일산서구 산율길 56(구산동 145-1)
전화 ▪ 031-924-3092
팩스 ▪ 031-924-3093
홈페이지 ▪ http://www.sejinbooks.kr

출판등록 ▪ 제 315-2008-042호(2008.12.9)
ISBN ▪ 979-11-5745-701-4 13570

값 ▪ **25,000원**

- 이 책의 출판권은 도서출판 세진북스가 가지고 있습니다.
- 이 책의 일부 또는 전체에 대한 무단 복제와 전재를 금합니다.

 세진북스에는 당신과 나
그리고 우리의 미래가 있습니다.